U0224893

中國長江水利史料叢刊

叢書主編 郭康松

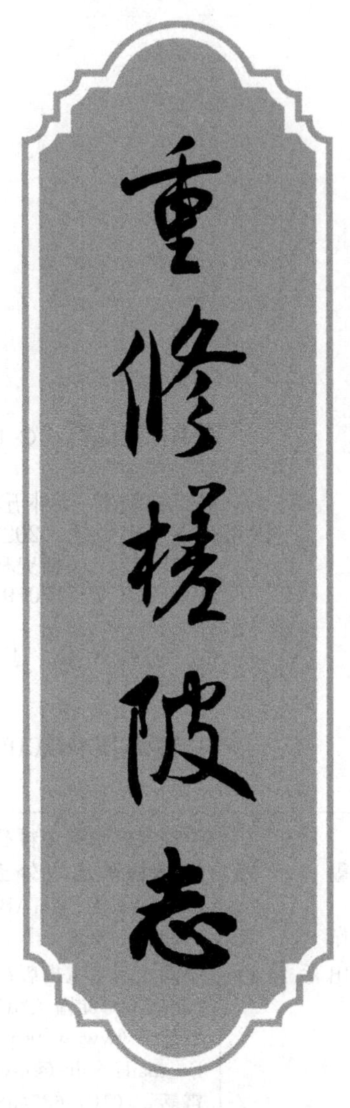

（外五種）

杜朝暉 整理

中国水利水电出版社
www.waterpub.com.cn
·北京·

图书在版编目（CIP）数据

重修槎陂志 ： 外五种 / 杜朝晖整理. -- 北京 ： 中国水利水电出版社，2023.2
（中国长江水利史料丛刊）
ISBN 978-7-5170-9137-0

Ⅰ. ①重… Ⅱ. ①杜… Ⅲ. ①长江－水利史－史料 Ⅳ. ①TV882.2

中国版本图书馆CIP数据核字(2020)第265985号

	中國長江水利史料叢刊
書　　名	**重修槎陂志（外五種）**
	CHONGXIU CHABEI ZHI（WAI WU ZHONG）
作　　者	杜朝暉　整理
出版發行	中國水利水電出版社
	（北京市海淀區玉淵潭南路1號D座　100038）
	網址：www.waterpub.com.cn
	E-mail：sales@mwr.gov.cn
	電話：（010）68545888（營銷中心）
經　　售	北京科水圖書銷售有限公司
	電話：（010）68545874、63202643
	全國各地新華書店和相關出版物銷售網點
排　　版	中國水利水電出版社微機排版中心
印　　刷	天津畫中畫印刷有限公司
規　　格	170mm×240mm　16開本　21印張　305千字
版　　次	2023年2月第1版　2023年2月第1次印刷
定　　價	**128.00圓**

序

水與人類生活息息相關。我國古代把水視爲五行之一，老子認爲“上善若水，水善利萬物而不爭”。“水”字在古代既泛指一切水域，又特指河流，是河流的通稱，如灌水、潇水、湘水、沅水、漢水、赤水、黑水等。古漢字中的“灾”字，有多種寫法，其中有一種寫作“災”，從水、從火會意，水在滋潤萬物的同時，又會給人類帶來灾害。夏朝的開國者大禹就是在治水中成長起來的領袖。在一代一代人治理水利用水的過程中，形成了豐富的水利史料。

先秦時期的文獻中，涉及水利的主要有《山海經》《尚書·禹貢》《周禮·職方氏》等。其後西漢司馬遷在《史記》八書中撰有《河渠書》，在記録主要河流流域的自然地理與經濟狀况的同時，尤其關注水利工程的興建情况及其利弊，如記載大禹治水、春秋戰國時期韓國水工鄭國修鄭國渠、西門豹引漳河水灌溉鄴地等史實，開創了正史專門記載河流、水利工程的先例。東漢班固在《漢書》中將其改稱爲《溝洫志》，《宋史》定名爲《河渠志》，此後的正史《金史》《元史》《明史》《清史稿》皆沿用《河渠志》之名。

在古代地方志文獻中，也有大量的水利文獻資料。如東晋常璩《華陽國志》中就有記録都江堰水利工程歷史的内容。唐李吉甫所撰《元和郡縣圖志》，是現存最早的古代地理總志，在每縣下記載着附近山脉的走向、水道的經流、湖泊的分布等。其後的地理總志，如北宋樂史《太平寰宇記》、南宋王象之《輿地紀勝》、祝穆《方輿勝覽》及《明一統志》《清一統志》等保留了這一傳統，保存有大量水利資料。從現存宋元地方志來看，如宋代張津《乾道四明圖經》、羅濬《寶慶四明志》、梅應發《開慶四明續志》以及《乾道臨安志》《剡録》《嘉泰會稽志》《寶慶會稽續志》《嘉定赤城志》《澉水志》《景定嚴州續志》《咸淳臨安志》《淳熙三山志》《新安志》《嘉定鎮江志》《景定建康志》等，元代李好文《長安志圖》、熊夢祥《析津志》、于欽《齊乘》、張鉉《至大金陵新志》、楊譓《昆山郡志》、單慶《至元嘉禾志》，均記載有當地的水利資料。明清以來修志成爲定例，省有通志、府有府志、縣有縣志，都記載有豐富的水利資料。

《尚書·禹貢》《史記·河渠書》《漢書·溝洫志》《宋史·河渠志》皆集中於全書之一篇，方志中的水利文獻則較爲分散。其專爲一書者，始於《水經》。《水經》的作者和成書時代歷來説法不一。《隋書·經籍志》有"《水經》三卷，郭璞注"，《舊唐書·經籍志》著録爲"《水經》二卷，郭璞撰"，改《隋志》之"郭璞注"爲"郭璞撰"，郭成爲作者，而《新唐書·藝文志》著録爲"桑欽《水經》三卷，一作郭璞撰"，宋以後的著作大多認爲《水經》作者爲桑欽，其時代爲漢代。《四庫全書總目》卷六十九稱："《水經》作者《唐書》題曰桑欽，然班固嘗引欽説與此經文異，道元注亦引欽所作《地理志》，不曰《水經》。觀其'涪水'條中，稱'廣漢'已爲'廣魏'，則决非漢時；'鍾水'條中，稱'晋寧'仍曰'魏寧'，則未及晋代。推文尋句，大概三國時。"《水經》簡要記述了一百三十七條全國主要河流的水道情况。《水經》是保存至今的最早的水利專書，原文僅一萬多字，記載相當簡略，僅"標舉源流，疏證支派而已，未及於疏浚堤防之事也"。北魏酈道元以《水經》爲綱，著成《水經注》，逐一説明各水的源頭、支派、流向、經過、匯合及河道概况，并對每一流域内的水文、地形、氣候、土壤、植物、礦藏、特産、農業、水利以及山陵、城邑、名勝古迹、地理沿革、歷史故事、神話傳説、風俗習慣等，都有具體的記述。全書共四十卷，約三十萬字，所記水道一千三百八十九條。

專言河流水道疏浚之書，蓋始於宋代單鍔《吴中水利書》。單鍔，字季隱，江蘇宜興人。嘉祐四年進士，得第以後不就官，獨留心於吴中水利，嘗獨乘小舟往來於蘇州、常州、湖州之間，長達三十年。凡一溝一瀆無不周覽其源流，考究其形勢，因以所閲歷著爲此書。宋魏峴撰《四明它山水利備覽》二卷，記載唐至宋它山堰的水利興廢情況，是一本非常珍貴的水利文獻。其後元代沙克什撰《河防通議》二卷、王喜撰《治河圖略》一卷，任仁發撰《浙西水利議答録》十卷，陳恬《上虞縣五鄉水利本末》二卷，歐陽玄《至正河防記》，皆詳言治水之法。

明代，水利專書漸繁。如姚文灝《浙西水利書》三卷、張國維《吴中水利書》二十八卷、歸有光《三吴水利録》四卷、陳應芳《敬止集》四卷、劉天和《問水集》三卷、伍餘福《三吴水利論》一卷、王獻《膠萊新河議》二卷、劉隅《治河通考》十卷、吴韶撰《全吴水略》七卷、潘季馴《兩河管見》三卷、龐尚鴻撰《治水或問》四卷、游季勛等《新河成疏》(無卷數)、王圻《東吴水利考》十卷、鄭若曾《黄河圖議》一卷、潘鳳梧《治河管見》四卷、徐貞明《潞水客談》一卷、張光孝《西瀆大河志》五卷、黄克纘《古今疏治黄河全書》四卷、黄承元《河漕通考》二卷、仇俊卿《海塘録》八卷、吴道南《河渠志》一卷、胡瓚《泉河史》十五卷、袁黄《皇都水利》一卷、朱國盛《南河志》十四卷、薛尚質《常熟水論》一卷等，還有撰者不詳之《新河初議》一卷、《吴中水利通志》十七卷、《新浚海鹽内河圖説》一卷、《黄運兩河考議》六卷等，都是比較著名的水利文獻。

清代，水利專書文獻更加豐富，除長江、黄河、運河、淮河、太湖等流域水利論著頗豐之外，與前代水利文獻相比又出現了新的特點。

一是水利文獻所涉及的地域更廣。福建水利文獻，如陳池養《莆陽水利志》等；新疆水利文獻，如袁大化《新疆圖志》等；浙江水利文獻，如毛奇齡《湘湖水利志》、吴農祥《西湖水利考》等；江西水利文獻，如蔣湘南《江西水道考》等；廣東水利文獻，如明之綱《桑園圍總志》，何如銓、馮栻宗《重輯桑園圍志》等；雲南水利文獻，如孫髯翁《盤龍江水利圖説》等。

二是新增了治水檔案文獻。如陳少泉、胡子脩編《襄堤成案》四卷、王概編《湖北安襄鄖道水利集案》上下兩集，江南河道總督衙門編《南河成案》五十八卷、《南河成案續編》一百零六卷、《南河成案又續編》三十八卷等。

三是注重水源的考證，如吴麟《江源記》、張文鴜《江源考》、萬斯同《崑崙河源考》、紀昀《河源紀略》、沈楙德《漢水發源考》、孫良貴《楚南諸水源流考》、陳銛《漢州水源册》等。

四是海塘文獻明顯增加。繼明代仇俊卿《海塘録》八卷之後，清代海塘文獻種類及規模都顯著增加。如方觀承《兩浙海塘通志》二十卷，翟均廉《海塘録》二十六卷，琅玕《海塘新志》六卷、《續海塘新志》四卷，錢文瀚、錢泰階《捍海塘志》一卷，宋楚望《太鎮海塘紀略》四卷，蔣師轍《江蘇海塘新志》八卷，連仲愚《上虞塘工紀略》四卷等。

五是水利叢書的編撰。如吴邦慶編《畿輔河道水利叢書》，是收録清代畿輔地區（今京津冀地区）水利的專業性叢書。該書成書於道光四年（1824 年）。包括下列著作：清陳儀《直隸河渠志》《陳學士文鈔》（輯自陳儀所著文集中有關畿輔河道水利的文章，共八篇）、明徐貞明《潞水客談》（又名《西北水利議》）、允祥《怡賢親王疏鈔》（輯自雍正《畿輔通志》所載允祥於雍正三年至八年主持畿輔水利營田的奏疏九篇）、陳儀《水利營田圖説》（輯自雍正《畿輔通志》）、吴邦慶編《畿輔水利輯覽》（匯輯宋何承矩、元虞集、明汪應蛟等人的水利奏議、文章十篇）、吴邦慶編《澤農要録》（輯録《齊民要術》等農書中有關開墾水田、種植水稻等史料）、吴邦慶著《畿輔水道管見》《畿輔水利私議》。王來通等輯刻《灌江四種》，是彙集都江堰水利工程歷史、文化的叢書，由《灌江備考》《匯輯二王實録》《灌江定考》《川主五神合傳》組成，刊刻於光緒十一年（1885 年）。

長江發源於“世界屋脊”——青藏高原的唐古拉山脉各拉丹冬峰西南側。長江幹流流經青海、西藏、四川、雲南、重慶、湖北、湖南、江西、安徽、江蘇、上海十一個省（自治區、直轄市），長度六千三百餘公里，居世界第三位。長江數百條支流延伸至貴州、甘肅、陝西、河南、廣西、廣東、浙江、福建八個省（自治區）的部分地區，流域面積達一百八拾萬平方公里，約占中國陸地總面積的五分之一。長江與黄河一樣，是中華民族的摇籃，是中國古文化的發祥地。在雲南元謀發現的元謀猿人是迄今爲止中國發現最早的屬於“猿人”階段的人類化石，距今已有一百七十萬年左右的歷史。在長江上中游地區，就有云南“麗江人”、四川“資陽人”、湖北“長陽人”的化石和石器，屬於舊石器時代中晚期的人類遺迹，距今亦有十幾萬年至一萬多年的历史。在長江下游地區，發現有六千年前的馬家浜文化、五千年前的崧澤文化、四千年前的良渚文化等。江西清江美城和湖北武漢黄陂盤龍城兩處商代遺址，證實了這裏至少在三千年以前就已經發展了和黄河流域的中原地區基本相同的文化。在距今六千年至四千年間，生活在長江中游地區的人們就已經創造了輝煌的稻作農業文明，而水稻的栽培離不開水利。

長江流域的水利文獻十分豐富，但由於種種原因，人們對其重視不够。清代雍正時期傅澤洪所撰《行水金鑒》一百七十五卷，其中《河水》六十卷、《淮水》十卷、《漢水江水》十卷、《濟水》五卷、《運河水》七十卷、《兩河總説》八卷，其他《官司》《夫役》《漕運》《漕規》共十二卷，《漢水江水》僅僅十卷，與長江在全國江河中的地位不太相符。比較有名的長江水利文獻，如明代的有姚文灝《浙西水利書》三卷、張國維《吴中水利書》二十八卷、歸有光《三吴水利録》四卷、王圻《東吴水利考》十卷、薛尚質《常熟水論》一卷等，清代的有馬徵麟《長江水利圖説》十二卷、李元《蜀水經》三卷、陳登龍《蜀水考》四卷、王廷鈺《灌江備考》、張灼《匯輯二王實録》、王來通《灌江定考》、陳懷仁《川主五神合傳》、王柏心《導江三議》、田宗漢《湖北水利圖説》、王鳳生《楚北江漢宣防備覽》二卷、胡祖翮《荆楚修疏指要》六卷、俞昌烈《楚北水利堤防紀要》二卷、倪文蔚《荆州萬城堤志》十一卷、舒惠《荆州萬城堤續志》十一卷、王概《湖北安襄鄖道水利集案》二卷、陳少泉和胡子脩《襄堤成案》四卷、范鳴龢《淡災蠡述》、李本忠《平灘紀略》六卷和《蜀江指掌》、沈林德《漢水發源考》、綦世基《洞庭湖志》十四卷、孫良貴《楚南諸水源流考》、程國觀《李渠志》六卷、黎世序《練湖志》十卷、蔣湘南《江西水道考》五卷等。

水利文獻具有重要的文獻價值。它是研究我國古代水文化、自然地理、河流湖泊變遷、治水科技史、交通史、經濟史、軍事史、旅遊文化史、社會治理與社會生活史的重要資料，對現代河流湖泊治理開發、城市發展規劃、區域發展規劃、水利水電開發、旅遊開發、生態環境保護等具有十分重要的參考價值。

絶大部分水利文獻具有很明顯的地域性特點，大多流傳不廣，一般讀者獲之不易，研究者也查找困難，没有標點整理，閲讀起來也不方便，爲此我們精選長江流域重要的水利文獻，編爲六册，包括《蜀水考》（外二種）、《平灘紀略》（外一種）、《當邑官圩修防彙述》、《江西水道考》（外五種）、《重修槎陂志》（外五種）、《湖北隄防紀要》（外四種），整理出版。在本書即將付梓之際，略叙我國古代水利文獻發展史，并略舉長江流域古代重要的水利文獻以爲序。

郭康松

2022年8月

凡例

一、《中國長江水利史料叢刊》所收録文獻主要爲反映長江流域河湖历史、江河治理、水利工程相关的文獻资料，收録文獻時間範圍爲從有文字記載開始至1949年止。

二、本次整理主要採用標點、校勘、注釋等方式進行，並增加了整理説明。整理工作原則爲句讀合理、標點正確、校勘有據、注釋簡明。標點使用遵循GB/T 15834—2011《標點符號用法》；凡有可能影響理解的文字差異和訛誤（脱、衍、倒、誤）都標出並改正，必要時以校勘記進行説明，校勘記置於頁脚，文中校碼〔一〕〔二〕〔三〕……附于原文之後；正文改字在文中標注增删符號，擬删文字用圓括號標記，更正文字用六角括號標記，如把擬删的“下”改成“卜”，格式爲（下）〔卜〕；對於史實記載過於簡略、明顯謬誤之處，以及古代水利技術專有術語，專業管理機構，工程專有名稱、名詞等，進行簡單注釋。

三、每個編纂單元前，有文獻整理者撰寫的《整理説明》。其主要内容包括：文獻的時代背景，作者簡介及其主要學術成就，文獻的基本内容、特點和價值，文獻的創作、成書情況和社會影響，本次整理所依據的版本及其他需要説明的問題。

四、整理後的文獻採用新字形繁體字。除錯字外，通假字、異體字原則上保留底本用字，不出校。

五、爲保持文獻歷史原貌，本次整理不對插圖進行技術處理。

目録

民國二十七年重修榩陂志

周鑑冰　撰

整理説明

《民國二十七年重修槎陂志》，民國周鑑冰撰。槎陂，即槎灘陂，是江西最早的水利工程，後唐天成進士周矩修建，距今已有一千多年的歷史，現在仍然發揮着引水灌溉的作用。周矩在天成五年（930年），由金陵（今江蘇省南京市）遷居泰和縣螺溪鎮，“睹土田高燥”，憂心民生。經過多年謀劃，他於公元937年高行鄉（今江西省泰和縣禾市镇）上流處“創立槎灘、碉石二陂”[1]。

槎灘陂從後唐創建至民國時期，經過多次重修。據資料顯示，民國期間槎灘陂重修兩次，第一次是民國4年（1915年），并由泰和人蔣挹泉等人編撰《重修槎灘碉石二陂志》。《民國二十七年重修槎陂志》是民國27年（1938年）第二次重修槎灘陂後編撰的，内容包括重修槎灘陂的三篇記，民國4年重修槎灘、碉石二陂舊記，槎灘、碉石二陂沿革，流域情況，重修槎灘陂委員會簡章，重修槎灘陂的呈文及指令，募捐啓，致區署徵工公函，致旅外同鄉催捐函，祭江文，水利局調查表，議事録，尚義録，收支清册，工程紀要，槎、碉二陂管理委員會呈文，泰和縣第五、六兩區槎、碉二陂管理委員會組織簡章，出力人員表，填塞梅梘涵洞始末，清理碉陂未完手續，陂約，續修碉陂志記等。它完整展現了1938年重修槎灘陂過程中官方與民間的各項互動，反映了民國時期政府機構在水利建設、組織、管理方面的主導作用，具有一定的史料價值。

周鑑冰生平未見其他史料記載。據《民國二十七年重修槎陂志》記二、記三及跋所敘，周氏爲泰和縣螺江村人，曾任政府官員，后辭

---

[1] 《泰和南岡周氏漆田學士派三次續修譜》第一册《一世祖御史公傳》。

官鄉居。他“覩桑梓水利久廢，爲之心傷，毅然引重修槎、碉二陂爲己任”，“撰訂計劃，奔走籌资。嗣經江西水利局補助經費一千元，本府（指泰和縣政府）復呈准省府於地方費益五百元，乃鳩工庀材，躬親督導，閲兩月而遂工竣”。工程完畢后，又受托編撰了《民國二十七年重修槎陂志》。

關於《民國二十七年重修槎陂志》的版本，目前僅見江西省圖書館所藏民國 28 年（1939 年）鉛印本，今以此本爲底本進行標點、分段、校勘及注釋工作。

目　録

〔記附民國四年陂志舊記〕[1]

記一

泰和槎灘陂，創自南唐，載諸通志，迄今千有餘年矣。考其平時蓄水灌田，數逾萬畝，實爲全邑水利工程之冠。其間歷年興修，或由善士慨捐，或由田畝攤募，從未乞助於有司，艱苦自持，千載於兹，具見當地物力之雄，而萬民生計之是賴也。民四而還，農村凋敝，致是陂失修久矣，鄉人士以關係地方生計至深且鉅，念前功，慮後患，實不可視爲緩圖。爰於戊寅年冬，組織重修槎陂委員會，推周君鑑冰等董其事，重謀修復。無如工程浩大，民力未敷，幾經籌措，殊難如願。因具呈本局，請予補助，迭經派員視察，始悉工程重要，洵足以促進後方生産，增厚抗戰力量，而非地方民力所能逮也。爰擬撥給公帑，澈底翻修以垂久遠。嗣因交通梗阻，材料難籌，加之時間迫促，乃不得不權衡緩急，先事治標。僅撥千元以爲助，不足之數仍由地方自措。該會亦能體念時艱，勇於任事，克底於成，誠幸事也。兹以刊修陂志，請記於余，因書數語，以弁其端。

中華民國二十八年七七紀念日

江西水利局局長燕方畋[2]記

---

[1] 此標題原無，據底本目録補。

[2] 畋　底本原作“畂”，據民國二十五年（1936年）版《江西年鑒》第十三編第二章《江西水利局概况》改。以下徑改。

記二

我國鄉以農業爲立國之本，富國首在利農，利農端資水利。若陂塘湮没，圩埠浸壞，則沃壤不得耕焉。是以歷代之於農田水利，其興治也無不切。今世著令各省尤有專司，惟國家當多事之會，建設端緒綦繁，經費容有所未贍，則有縉紳先生者起而倡之，亦廢無不舉。

槎灘之水爲禾川支流，灘有陂，爲泰和縣最大之水利工程，信實、高行兩鄉田畝咸賴灌溉。陂創築於後唐，代有修築，得維繫於不墜。去年兩鄉人士復謀重修之，以鄉彦周鑑冰、康席之、郭星煌諸先生董其事，而劉厚生、周萬里、康步七、胡蔚文、謝月南諸先生首捐欵以助之，並呈准省政府就地方附税項下補助五百元，水利局復撥欵千元，遂於是冬農隙興工，閱二月而蒇事，計所費法幣三千八百餘元。而兩鄉民衆服行工役均莫不踴躍應徵，努力以赴。既成，復組織管理委員會經常負勘察修葺之責，今年夏，余于役是邑，周鑑冰先生爲余道其事，余有感於紳民從公之勤，且多其善後之有方也，因樂爲記之。諸首事、諸善士之名附書於左。❶

中華民國二十八年八月穀旦

江西省第三區行政督察專員兼保安司令劉振群記

記三

廿四年七月，繩月奉命篆泰，暇曾省覽縣志，得知槎灘、碉石二陂關係五、六兩區農田水利至鉅，顧久湮圮，民物凋敝，欲興未能，且後無熱誠卓識之士紳振臂倡導，人民苟且成性，亦遂安焉，物質損失，可勝紀哉。

二十六年冬，孫君純文主五區區政，余命會同六區組重修槎、碉二陂工程委員會，約集紳民，措資興辦。乃議定而事未舉，則知凡事可由

---

❶ 原文爲竪排，爲保持原样，"於左"未改，餘同。

政府提倡，而欲賴其力以經營之，無廣大群情爲之助，殆鮮有成者。

又明年冬，周君鑑冰辭官鄉居，覩桑梓水利久廢，爲之心傷，毅然引重修槎、碙二陂爲己任，咨於余。余與周君爲文字交，契洽宿深。聞之，距躍三百，請其負責籌謀，余當力襄其成。於是周君撰訂計劃，奔走籌資。嗣經江西水利局補助經費一千元，本府復呈准省府於地方費益以五百元。乃鳩工庀材，躬親督導，閲兩月而遂工竣。所需亦僅費三千八百餘元。政在人舉，於理爲不爽矣。與其事者尚有康君席之、郭君星煌、蔣君竹書、胡君明光、李君舒南、周君曉等，皆不計酬報，悉心盡力，其成厥事，亦見義勇爲之君子也。至於民衆之熱烈赴工，自更足多。

槎陂成，余於三月曾往勘察，老農撑小舟至其地，見河水自陂而下，如萬馬奔騰，滚滚東逝。其工程之堅實與規模之宏偉，爲全贛所罕見。雖不敢云垂諸久遠，但能保持數十年五、六兩區之水利定不慮缺乏，後之食其報者，於鑑冰諸君不益興崇敬之思耶？兹周君擬利修陂志，余不敏，忝司民牧，敢附諸君之後，綴數行於志首。

中華民國二十八年六月

署泰和縣縣長湖北魯繩月謹譔

民國四年重修槎灘、碙石二陂記

歲乙卯，余館早禾市篤行書院，上去槎灘大陂，下去碙石小陂，皆不遠。時適有重修之舉，聞不食陂之利者亦競輸貲，余頗疑以告者過。明年丙辰，館爵譽康氏家塾，去求仁書社不遠，偶覓得《求仁志》一册，中曾言及水利，乃知萬曆間槎陂之修已有他邑人助貲。余於是自慚鄉者之疑，吾淺之爲丈夫。一日，修陂諸君子以訖功，屬余記。余雖不食陂之利，然彼紛紛助金者，猶泯此疆爾界之見，矧余方館此間，晨夕饜飫，不離槎陂灌溉之土物，一記之作又奚容辭？陂之創始及歷世不一，修詳各志暨諸先哲文，兹無庸贅，惟將境内境外諸善士大公無我之心一爲闡發之。

蓋槎灘、碙石陂，雖高行、信實兩鄉之陂，然非兩全鄉之陂也。

即求仁書社雖高行、信實兩鄉之社，然亦非兩全鄉之社也。言高行、信實兩鄉，則可包求仁書社與槎灘、碉石陂。僅言求仁書社與槎灘、碉石陂，則不能包高行、信實兩鄉。且言求仁書社則可包槎灘、碉石陂，僅言槎灘、碉石陂，則不能包求仁書社。《求仁志》載與社方域既分甲至癸爲十團，又以虹岡山脈分江南爲五支，合之江北凡六支，其江南之第一、二、三、四支俱在螺溪田三十萬畝境内，所謂食陂之利者也。不食陂之利者，吾黄塘等處爲江南第五支及江北一支也。顧以分殊而言，剖析不厭其詳，以理一而言，不惟兩鄉之中，不必以不食陂之利而自外推之，他鄉他邑凡不食陂之利者，亦何妨共贊其成。古稱中國一人，一人之身左痛而右不知，右癢而左弗覺，是謂痿痺。醫書以手足痿痺爲不仁，程子嘗援以證，仁者以己及人之心，良由性同一源，自然相關，不然何前而《求仁志》後，而今日竟如是之，不謀而合也哉！《求仁志》雖云三十萬畝，今諸君子自驗，從鄉間斗石之稱，計以石僅六千有奇，計以斗亦僅六萬有奇，故乾隆間修陂舊籍已明言，與三十萬之説迴相左。

此番之修，去最近一次將二十年，洪水爲患，敗壞已極，需費匪輕，既倣乾隆間故事，斗田派錢四十，仍有待于境内境外諸善士大公無我之心，乃得於大雪後四日興工，大寒後七日告成。蓋即境内諸善士亦屬計田派費之外廣種陰德，而境外諸善士之廣種陰德，天地鬼神將有以報之，更可深信而無疑，記與不記原不足爲加損，聊舉其中捐數較多之五家，藉以諷世云爾。曰：信實周旌孝堂捐錢二百緡，其家嘗及余門者八人。曰：信實胡道德堂捐錢二百緡，其家亦有嘗及余門者，二家於《求仁志》皆江南第三支，食陂之利者也。其次曰：千秋李相林堂捐洋銀百元，乃不食陂之利者。余聞斯舉，竊以不得御李君爲憾。又其次曰：高行蔣石峰捐錢百緡，自石峰及石峰之兩子、一姪、一孫先後及余門。曰：信實蕭君禮棠捐錢百緡，昔年君嘗招余至其家，暢談二日，皆有益桑梓事，無一語及爾我之私。二家亦食陂之利，於《求仁志》皆江南第二支也。

民國五年丙辰立夏後七日

黄塘張箸謹譔

沿革録《清光緒泰和縣志》

槎灘、碉石二陂在禾溪上流，爲高行、信實兩鄉灌田公陂。《通志》：“後唐天成進士御史周矩創築，其子羨仕宋僕射贍修”。《乾隆志》因李、唐、田三志未載，擬删。道光三年，知縣楊訒修志，生員周振與蔣、蕭各姓迭控至今[1]。六年春，奉部飭知，於新修志書載開槎灘、碉石二陂，後唐御史周矩創築，子羨贍修，以示不忘創築之功。惟周羨贍修田塘久已無據，該陂爲兩鄉公陂已久，後遇修築仍歸各姓，按田派費，周姓不得藉陂争水利。判語詳後。

判云：槎灘、碉石二陂，在禾溪上流，灌高行、信實兩鄉田畝衆多，按田派費，因時修築。按：《江西通志》：二陂在禾溪上流，後唐天成進士周矩所築，長百餘丈，灘下七里許築碉石陂，約三十丈，又於近地鑿三十六支，分灌高行、信實兩鄉田無算。子羨，仕僕射，增置山田魚塘，歲收子粒以贍修陂之費。皇祐四年，嗣孫中和撰有碑記云：田産久已無考，遇有修築，按田派費。録之以示不忘創築之功焉。

據《南岡李氏通譜》載：元至正間，柏興路同知李英叔以錢二萬緡，獨修槎、碉二陂。載：元從仕郎、遼陽等處儒學副提舉、廬陵劉岳申譔《英叔墓銘》。其子如春，偕弟如山與周雲從，以宋僕射周羨所贍陂田被人侵占，與蔣逸山、蕭草庭控諸有司，得直立“五彩文約”，輪爲陂長。與《周氏通譜》所載相同。且據蔣氏譜載，蜀府紀善蔣子夔自撰譜序，有“逸山公築修槎陂”語，證以現在槎陂之石尚刊有“嚴莊蔣氏重修”等字，亦足徵信。至清光緒戊戌，義

---

[1] 今　光緒《泰和縣志》卷五《水利》作“京”。

和胡義士西京偕螺江周封翁敬五合修槎、碙二陂，閱時未久，婦孺咸知詳。邑侯郭太史曾準所譔《螺江周旌孝堂記》附識于此，以備參考。

流　域

茶山陂　甫田　吴瓦　樂家　上山　秀洲　上蔣　夏富洲　臨清　羅瓦　隘前　軍書門　第蕭　早禾市　場瓦　西門口　彭家祠　桑田　官田　洪潭　鄧瓦　橋上　茆莊　滄溪　潘瓦　院頭　彬里　兜居　洲上　新塢　古田　梅梘　江埠　田心　老居　新居　康居　楓壠　增莊　上市　蔣江口　清溪張瓦　渡船口　弦上　沙里　澤田黄　老居張　嚴瓦　夏塢　都下鄧　門陂　下弦　下鄧瓦　上袁瓦　下袁瓦　桐陂　輞下　廣頭　大芫　圳口　董田　董瓦　上車　雙湖邊　爵譽周康　朱家　院下　張瓦　玉几山　雁口　龍口　秋嶺　社下　晚橋　灌陂頭　石江口　高墈上　嶺下　八斤　下嶺上　李埜　螺塘　鄭瓦　田心　莊下　滄洲　舊居　鉛錫　頂瓦　高虎嶺　高田　廟田　倉下　長洲上　上陽田　下陽田　大塘𡊨胡　屋李下　改邊　杜陂　花園彭家　竹山　大坟前　湍水　新蕭家　灌溪　鄒家　李家塢　杜家　南門　羅步田　坑錫　夏潭　唐瓦　廣頭　戴埜　大夫第　槎富張　�川　觀背　大塘𡊨　留車田　羊瓦洞　大塘𡊨周　墈上胡　湅溪　蕁溪　羅坑　壇前　車江上　段瓦　早木隴　彭瓦周陳　水路劉楊　周瓦　上張瓦　下張瓦　闕瓦　胡家下　高岡　龍躍洲　屋下　宋瓦　梘頭　漆田　石八斤　對田　曲坵　喜田　義禾　羅瓦　富家潭　蔣瓦　螺江　院背　舍溪　梘溪　梘橋　亞江　羅家潭　謝瓦　廟下胡　新蔣瓦　南莊　下錫横陂　曾瓦　車山　高湖　塘邊李　康瓦頭　上東塢　下東塢　三派

說明：以上各村因支流衆多，水勢曲折，故位置之先後不免稍有混雜。

文　　牘

重修槎陂委員會簡章

一、本會以重修槎陂，復興水利爲宗旨。

二、本會會址暫設南岡允升書屋。

三、本會設委員十三人，除五、六兩區區長爲當然委員外，其餘十一人由各姓代表大會公推之。分總務、財政、工程三股，每股設股長一人，由委員兼任之。總務股辦理文書、募捐及庶務事項，財政股辦理出納、會計事項，工程股辦理修繕事項。

四、本會設主任三人，總務、財政、工程各股設股長一人，由委員中推舉之。各股得設幹事若干人，其名額視事務之繁簡定之。

五、本會工程股得于槎陂附近設工程處，以便主持修繕事宜。

六、本會委員不常川駐會，概盡義務，惟在工程處辦事人員得在處膳宿，並酌給津貼。

七、本會對外由全體委員負責其辦公費用，實支實銷，但須力求撙節以免糜费。

八、本簡（單）〔章〕自呈准之日施行。

呈文附指令

事由：爲重修槎陂組織委員會懇准備案并頒圖記式樣由

竊查本縣五、六兩區境内之槎灘陂，横築禾水上游，面積百餘丈，流長三十里，分爲新江、老江，輔以碉陂、籬陂。上自禾溪，下至三派，所有境内田畝之蔭注，人民之飲料，俱惟陂是賴。爲一邑有

名之水利，是兩區最要之工程。載諸各志，創自南唐。陂載省、府、縣各志及《江西要覽》，爲南唐西臺監察御史周矩創築。歷代重修，或賴個人倡義，或由田畝派捐，以迄於今，民生攸賴。邇年洪水衝決，以致農村凋敝，經費難籌，荏苒至今，敗壞殊甚，倘不急起直追，恐將後悔無及。爰于六月六日，由各姓代表會議決議組織重修槎陂委員會，設委員十三人，除五、六兩區區長爲當然委員外，公推周鑑冰等爲委員，籌備一切。理合備文檢同委員會簡章及委員姓名表，呈請鈞府鑒核備案，並懇頒發圖記式樣，以便刊刻使用。伏乞示遵。謹呈泰和縣縣長魯，計呈委員會簡章及委員姓名表各一份。

具呈人：周心遠、胡明光、吴家誠、李（胥）〔舒〕[1]南、周鑑冰、蕭勉齋、蔣竹書、梁錦文、康席之、龍實卿、郭星煌、樂懷襄、周郁春。

泰和縣政府指令建字第 389 號　二十七年七月九日

令重修槎陂委員會委員周心遠等，呈一件，爲重修槎陂組織委員會懇准備案由。

呈件均悉。查槎陂爲五、六兩區策源地，關係地方農田灌溉，至爲鉅大，本府前經派員，會同水利局勘測在案。第以工程重大，地方人財力量一時難以集中，故未輕舉。兹據呈報前來，合亟檢發圖記式樣，暨水利工程調查表，令仰該會遵照查填，並附具工地圖各四份，以憑轉呈備案。此令。附件存。

事由：懇請轉呈補助經費由

竊查本縣五、六兩區之槎陂，載諸各志，創自南唐。附載省府縣治及《江西要覽》，爲南唐西臺監察御史周矩創築。横築禾水上游，面積百餘丈，流長三十里，分爲新江、老江，輔以硐陂、籬陂。上自禾溪，下至三派，所有境内田畝之蔭注，人民之飲料，俱惟陂是賴。爲一邑有名之水利，是兩區最要之工程。歷代重修，多賴人民倡義，間有田畝派捐。

[1] 舒　原作“胥”，據下文《六月六日議決案》改。

近以□患初平，農村凋敝，上年磵陂之修，需費僅八百餘元，沿門托鉢既少慷慨輸將，按畝派捐，復感追呼苛煩。工雖告竣，款尚不足，經過情形已在，鈞長洞鑒。以致槎陂久壞，未克隨時補修，蹉跎至今，工程愈大，損失愈鉅。委員等上關國計，下念民生，非生産無以養民，非保民無以衛國。處此抗戰時期，尤感修陂重要，倘不速圖，將貽後悔。爰於六月六日，由各姓代表會議决議組織重修槎陂委員會籌備一切，業將委員會組織簡章，及委員姓名表，呈請鈞府鑒核備案。惟念工大費鉅，估計預算需八千餘元，孑遺黎民好義有心點金乏術，繼思省政府振興水利不遺餘力，補助各種經費，成例具在。用特繪具圖説，編訂預算，懇求轉呈省政府體恤民艱，速令水利局派員查勘，准予補助二千元，並求鈞長呈准於本縣鴿税建設費項下，補助一千元，其餘五千餘元，則由委員等自行籌措。一俟款項有着，即行購辦材料，以便冬間興工，衆擎易舉，大功告成，國計民生實俱利賴。兹謹將圖説、預算各三份備文呈請鑒核，並乞轉呈專員公署暨省政府核示飭遵。謹呈泰和縣縣長魯，計呈圖説三份，預算三份。

事由：遵令填送水利工程調查表並附具工地圖暨印模呈請鑒核存轉由

案奉鈞府本年七月九日建字第三八九號指令，本會呈一件，呈爲重修槎陂組織委員會懇准備案由，奉令開“呈件均悉。查槎陂爲第五、六兩區水利策源地，關係農田灌溉，至爲鉅大。本府前經派員，會同水利局勘測在案，第以工程重大，地方人財力量一時難於集中，故未輕舉。兹據呈報前來，合亟檢發圖記式樣地方水利工程調查表，令仰該會遵照查填，並附具工地圖各四份以憑轉呈備案，此令，附件存”等因。奉此，遵查槎陂創築時代，修築情形，以及流域之長度，灌溉之數量，業經繪具圖説，送呈在案。兹奉頒發工程調查表式，自應遵照，分别查填，連同工地圖各四（分）〔份〕，印模二份，分别存轉。謹呈。計呈送水利工程調查表，工地圖各四份，印模二份。

事由：呈送預算書懇請核轉由

竊查重修槎陂，迭經繪具圖表，呈請察核，並蒙鈞府派員，會同

水利局徐工程師測勘在案。兹以興工在邇，需費孔多，凋敝之農村，雖頭會箕斂，力量難勝殷實之樂輸，縱舌敝唇焦，金錢有限，既不能因噎以廢食，復不可無米以爲炊。委員等下顧民生，上關國計，迫不獲已。敬懇俯念槎陂爲全縣有名之水利，最大之工程，轉呈層峰准予分別補助，昭示政府振興水利之盛心，增加人民厲行生産之勇氣，抗戰前途，實深利賴。謹將收入支付預算書各四份備文，呈請鈞府俯賜察核，並乞轉呈專員公署，暨省政府核示飭遵。謹呈。附呈收入、支付、預算書各四份。

説明：按當初計劃，原欲根本重修以期永久，經與縣政府主管科長實地測勘，從長商討，訂定預算。洎時局變遷，省府指令久延未下，時間、財力兩感困難，復變更計劃，修理重要部份，原預算書未生效力，故未列載。

事由：重修槎陂需用民工應如何征用呈請核示連同畝捐頒給佈告並分令五、六兩區區長轉飭各保遵照由

竊以重修槎陂工大費鉅，所有築土陂，挑砂石，以及車水各項，按照法令俱可徵工。伏查五、六兩區地域遼闊，居民衆多，非盡屬槎陂範圍，究應如何征用，自應呈請核示，連同受益田畝捐費（每田一斗收捐銅元十枚），統請鈞府佈告週告，並令知五、六區區署轉令各保甲長，曉諭各村民衆，依限繳捐，遵章服役，其因事不能應征者，每天納代工金三角，倘有故意延抗，准予傳訊罰辦，以利進行。是否有當，併乞示遵。謹呈。

泰和縣政府指令建字第 586 號

令第五、六兩區重修槎陂委員會主任委員周鑑冰等呈一件，呈爲重修槎陂需用民工應如何征用，呈請核示，連同受益田畝頒發佈告，並分令各該區長轉飭各保遵照，以利進行由。

呈悉。查修理槎陂需工甚鉅，應按照《國民工役法》第四條之規定，凡年滿十八至四十五之男子，均有服工役三日之義務，普偏征工。至受益田畝捐，前據該會編造預算，經分別轉呈，核示在卷，權

衡利害，亦屬可行，准予從速催徵，倘有故意延抗，可報由當地區署罰辦，並分報本府備查。除分令並佈告外，仰即遵照，趕緊進行，勿延爲要。此令。

事由：呈爲槎陂興工已久籌費維艱懇求迅予查案補助由

竊查本縣槎陂急待修理，迭經繪具圖記，編訂預算，呈由縣政府轉呈鈞局暨省政府俯念槎陂爲全縣有名之水利，最大之工程，體恤民艱，准予分别補助在案。嗣迭承鈞局先後派委徐工程師、傅科長、丁隊長，會同縣政府蕭科長測勘，具見關懷民瘼、振興水利之盛心。惟興工已久，籌費維艱，而前呈預算書内所列鈞局之補助費二千元，暨請省府核准，由縣建設費補助一千元，尚未奉明示。夙夜徬徨，罔知所措，歲聿云暮，時不再來。伏乞迅予查案補助，庶幾爲山九仞，不至功虧一簣，國計民生兩俱利賴。謹呈江西水利局局長燕。

泰和縣五、六兩區重修槎陂委員會主任委員

周鑑冰、康席之、郭星煌

事由：呈請核准之補助費全數提前發放由

竊本縣此次重修槎陂，以工大費鉅，地方貧困，曾經分别呈請鈞局，暨縣政府給予補助各在案。現蒙鈞長明示准予補助國幣一千元，兩區人民食德飲和，感激靡已。惟因交通不便，外埠捐款須經相當時間始能到達，致經費方面恐難接濟。兹謹具領結一紙，呈請鈞長俯恤困難，將核准之補助費國幣一千元，全數提前頒結，以利工程。謹呈江西水利局局長燕。

附呈：領結一紙。

泰和縣政府訓令建字第 628 號　二十七年十二月三十一日

令重修槎陂委員會主任委員周鑑冰，案奉江西水利局日字第 201 號訓令，以該會主任委員周鑑冰等呈請，將核准之補助費國幣一千元，全數提前結領等情。内開“查此案，前據該會呈請補助，即經核定，酌予補助工料費一千元，令縣嚴督切實進行在卷。據呈前情，除

將工料補助費一千元，如數發交該主任委員周鑑冰等領回，并分令水局第一工程隊外，合行令仰該縣長遵照督促，趕速辦理，並轉飭補具工程計劃，呈局察核”等因。奉此，合行令仰該主任委員趕速遵辦，並將工程計劃補具，呈候核轉，勿延爲要。此令。

說明：按訓令到時，工程重要部分行將告竣，且先與水利局派來工程師將工程計劃大致商討，故未補具計劃書。

事由：呈請按照預算所列就縣建設經費或預備費項下補助一千元由

竊查重修槎陂，以工大費鉅，曾經編造預算，繪具圖説，呈請鈞府，轉呈省政府暨水利局，分別核准補助在案。現興工已久，籌費維艱，雖承水利局頒給補助費一千元，而通盤籌劃，不敷尚鉅。伏思槎陂非但爲全縣最大之水利，亦爲全省最要之工程，故水利局雖經費艱窘，仍承設法補助。本縣鎢税收入，向有建設開支，鈞長注意民生，關心水利，歷有年所，兹逢重修之會，正遇將助之機。敬乞體恤民艱，轉呈省府，准予按照預算所列，就縣建設費，或預備費項下，補助一千元。庶幾爲山九仞，不至功虧一簣，則兩區民衆飲和食德，刻骨銘心矣。歲聿云暮，時不再來，迫切陳情，惶恐待命。謹呈泰和縣政府縣長魯。

泰和縣政府指令建字第六三八號　二十八年一月十日

令重修槎陂委員會主任委員周鑑冰呈一件，呈請按照預算所列，就建設費或預備費項下補助千元，以竟全功由。呈悉。查本縣鎢砂附税，經省府核定，統籌支給，列入縣地方預算内並無水利補助等款目。前經呈請省府核示在案，兹據前情，查核尚屬實在。除呈請准予，在本縣二十七年上半年度縣地方預備費項下，撥助五百元，以竟全功，另令飭遵外，仰即知照。此令。

事由：呈請縣府將核准之補助費五百元全數提前發放以竟全功由

竊查此次重修槎陂，以籌款維艱，曾經呈請鈞長准予按照預算所

列，補助一千元一案。兹奉鈞府建字六三八號指令略開：准予在本縣二十七年上半年度縣地方預備費項下，撥助五百元，以竟全功等因。兩區人民同深感激，現立春在即，工程急待完竣，用特謹具領結一紙，呈請鈞長俯念困難，將核准之補助國幣五百元，全數提前發給，以利工程。謹呈。

附呈：領結一紙。

泰和縣第五、六兩區，重修槎陂委員會主任委員周鑑冰、康席之、郭星煌等，今領到泰和縣政府發給重修槎陂經費，國幣五百元整，所領是實。

中國民國二十八年一月二十日

泰和縣政府指令建字六七六號　二十八年二月三日

令第五、六區重修槎陂委員會主任委員周鑑冰等，呈一件，呈請將核准之補助費五百元全數提前發放以竟全功由。呈件均悉。查此案，前據該主任委員呈報到府，經以建字第六三四號，呈奉江西省政府，財建字第六三四號指令"應予照准"。除函縣分金庫，及財務委員會外，仰即繕具正副印領，派員到縣，祗領具報。此令。

原領結發還，附發正副印領二紙。

第五、六區重修槎陂委員會主任委員周鑑冰、康席之、郭星煌等，今於與正副印領事，實領得泰和縣政府呈准，在二十七年上半年度縣地方預備費項下，補助槎陂工料費五百圓整。所領是實。此據。

中華民國二十八年二月□日

事由：分呈水利局縣政府於二月一日以前派員驗收並請縣府將補助費從早發放由

槎陂工程幸賴鈞局府派員督促，並蒙准予撥款補助，與夫之義士之慷慨解囊，已幸完成，駐該陂之工程處亦將結束，惟統計收支虧欠尚鉅。敬請鈞局府轉呈省政府，迅將縣政府呈請准予補助之補助費國幣五百元，核准令發，從早發放。並請於二月一日以前派員驗收，以昭實在。除分呈外，謹呈江西水利局局長燕、泰和縣縣長魯。

江西水利局批工字第二二八號　二十八年二月九日

具呈人：泰和縣重修槎陂委員會主任委員周鑑冰等。

二十八年一月二十七日呈一件，爲槎陂工程現告完成，請派員驗收，並轉呈省政府，迅將縣府補助費核准令發由。

呈悉。已派本局技士阮樹楠驗收具報。至該縣政府補助費，應候令飭泰和縣縣長查核辦理，仰即知照。此批。

局長燕方畋

泰和縣政府指令建字第六三八號　二十八年二月三日

令第五、六區重修槎陂委員會主任委員周鑑冰呈一件，爲槎陂工程完竣，請將核准之補助費從早發放，並派員驗收由。呈悉。請領補助費，應換繕正副印領，派員具領，經予指令在案。至派員驗一節，應候本府會同水利局核定後，另電飭遵。仰即知照。此令。

募捐啓

蓋聞民爲邦本，食乃民天，雖不違農時，穀則不可勝食，然非逢樂歲，民終難免有饑。讀既優既渥之章，詠乃積乃倉之句，當恍然水利之關係於民生國計者甚巨也。泰和槎灘陂者，載諸各志，陂載《江西通志》《江西要覽》及府、縣各志。創自南唐。鑿渠三十六支，灌田一千萬畝，爲一邑有名之水利，詳清邑侯郭太史曾準記。是兩鄉最要之工程。泰和分六鄉，此陂灌注信實、高行兩鄉。在創築之初，修繕有田租出息，經變遷而後，收支無夥粒餘存。陂係南唐西臺監察御史周矩創築，其子宋僕射光禄大夫羡，贍田莊多處爲修繕費，迭經兵燹，多被侵佔，雖由周、蔣、胡、李、蕭諸姓屢圖恢復，未果。以致每遇重修，常多困難，頭會箕歛，既爲户口所難堪，説短道長，亦係人民之習慣。在昔承平年代，猶多倡義之家，處今凋敝時期，難得急公之士。然而民生攸賴，國課所關，自應改弦更張，焉能因噎廢食？况痌瘝在抱，本無此疆彼界之分，慈善爲懷，當有救災恤鄰之舉。用是謹申微悃，廣結福緣，冀當代仁人解（襄）

〔囊〕樂助，願四方善士援筆大書。款不虛糜，民沾實惠，飲和食德，頌生佛者萬家；立志刊碑，垂勛名於百世。仁風廣被，利澤長流。是爲啓。

公函

致區署徵工公函

案奉縣政府十一月二十四日建字第五八六號指令，本會呈一件，呈爲“重修槎陂需用民工，應如何征用，呈請核示，連同受益田畝捐頒發佈告，並分令各該區長轉飭各保遵照，以利進行由。呈悉。查修理槎陂需工甚鉅，應按照《國民兵役法》第四條之規定，凡年滿十八至四十五之男子，均有服工役三日之義務，普遍徵工。至受益田畝捐，前據該會編造預算，經分別轉呈核示在案，權衡利害，亦屬可行，准予從速催收，倘有故意延抗，可報由當地區署罰辦，並分報本府備查。除分令并佈告外，仰即遵照，趕緊進行爲要。此令”等因。奉此，查《國民工役法》，除現役軍人外，自十八歲至四十五歲之男子，均有服役之義務。本會爲顧全事實起見，對於因事不能應徵者，有每日折代工金法幣三角之規定，以及受益田畝每畝收費一角，編造預算，呈准在案。兹以農村凋敝，改爲每斗收費一百文。奉令前因，相應函請貴署轉令所屬保聯主任及保甲長，速將各保應徵男子姓名、年齡、職業、村落詳細造册過會，如期應徵，倘須代工者，則於備考欄内註明。並督促受益各保，將畝捐每斗一百文於國曆十二月底以前，分别繳交五區南岡口第三保聯本會收捐處，及六區槎灘陂本會工程處，毋得延誤，至紉公誼。此致。

泰和第五、六區區長周、吴主任
委員周鑑冰、康席之、郭星煌

致旅外同鄉催捐函一

某某先生大鑒：七月間曾上寸楮，並附捐册收據，諒達左右，惟期逾兩月，未蒙惠（福）〔復〕，至爲耿耿。槎陂重修，刻不容緩。

且工程浩大，需費孔多，雖曾呈請政府補助，並經水利局派員測勘，但緩不濟急，爲數有限，自非另行籌措不足以赴事功。素稔台端仁風廣被，鄉里同欽，登高一呼，群山皆應。現上峰令限下月一日開工，尊處捐款，當已募有成數，若猶未也，則請廣爲勸募。所有款項捐册，統希寄交三都墟恒泰和，轉財政股長周郁春先生收，不勝盼禱之至，謹此順頌籌祺，並候囘（雲）〔音〕。

致旅外同鄉催捐函二

某某先生大鑒：兩上蕪函，計達左右。槎陂重修，原非得已，同人等奔走呼號，乃上念國計，下顧民生，凜飲水思源之義，爲披髪纓冠之舉。如一區義士劉厚生先生，江北謝月南先生，俱係不飲水利類，皆慷慨解囊。吾輩生斯長斯，憶先哲之偉蹟，寗能恝置，冀後人沾實惠，更應繼繩。先生鄉里重望，高瞻遠矚，諒亦深表同情也。前書久上，未蒙惠（福）〔復〕，故再瀆陳，尊處捐款，統希尅日滙寄，捐册收據，亦希同時寄下，盼切禱切，此候籌祺。

祭江文

川流卑下，原田失灌溉之資；渠水紆迴，畎畝有豐穰之望。先哲深明此理，南唐創築巨陂，號曰“槎灘”，潤分禾水，灌田盈三十萬石，功載口碑，流域貫五、六兩區，事登邑志。就陂之面積而言，長餘百丈，闊達七弓，尾抵東南，首□[1]西北。歷代以來，屢修屢壞，屢壞屢修，或好義而解囊，或按田以派費，工程浩大，補綴艱難。自乙卯以至今兹，其春秋僅歷廿四，陂口損傷已甚，百孔千瘡，堤基頹敗不堪，東崩西潰。徵工籌款，經營固賴人謀；换石易磚，堅固全憑神佑。小賓務期盡塞，後患方除；大功克日告成，初衷始遂。自此以後，春耕秋穫，閭閻免旱魃之災；麥漸黍油，黎庶頌陽侯之德。謹告。

---

[1] 原文漫漶不清，疑爲“榜”字。

水利局調查表　二十八年二月竣工時查填

一、陂之沿革：後唐天成進士周矩創築，其子宋僕射周羡捐田莊山地多處，爲修繕之費，載省府縣志及《江西要覽》（田莊山地元末遺失）。

二、以往修陂之經過：據各姓譜牒紀載及父老相傳，除清乾隆間曾由省憲委員督修一次外，係由地方公正士紳董理其事。其經費或由個人倡義，或分向各方募捐，並抽收畝捐以補助之。但因範圍頗大，時間甚促，畝捐多難收足。

三、陂局之組織：此次重修由五、六兩區士紳大會決議，組織重修槎陂委員會，設委員十三人。除五、六兩區長爲當然委員外，就各地公正士紳中公舉十一人，由各委員互推主任委員一人、副主任委員二人，分設總務、財政、工程三股，各置股長一人，由各委員兼任。另設工程處，主持修繕事宜。委員及主任俱純盡義務，惟常川駐工程處者，會計、庶務、監工、工友得支薪津火食。

四、陂之現狀：陂長一百三十餘丈，陂寬四丈，陂脚至地面平均約一丈六尺。

五、損壞之情形：連年洪水衝決，農村凋敝，經費難籌，未能隨壞隨修，致大小兩減水口（即兩泓），及陂隄均損壞不堪。

六、修築之方法：減水口用石塊、桐油、石灰、水門汀砌成，石與石之間用鐵工針釘，互相連擊，陂隄則用三合土砌亂石。

七、各種所需材料之統計：鐵器三百一十二斤，價六十七元七角；竹木價一百六十六元四角；桐油價七十八元；石灰七百五十五担又四十五斤，並由永新運至槎陂，合價七百五十五元四角五分；水門汀三十桶，每桶價十七元二角，由吉安運至太平洲，船費三十六元，復由太平洲運至槎陂，船費三十五元九角，合價五百八十七元九角；石料二百二十五元；竹木用具（水車、畚箕、工人用器）及繩索、禾草、雜支等，合價二百三十元零一角。統計各項材料，共國幣二千一百一十元五角五分。

八、各種工匠之統計：泥工一千六百一十八工半，工資五百七十九元四角；石匠二百七十九工，工資一百一十七元四角；竹木匠（木匠一百一十五工，每天工資三角，竹匠四十四工，每天工資錢五百文）（供膳在外）工資四十三元六角二分；車水（因附近地方腦膜炎流行，工匠亦有死傷者，致各處民工多數畏縮不前，爲顧全事實，衹有就地雇工，每人每天並伙食工資三角）工資二百八十四元一角；築土陂工資一百七十九元六角六分。統計各項工資，法幣一千二百零四元一角八分。

九、各項經費之統計收入：水利局一千元；縣政府五百元；樂捐二千九百五十四元。合計四千四百陸十九元三角。

支出：除材料費二千一百一十元五角五分，各項工資一千二百零四元一角八分外，旅費二十六元五角；雜費（開會費用、工程處屋租及茶水、薪炭、油燈、印刷、文具、郵費各項均在内）九十七元零八分；薪津伙食四百〇六元六角二分。合計三千八百四十四元九角三分。

十、受益之田畝：相傳爲三十萬石，每石合二畝五分，現在大約一千萬畝。

十一、興工起訖之日期及晴雨天數（停工日數）：二十七年農曆九月二十八日起設工程處，十一月初八興工，十二月十五完工，中間停工大約五日。

十二、其他（如衛生問題）：以六區發生腦膜炎，工人大受威脅，除購置中藥散發外，並强制種痘。

議事録

六月六日議決案

一、組織重修槎陂委員會，設委員十三人，五、六兩區區長爲當然委員。

二、委員人選：康席之、郭星煌、蔣竹書、胡明光、李舒南、周鑑冰、樂懷襄、龍實卿、梁錦文、周郁春、蕭勉齋，共十一人，加五區長周心遠，六區長吴家誠，共十三人。

六月十日議決案

一、公推負責人員周君鑑冰、康君席之、郭君星煌兼主任委員，周君郁春兼財政股股長，蔣君竹書兼工程股股長，李君舒南兼總務股股長，胡君明光兼工程處委員，周君慧崖、胡君季毓爲文牘。

説明：周郁春先生興工之先病故，公推其家嗣周君萬里繼任。

二、籌措開辦經費由各大姓預借五元。

三、向各方募捐其報酬方法：（几）〔凡〕樂輸一百元以上者，遇其直系尊親屬，或本身及妻室舉行壽典，則宜致祝，舉行喪禮，則宜致祭，但以一種一度爲限；二百元以上者，無論壽典喪禮，俱宜致敬，每種俱以一度爲限。

十月四日議決案

一、抽收畝捐每畝銅元拾枚。

二、設收捐處于南岡允升書屋，推委員龍實卿主持，月支薪津伙食十二元，雇用工友一人，月支薪津伙食八元。

三、設工程處于槎陂村，除工程股長及駐處委員前經會議推定外，另聘監工員四人，會計、庶務各一人，每月薪津六（月）〔元〕，伙伕一人，月薪四元五角。

四、籌備材料預備五百元，各姓分別認借如左。

周姓八十元，蔣、胡、李三姓各六十元，康姓五十元，龍姓四十元，蕭姓三十元，郭、黄、張三姓各十元，不足者由財政股長墊借。

説明：當時開會，蕭姓未到，由公酌派三十元，並未照繳。旋財政股股長周郁春因病身故，亦未墊借。

五、奉令徵工：甲、無論士、農、工、商，年滿十八歲至四十五歲皆徵一天。乙、因事不能服役者，每日收代工金三角。丙、應徵逾限至十日者，處罰金五分。

六、收捐期限第一期：舊歷九月十五日；第二期：十月十五日；第三期：十一月十五日。

七、定期開工：工程處十一月十九日開始工作（即農曆九月二十八日）。

十一月十七日議决案

一、各姓借款限十日内繳清。

二、各種捐款萬一不敷，由食陂水利各姓攤派。

三、捐款拖欠不清，由各村士紳設法，並得以該村公款補助之。

説明：各村畝捐多未繳清，嗣承層峰補助及各處樂輸，預算相差有限，不足之數可由各姓攤派，乃公議免收並將收捐處撤銷。

二十八年二月六日議决案

一、蔣君竹書、胡君明光各酬夫馬費二十四元，周君慧崖十元。

二、本會結束後，組織槎、磵二陂管理委員會，設委員十一人，

任期二年，俱無給職，第一任委員以此次重修槎陂委員充之（區長兼任委員除外）。

三、贏餘款項分存周、蔣、胡、李、康、龍各宗祠，年息五厘。

説明：各姓領款須立摺存會，並有正紳二人以上署名蓋章，龍姓聲明不領。

四、修陂剩餘物件標價拍賣。

七月二十二日議決案

公推蔣君竹書、郭君星煌、周君鑑冰編纂陂志，龍君實卿、周君旭初彙集賬目。

説明：編纂陂志時，蔣君綏予、李君式軒俱到會參加意見，且爲速成計，臨時請胡君開甲、李君良相繕寫。

八月一日議決案

一、公推黄君繹仁、蕭君立庵核算數目，康君囷三、李君式軒、周君舒舞審查陂志。

二、散發陂志，除各善士及職員與出力人員外，每村一本。

尚義録

甲、不食陂水利者

一區杏嶺劉厚生先生捐三百元，朱局長紹基捐一百元。

商副司令長官震、彭副軍團長進之、劉總司令建緒、陳處長烝先楊營長獻文，以上各捐五十元。

湘商春茂莊、湘商瑞豐祥、庾商胡義和，以上各捐三十元。

李軍長覺、陶軍長柳、宋軍長纒武、傅副軍長立平、王師長仙峰、王師長立基、王師長力行、王師長仡、張師長慎之、莫師長與石、汪師長之斌、何師長平、段師長珩、唐師長永良、李師長兆鍈、王處長鴻誥、張處長相周、高處長崐麓、吕行長雪年、漢商公記莊、五區仙溪周青白廠，以上各捐二十元。

永新龍吉貴先生捐十五元。

陸股長聖俞、王保臣先生、戴少章先生、漢商劉承京先生、漢商蕭筱畬先生、漢商項仁溥先生、漢商楊麗生先生、漢商裕和莊、漢商聚安鹽號、漢商正裕莊、漢商萬鈺山、漢商大成莊、漢商瑞安正、湘商鴻記莊、湘商正裕莊、茶陵康鑫記、永新湯松茂先生、五區謝瓦謝周仁妹女士、六區治岡陳煥燕先生、六區院頭張榮林堂、漢商陳子顯先生，以上各捐十元。

蘇主任子春、樂主任聖武、張樹人先生、楊永清先生、漢商艾玉溪先生、漢商戴裕塵先生、漢商劉霖湘先生、湘商田湘藩先生、湘商湘潭輪船、湘商通達公司、湘商祥源莊、庾商蕭自昌先生，以上各捐五元。

湘商鎮泰莊、湘商陳翼德先生、一區蕭象弈先生、王默庵先生、

錢炳麟先生、歐陽謙先生、邵仲世先生、何利源先生、吴紹德先生、贛商立昌號，以上各捐三元。

贛商戴裕佳先生、贛商永和順號、庾商元豐號、庾商益順福號、庾商阜康號、庾商胡玉瀾先生，以上各捐二元。

説明：以上未注地點之各善士樂輸共七百九十八元，概由大夫第周君萬里經募。

乙、食陂水利者

五區大夫第周篤敬堂捐三百元，五區留車田胡蔚文先生捐三百元，謝瓦謝應宿先生捐一百陸十元。謝君雖居禾水之北，但有多田可食水利，故列于此。

五區螺江周鑑冰先生捐一百元，五區爵譽康步七先生捐一百元，義禾胡曉東先生捐五十五元，爵誊康厚予先生，南岡李郁周先生，以上各捐三十元。

富家潭胡季毓先生、義禾胡雨巖先生、彭瓦周命三先生、螺塘李養吾先生、六區梅梘蔣睦修先生、六區樂家樂啓周先生，以上各捐二十元。

田心蔣歡予先生、田心蔣道揆先生，以上各捐十二元。

五區螺江周蓮青先生、五區螺江周慧崖先生、五區螺塘李芷階先生、五區螺塘李典五先生、五區�川李譽朗先生、五區圳頭康敬五先生、義禾胡淮山先生、義禾胡養吾先生、富家潭胡令德先生、鼎瓦張光之先生、唐瓦唐世麟先生、六區上市蔣顯誥先生、六區梅梘蔣德修先生，以上各捐十元。

五區高田胡元吉堂捐九元。

五區爵譽周聘龍先生、五區爵譽周賓賢先生、五區梘橋周心遠先生、梘橋周冰玉先生、龍口康席之先生、灌溪郭星煌先生、南岡李舒南先生、義禾胡光照先生、義禾胡逢耀先生、富家潭胡厚德先生、富家潭胡勇才先生、舊居胡嘉寶先生、六區下塢胡致元先生、六區鄧瓦鄧成元堂、六區梅梘蔣糾卿先生，以上各捐五元。

五區爵畬康裕藩先生、五區爵畬康濟生先生，以上各捐四元。

爵畬康爵廷先生、爵畬康來㵞先生、五區長洲上胡常瀠先生、大塘坹胡慶燃先生，以上各捐三元。

五區爵畬康生茂裕號、六區鄧瓦鄧文明堂、六區院頭張敦典堂、六區夏塢胡宜如先生、院頭張嘉會堂，以上各捐二元。

五區漆田周佐明先生、六區門陂梁安邦先生、六區門陂梁文彩先生、六區門陂梁詩誠先生，以上各捐一元。

收支清册

收入門

江西水利局補助費法幣一千元，泰和縣政府補助費法幣五百元，各善士樂輸法幣二千九百五十四元，代工金法幣一十五元三角，共收法幣四千四百六十九元三角。

支出門

付石灰法幣七百五十五元四角五分。計石灰七百五十五擔又四十五斤。

付水泥法幣五百八十七元九角。計三十桶，每桶價十七元二角，自吉安運至槎陂運費在内。

付石料法幣二百二十五元。二尺八寸以上每尺三角，一尺五寸以上每尺二角三分。

付鐵器法幣六十七元七角，計重三百一十二斤。付竹木法幣一百六十六元四角。

付桐油法幣七十八元，付雜支法幣二百三元零一角。水車、竹木用具、繩索、禾草、柴茅一切。

付作土陂法幣一百七十九元六角六分。此次由槎陂村邀人包辦，以後可擇請作爲徵工。

付車水法幣二百八十四元一角。因腦膜炎流行，人民服役如多觀望，故有此開支。

付泥匠工資法幣一百一十七元四角。計二百七十九天。

付石匠工資法幣五百七十九元四角。計二百七十九天。

付竹木匠工資法幣四十三元六角二分。内一百一十五工以三角計，又四十

四工供養，以一角四分計。

付茶水、薪炭、油燈、文具、郵票法幣三十四元零八分。

付薪津、伙食法幣四百零六元六角二分，付開會費用法幣四十二元。

付旅費法幣二十六元五角，付工程處屋租法幣二十一元。

共付法幣三千八百四十四元九角三分。

說明：以上支出各項另有簿據，經衆核明，故未詳列，以省篇幅。除清理碉陂手續及填塞梅梘涵洞共用一百餘元，又開會修志及紙張印刷費約一百五十元，餘款照二十八年三月大會決議，分存周、蔣、胡、李、康各姓宗祠，行息由槎、碉二陂管理委員會保管，以爲續修二陂基金。

工 程 紀 要

甲、土坡：土坡所以障水，關係工程進行甚鉅，稍一不慎，爲害匪淺。兹將應注意各點條列于后，以備參考。

一、長度：除包括石陂之外，每端超過營造尺一丈。

二、寬度：深處三尺，淺處亦須二尺以上。

三、高度：須超出水面一尺五以上。

四、構築：先用木樁釘成雙行，次用木片連結，再次用竹箪鋪下水一面，然後下土。最須注意者，樁宜粗，更宜深入；土宜堅，更宜築實（歷來修陂在阿獅坑取土，因該處之土富有堅性）。底宜清去石塊，以免傾倒發滲。又水深處于下水方面，每隔六七尺緊靠土陂横築一段，以備萬一衝决時，不至牽動全陂。

五、距離：土陂與陂之距離大小泓宜稍遠，約三四尺，以便工作，餘則二尺左右足矣，過遠則水度深，水度深則土陂不穩固。

乙、兩泓下灘深水大，非車減水，則陂下方之工作不能進行，然車之多少及車之佈置等等亦關係重大，記之免臨時躊躇。

一、車數：大泓灘約用車二十具，小泓灘用車十五具，並查歷次車水之車，俱向附近農民租用。應注意者，車長須丈二以上，愈長愈好。

二、佈置：于灘之兩旁挖溝裝車。

三、人工：每車六人，換班工作，夜工亦如之，惟夜工只須半數車，做夜工時，應就附近搭棚，以便換班休息。

丙、材料：如石、石灰、水泥等應先期備好，以便應用。石以陂之對面山者爲好，若獅子山，若洪岡寨，石鬆不耐久，不宜用。再兩泓下灘遺石甚多，設法吊起，補助非小。

丁、工程進行：宜先難後易，自下而上，因下方工程每易爲水所淹，難得乾固。

戊、改正：大泓上角稍突出，續修宜縮平成直線。小泓下角宜展開少許，現係一直線恐難耐久。

善後方案

槎、碉二陂管理委員會呈文

竊查本縣槎灘、碉石二陂位雖六區境内，澤及五區地方，陂水紆迴近三十里，流域既長，蔭注自廣。惟以轄境既屬遼闊，人心尤覺涣散。在水頭者，謂不修陂而蔭注自足，居水尾者，謂即修陂亦實惠難期。管理不易，修理尤難。上年槎陂之重修，雖承義士樂捐，倘非政府補助，誠恐難以成功。委員等懲前毖後，召集士紳會議磋商善後方法，决議組織槎、碉二陂管理委員會，以資主持。用特擬具簡章，呈請鑒核備案，並懇頒發圖記式樣，以便刊刻，俾昭信守，是否有當，伏乞指令祇遵。謹呈泰和縣政府縣長車。

泰和縣第五、六兩區槎、碉二陂管理委員會組織簡章

第一條　本會爲管理槎、碉二陂起見，依據《中華民國二十八年二月六日兩區士紳會議第三决議案》組織之。

第二條　本會定名爲：泰和縣第五、六兩區槎、碉二陂管理委員會（以下簡稱本會）。

第三條　本會設委員十一人，由受益水利各姓就地方公正士紳選任之。

第四條　本會設主任委員一人，副主任委員二人，主持會務由委員中互推。

第五條　本會爲事實需要，得設會計、文書各一人，就委員中遴選兼任之。

第六條　本會除特別事故外，於每年霜降節前後集會一次，並公推委員六人以上，親赴槎灘、碉石二陂，及沿新、老二江實地察勘，倘有損壞，隨時修補，其用費在百元以上者，應召集兩區士紳會議籌募，并呈報縣政府備案。

第七條　本會委員爲義務職，任期兩年，每期以國曆二月一日以前交替，至任期届滿時，由委員會召集兩區士紳大會改選，但得連選連任。

第八條　本會委員遇有特殊情形不能執行職務時，得通知本會物色公正士紳暫代，但代理人員如逾半數以上，必須舉行改選，並不受第七條之限制。

第九條　本會會址暫設南岡口允升書屋。

第十條　本會辦事細則另訂之。

第十一條　本簡章如有未盡善事宜，得提交大會修改。

第十二條　本簡章自呈奉核准之日施行。

泰和縣政府指令建字第 80 號　民國二十八年八月一日

令第五、六兩區重修槎陂委員會主任委員周鑑冰等，呈一件，爲組織槎、碉二陂管理委員會，擬具簡章，呈請鑒核備案，並懇頒發圖記式樣由。

呈件均悉。查所擬簡章，尚有欠妥處，經分别代爲更正，隨令發還，仰即換繕一份，並依照前頒重修槎陂委員會圖記式樣刊刻圖記。附具印鑑，再呈本府備案。此令。附發還原簡章一份。

縣長　車乘華

呈爲遵令換繕簡章附具印鑒懇准備案由

案奉鈞府八月一日建字第八十號指令，本會呈一件，爲組織槎、碉二陂管理委員會擬具簡章呈請鑒核備案，並懇頒發圖記式樣由。内開“呈件均悉。查所擬簡章尚有欠妥處，經分别代爲更正，隨令發還，仰即換繕一份，並依前頒重修槎陂委員會圖記式樣刊刻圖記，附

具印鑒，再呈本府備案。此令”等因。奉此，自應遵辦，兹换缮簡章一份，附具印鑒一紙，伏乞鑒核備案。謹呈泰和縣縣長車。

重修槎陂委員會主任委員　周鑑冰、康席之、郭星煌

泰和縣政府指令建字 172 號　民國二十八年九月三日

二十八年八月二十八日呈一件，呈爲遵令换缮組織簡章，附具印鑑，懇准備案由。呈件均悉，准予備案。此令。附件存。

縣長　車乘華

附録

出力人員表委員會職員不另列名

駐工程處者：會計：周旭初；庶務：蔣朝佐；監工：蔣嘉雯、蔣朝彦、周禄元、康濟生、李鳳翔。

參加募捐及其他工作者：周舒舞、周枕戈、周鎮爾、周淑明、周萬程、周冰玉、周詩卿、周弍如、蔣綏予、蔣糾卿、蔣亞子、蔣慧明、胡彝尊、胡亦尊、胡善之、胡穗九、胡佩卿、胡道南、胡嘉德、胡瑞文、胡謨文、胡開甲、李式軒、李雪舫、李書美、李良楷、李良相、康囷三、康步七、康來益、康厚予、龍鏡堂、黄繹仁、蕭立庵。

填塞梅梘涵洞始末

碉陂位于梅梘，蔣姓陂之上，有石橋一座，堤塝頗高，堤塝之下，有田數畝，别有蔭注。民國初年，蔣達鍾年少無知，掘堤□❶田以致傾圮。四年修陂，乃叔蔣君顯福因此捐款一百元，載六年所修陂志。迨十九年重修碉陂，以□患未平，乏人主持，仍於堤塝留一涵洞，涓涓不塞，爲害甚鉅。至二十七年，經委員會與之交涉，由竹書君之開導，乃行填塞如初。書此以告後之來者。

清理碉陂未完手續

查十九年碉陂之修，匪患未平，工程未竣，乃二十五年續修。殷

---

❶ 底本空字，疑爲“溉”字。

實樂輸既少，田畝派費難收，以致入不敷出。石灰、屋租、泥匠及一切工貲俱未清楚，所有簿據復行散佚。雖經康君步七捐五十元仍不敷開支。此次委員會爲顧全信譽，計將十九年拵[1]欠清白廠石灰數七十二元，二十五年欠湯松茂泥水工貲七元四角，周聘勳工貲三元四角五分，朱士文、龍士林、周聘琇工貲十二元四角，與二十七年填塞梅梘石橋邊堤墈涵洞磚料泥工十一元四角四分，概由此次委員會付清。

陂約

槎陂大、小泓口向有兩大木，俗稱“兩閂木”，春則横放，俾水位增高，冬則除，俾船筏通過，其清明至寒露前後，遇有大幫船筏通過，則臨時將閂木除。歷來就陂之附近擇人看守，凡看守者須向首事立約負責。玆既組槎、碉二陂管理委員會，以後看守人必須向管委會立約。惟約文須因時制宜，故僅載管委會簿據。

[1] 拵　或爲“拖”。

跋

韓文公有曰："莫爲之前，雖美弗彰；莫爲之後，雖盛勿傳。"今徵之槎灘、碉石二陂而益信。考《縣志》載：槎陂在禾溪上流，爲高行、信實兩鄉公陂。《通志》載後唐天成進士周矩創築，其子羡仕宋僕射贍修等語。復考《南岡李氏通譜》載：元至正間，柏興路同知李公英叔獨修槎陂，其子如春，偕弟如山及吾族先達雲從，以僕射公所贍陂田被侵豪强，與蔣公逸山、蕭公草庭鳴於官，得直立"五彩文約"，分仁、義、禮、智、信五號，由鳴官諸人輪爲陂長。與吾周通譜不謀而合。乃滄桑屢變，陂田復失，厥後重修之資，父老相傳以按田派費爲原則，是食陂之水利者，皆已出錢出力矣。迨清光緒戊戌，吾先大夫敬五公，與義禾胡義士西京以私財重修之。詳邑侯郭太史曾準所撰先王父祠記，惟記中有"周氏於陂凡三修"之句，與現在陂堤有蔣氏重修之石，則以余生也晚，不得其詳。至民國四年續修，則除食陂水利者樂輸畝捐外，遠如湖湘，近者吉贛，俱已募捐，是陂之名愈著矣。

歲月如流，忽忽二十餘年，碉陂於二十五年已按田派費重修，而槎陂又以傾圮。告鄉人士鑒於碉陂經費之不敷，更感槎陂修理之不易。適余以蘆溝橋事起，棲遲衡門，余族萬里上校於次年戊寅請假還里，首捐三百元以倡，並認與康君步七共募千金，於是呈請縣府組織委員會以資主持。乃以時勢多艱，樂輸有限，農村凋敝，派費維艱，雖經興工常虞不給，經多方之呼籲，歷數月之奔走，承江西水利局與縣政府一再派員測勘，認爲全省有名之水利，一邑最大之工程。初由水利局補助材料費一千元，繼由縣政府呈准撥助五百元，時邑人蕭君寬治長四科熱誠贊助。且承不食陂水利之劉君厚生慨捐三百元，第五軍需局朱

局長紹基則捐一百元，其食陂水利者則胡君蔚文捐三百元，謝君月南捐一百六十元，康君步七捐一百元，百元以下者，亦先後響應，又奉令五區即信實鄉。之一、三兩保聯與六區即高行鄉。之一保聯所屬壯丁俱應服役。本會同人幸免隕越，受益田畝亦未派捐，此則層峰與諸大善士之賜也。

惟余猶有感者，凡民可與樂成，難與圖始，積習相沿，牢不可破，不知處此物競天擇之時，當抱自力更生之義。凡食陂之水利者，殷實固宜樂輪，田畝亦應派捐，既無所觀望，亦不可依賴，且尤望主持者黽勉從事，涓滴歸公，庶款不虛糜。人皆樂助，所謂天下無難事，有志者竟成，前人之美，自可繼繼繩繩，傳之勿替矣。

是役也，經始於立冬後十日，農曆九月二十八日。完成於立春前一日，農曆十二月十五日。歷時近三月，適逢戰事緊張，疫癘流行之際。如蔣君竹書、胡君明光之夙夜匪懈主持工程，康君席之、郭君星煌、李君舒南、龍君實卿、樂君懷襄等，及工程處諸君之同心戮力，擘畫經營，與夫吾親屬慧崖之担任文牘，五區署之印刷文告俱有足多者。至泰和新民報社之登義務啟事與不食陂水利者，如黄塘洲李君有八督印捐册，桐井陳君紹彝校對陂志，俱爲難能可貴。附識於此，俾後之人有所觀感焉。

中華民國二十八年己卯雙十節螺江周鑑冰謹識

續修碉陂志記

近世講經濟學者，以土地、勞力、資本爲生産三大要素。吾中華以農立國，農村建設莫重于水利，自夏禹治水，而後歷朝常設專官以董其事，蓋水利不興，雖有勞力資本，將焉用之？泰和農業物以稻爲大宗，農田水利以五、六兩區之槎灘、碉石二陂爲最。趙宋以來，代有興修，或由田畝醵金，或由善士捐貲，因時制宜，法無常經。民國二十七年，余隨鄉先生後重修槎陂，除善士輸捐政府補助外，并根據法令施行征工。惟事屬創始，收效不宏。此次碉陂之修，按二十九年預算僅二千元，去夏物價飛騰，估計約需五千元。承康步七、周萬里

二君慨予捐助，乃七八月間物價指數上升不已，重估之數猶爲不敷，復承步七、萬里二君加捐三千元，乃舉定負責人員，籌備興工。又不意霪雨兼旬，山洪暴發，延至農曆十一月始克實行。且鑒於時間之迫促，征工之不易，決議全部包工，再募樂輸，承康君厚予、胡君遠禔各捐三百元，蔣君睦修、胡君勑棟各捐二百元，以竟全功。是役也，間始於農曆十一月初一日，完成於十二月十八日，雖遇隆〔冬〕，未遇雨雪，可謂繳天之功。

常駐任事者則爲：龍君實卿管理會計，蔣君定九辦理庶務，其他如康君濟生、李君頌桂、胡君會淮則爲監工。時蔣君定九兼任六區第八保保長，襄助一切，裨益匪鮮，總其成者爲康君席之、胡（光）〔君〕明光、李君舒南、郭君星煌也。余忝爲槎、碉二陂管理委員，以服務江西水利局，未克稍盡棉薄，今以刊修陂志，附誌於此，以彰吾過且旌善人，俾後之人知所勸勉焉。

民國三十一年農曆二月清明前三日

螺江周鑑冰謹識於江西水利局

計録民國三十年修整碉陂出入賬項，并二十八年槎陂會改爲槎、碉二陂保管委員會，一切數目，總列於后。

槎灘陂存法幣五百七十四元零九分。

周一本堂存法幣五十元。

胡六經堂存法幣五十元。

李僊李堂存法幣五十元。

蕭達尊堂存法幣五十元。

康孝德堂存法幣五十元。

龍謹敕堂存法幣四十元。

槎陂租金存法幣十四元八角。

周君萬里捐法幣四千元。

康君步七捐法幣四千元。

康君厚予捐法幣三百元。

胡君遠禔捐法幣三百元。

蔣君睦捐法幣二百元。

胡君勅棟修捐法幣二百元。

修槎陂志支法幣二百一十三元一角。

開槎碉二陂會支法幣四百四十九元。

修碉陂支文具法幣二十元零五角五分。

支繩索法幣五元八角。

支三次作土陂法幣九百一十元零一角。

泥石二匠支工價法幣二千三百六十九元。

又雇工支工價法幣二千五百六十七元。

支磁器法幣八元九角。

支木料法幣二十八元六角。

支石灰法幣一千五百七十八元八角。

支桐油法幣五十二元。

扛石頭支法幣六十九元六角。

支篾器法幣八十二元四角。

支鐵器法幣五十四元五角。

支雇零工法幣六十八元分。

支福食法幣三百七十元零六角八分。

支雜用法幣六百三十一元五角五分。

計收入法幣九千八百七十八元八角九分。

計支出法幣九千四百七十九元七角八分。

兩抵實存法幣三百九十九元一角一分。

盤龍江水利圖説

〔清〕孫髯 撰

整理説明

《盤龍江水利圖説》，作者孫髯，字髯翁，號頤庵，清康熙至乾隆年間人，具體生年不詳，約卒於乾隆三十九年（1774 年）。祖籍陝西省三原縣，隨父入滇，流寓昆明。因不喜八股，厭惡科舉，遂終生不仕。

盤龍江是昆明六河之一，與昆明城區關係非常密切。它發源於嵩明縣邵甸，經松華、雲津、雙龍、南壩而入滇池，因江勢北高南低，每逢驟雨，洪水即發。又因河床淤積、涵洞壅塞，常常造成崩岸溢堤、壞坦破壁之危害。孫髯多年目睹盤龍江水患，常思根治良策，在跋山涉水、實地勘測以後，提出了治理盤龍江的五條建議。

其一，疏壅暢流。主張組織人力，對每段河道分段包乾，擴寬、鑿深河道、河床，且要求在規定時間内完成，建立問責制度、定期疏浚制度。

其二，分勢防隘。建議在要害地段修建水閘、擴建涵洞、開鑿石溝，“環城一水，七派分流”，即使有洪水來臨，也不會造成大的危害。

其三，閉引水爲害。禁止隨意開河引水、封堵上流，爲免江水、城池互相抵逆，水漲時壅塞溢岸，應另開挖溝渠，以免積雨成災。

其四，改一水鎖群流，免淹人稼穡。盤龍江狹窄，附近一里之間，小河匯聚。“江强河弱，小不敵大，遇水大時，鎖而不泄”，即“一水鎖而群流壅”。建議在西北方開寬江道，盤龍江不壅，其他水亦無阻。

其五，因時得所。興修水利，應安排在水涸及農閑季節進行，工程進行時既不礙農，又不傷稼。

孫髯在《盤龍江水利圖説》中分析的問題、提出的建議，大都切實可行。對於今天規劃滇池水利，建立排灌系統，仍有借鑒意義。

關於《盤龍江水利圖説》的成書時間，文中有“去歲戊辰之水”之語，清代一共經歷四個戊辰年，分别是康熙二十七年（1688 年）、乾隆十三年（1748 年）、嘉慶十三年（1808 年）、同治七年（1868 年）。依據孫髯生卒年情況，“去歲戊辰”當指乾隆十三年（1748 年），故《盘龍江水利圖説》約成書於乾隆十四年（1749 年）。《盤龍江水利圖説》未經刊刻，現存版本爲道光年間的抄本，且有“説”無“圖”。道光九年（1829 年），昆明人林松在友朋張氏處見到該書，披覽之餘，認爲“自源至委，防利之所在，害之所積，言之最詳，及疏之何方，導之何術，亦靡不籌之最當”，實爲的論。

盤龍江水利圖説

嘗思水利之道，上關國計，下濟民生，爲澤至渥而功垂不朽者也。但其經劃之始，最宜得古人行所無事之智，順水性，因其勢而利導之意，然後功可成焉，澤可永焉。

滇會有盤龍江者，發源於嵩明州之邵甸，蟠曲迤邐，經松華，度雲津，逕雙龍，過南壩，遂南注而入滇池，此正派也。而有支派焉，近城處分出二大支，一支自城南五里許南壩翰林閘上流西分，一支爲金、太、楊三河之源。三河終始詳載於圖，今不多贅。又城南二里許雙龍橋分水口，西分一支，環城如帶，與城河會，名曰玉帶河。此河爲永昌、板壩、西壩、魚翅諸河之源。玉帶河自分水龍王廟，西過鳳翥橋，又西逕里許至西嶽廟，其逕西者爲永昌河，有馬蹄閘以關之；又玉帶河又北走明月橋，過地涵洞，北經墮苴閘，至南重關，過桂香橋，西注里許至柿花橋，又北走數武至板壩河，此壩今廢爲涵洞。玉帶河又北逕北嶽廟，抵雞鳴橋，橋北數武西分一河爲西壩河。玉帶河自雞鳴橋，北經省鹽店，西又北過明遠橋，與城河會，即池爲河，西北順城走瓦草莊，至小西門外，過假溪橋，九龍池之水穿城西來注之。玉帶河北過潘家灣，於是西注官廳。南自西注處名魚翅河，河水西逕七八里至土堆，遂西南而入積波池。積波池者，滇池上流也。魚翅河北岸，即迤西大道。此盤龍江因地而異其名。

夫盤龍江其源委雖不過三百餘里，不若迤西瀾滄諸江，發源於千里之外，然領六河爲重池，灌畎畝，通舟楫，固西南諸村落要津也。但江勢北高南下，每驟雨而水便發，若遇積雨，立見沸騰。又況昔深今淺，水一平江，重沿北嶽堤岸皆溢，竟至水入人家，壞垣

破壁。十餘年間，或褰裳至六七次，且又有引水入内爲害之墮苴閘小河，即臭水河也。每令東寺五華，丹墀水鎖，同仁張畫，板户泉流。昔者盤龍江本一源十委，故勢分而患少。今廢其二，惟存八委，迷失二委，河漸淺而尾又差，此水患漸急之源也。又況諸支河，將達昆池二三里處，悉皆淺隘，咸至水鎖爲患。

予嘗讀書江上，係目江流，思祠山公之開導，究賽典赤之鴻猷，更羨康熙癸亥年王撫軍繼文重補閘壩。因懷雍正庚戌歲，鄂太傅爾泰深浚河溝，爲中流砥柱，爲濟世仙丹。於是閑披《禹貢》以及《桑經》《酈注》之書，搜一源十委之弊，窮歲月之跋涉，極耳目之勤搜。蓋自東門而上，溯流至松華，抵邵甸，無可議處，惟東門而下，弊患百出，於是乃有水利之説焉。自知粗淺不文，經劃固陋，然芻蕘管見，或有一得，惟後之君子擇采焉。

夫盤龍江水利之道有五：其一曰疏壅暢流；其二曰分勢防隘；其三曰閉引水爲害；其四曰改一水鎖群流，免没人稼穡；其五曰因時得所。此五者，仿佛古人行其所無事之智，順水性，因其勢利導之意，未敢挾私智於其間也。

何謂疏壅暢流？曰：夫水壅，因河淺；不暢流，緣尾塞。嘗聞父老言曰：江比三十年前，已淺五六尺餘。當年雲津橋下，可通載貨立檣之舟，甘蔗店東，今埋緣梯取雀之穴，此淺之徵也。是故河淺一尺，則水上一尺，河淺五六尺，水能不上五六尺乎？夫如是昆明不爲魚者宰也，夫何異崩岸溢堤，浮梁漂瓦也耶！昔康熙丁亥歲，江壞新城。雍正庚戌年，太傅鄂公治滇時，胸涵胞與，洞悉民艱，思江水爲患，實由河淺委隘。援鑿海口例，凡農夫之附江者，示令出力鑿之。於是壅疏流暢，故十餘年來得以無虞者，皆鄂公之賜也。邇來江復淤淺，故乾隆戊辰歲，久雨江沸，舉凡環江之屋，傾壞者十之四五，致使老少男女失所飄零，嬰童處子負攜巷哭。涉水褰裳，泥途襟肘，竟至釜甑無存，寄棲蕭寺，而觀者於兹無不酸心楚鼻也。況禾又大傷，人無寧宇，其何以堪乎？究其由來，何莫非水利之未講耶？今者宜法鄂公舊典，疏江自小東門起，環明遠橋與城河會處，約六七里，大集民夫，各分村落，别里標號，負鋤荷箕，踴躍出力，深鑿三尺爲則，

設再深則土無運處，限日爲程，督率無荒，此雖暫勞而獲久逸也，勒石五載一疏爲例。蓋土下三尺，則水亦下三尺。去歲戊辰之水，不過出岸一尺二寸耳，今深三尺，縱令再遇，亦不能爲害矣。其環城以外諸支河，又各有田頭，例有常則，嚴令水委，率各河老人，分雇煙户，均疏三尺。河尾淺隘處，金、太二河爲甚，而楊家河尾，更不足以容一葉之舟。畢家莊下，寬不三尺，而深又何有三尺耶？如此淺小，欲不鎖水壅江者，則吾未嘗前聞也。宜飭令開寬一丈，深四五尺，令可通舟，往來無礙。凡應興工之處，皆多與尺寸之標，使不能欺弊，違者責之。草草塞責者亦責之，務令上下宣通、允協不礙爲定法，謂之疏壅者此也。

所謂分勢防隘者何？曰：坎水剛中而柔外，離火内柔而外剛，故火分則炎蔓而勢更烈，水分則柔減而剛亦衰。故河水惟中流爲最急，兩岸上下較爲緩焉，設邊如中，遇土堤處其能當乎？以故求分水勢之法，則金汁河泄水之閘可師也。昔咸陽王之開創也，自松華壩與盤龍江，分委西流南注，而入滇池，河寬不過二丈，不比盤龍江寬十餘丈也，其狹處不過七八尺。就地築堤，未嘗鑿地，堤高丈許，而又河高田下，宜乎大水發時，溢堤崩岸相繼，壞屋敗稼或不免。夫何數百年來，竟不多遇者？以有泄水閘故也。其建造之法，遠近不一，惟因地勢，或五里十里，或里許，或數武，上分河勢，下濟阡陌，無往而不令人深思而嘆服之，可以爲後世法也。令者雖得深疏，一若宜無所患矣，然飲水憂陶，安不可以忘危。倘江源猛雨，而水汛三秋，更有洞名冷水，居邵甸之東北，一時洪水暴發，加以九十九泉之齊湧奔流，必有難容之勢。亦嘗聞之遺老曰：十餘年間，必暴發一次。設或遇此，將何以禦之哉！他如江尾已落平原，雖害猶小，至附近城郭有六七里，中圍二十四鋪，逼近城池，煙户萬家，最爲緊要。又況雞鳴橋小，鎖噎難流，即非大水，凡遇水一平江，每令北嶽水急，岸水過膝，或外溢不過傷稼，假使不幸而内決，人其堪乎！此泄水閘不可不預也。但此橋昔造堅固，改造爲難，且橋畔人煙稠密，有礙民居，更張不便。不若於其上流半里許，柿花橋畔西北隅有一溝，名擺渡河，其溝甚大，源開涵洞，下達積波池，其溝約寬四五尺，外深二三尺，

倍加疏鑿，可造一泄水閘。況在雞鳴橋之上流分水西注，而橋亦不噎矣。且此溝即昔日之板壩河也，與採蓮河爲盤龍江一源十委之二，見記於王氏《江水説》中，遺老猶能言之。不知因何廢之，侵佔爲田，無怪水患之多也。然古道雖廢，而故址顯然存矣，與採蓮河並舉而興，得復古道，其利濟溥哉！又若鹽店後西南角西岸及順城街外西岸，採蓮河源雖小大不同，與板壩等耳，皆可各造一泄水閘。又有明通河者，發源於東門外福德橋西，東流而南注，至東門享堂橋，金汁河分水溝東來注之，自此河寬二丈餘，不似福德橋西，僅寬二三尺。明通河自享堂橋迤邐南注，過太平橋，自太平橋南注，穿金稜閘，過蒲草塘一帶，其岸高不過二三尺，傾塌殘缺有一二里。宜令辟其源，深其河，培其岸，擴其涵洞，量度其可容以爲盤龍江左腋泄水之緊要。又有城河者，自東門而南，環抱城南，過鳳凰橋，其自東門南下處，與盤龍江相間不過六七丈。度其何處允妥，開一泄水石溝，覆以厚大石條，其溝可寬五六尺，深止二尺，若太深則水勢難容。設此以防平江大水，如水七八分，聽其固流可也。如水盈江，分流下泄達魚翅河。夫池水接江，最喜東高西下，趨就無難，使池亦經疏鋤而深之，其出魚翅河也，有如傾者。然惟南教場北一帶里許，池岸殘塌，宜加修培二尺，以防水南溢，此盤龍江右腋分水之法也。夫以環城一水，七派分流，雖有大水，其能爲害乎？所謂分勢防隘者，此也。

引水入内爲害者何？曰：夫江水四圍之内，爲省會重地，人家林立，市廛官路皆在其中。昔人曾開一河，于南關桂香橋外數武東岸，名曰臭水，又號龍鬚河，即墮苴閘河也。東注香海庵東寺塔，南回而北注，過通濟橋，又北過珠市橋，與城河會約里餘，開之以爲分江計。不知江水與城池兩相抵敵，遇水盛時互爲迎逆，往往壅而溢岸。故戊辰歲近此河者，傾屋爲最多，將不下數千户。鄉人患之，以石閉其上流，而仍其委，亦以泄檐水也。然池水盛時，逆流滿溢，其害亦復如是，然則可廢歟？曰：河仍其舊，獨宜亦閉其尾，不與池會。照原日有一閉尾閘，在爐神宫旁分水口處，名曰王公閘。爲閉潢流清，今已廢之，使江水漲漫城河，逆撞省城，關廂内外受害，因此閘之廢也，不此之圖，水患有更甚者在後也。曰：塞尾信善矣。然則檐水何

自而下泄歟？曰：不難也，可泄蘭花溝。夫蘭花溝者，泄臭水外東南隅諸小水者，其源起自菱角塘，此塘有水不大，南而西注爲陰溝，穿盤龍江底，西出注海河。其陰溝名地涵洞，洞寬二尺許，約高四尺許，荷鍤微俯，人可出入而疏鑿之。洞大如此，何患檐水之不出乎！況龍鬚河與蘭花溝之相間，不過三尺，引而穿之，上造平石橋一小座，使龍鬚河之水自此分流，何患檐水之停淤乎！又況行潦無根，朝發暮涸，雖有集雨，亦不能爲大患也，爲之閉害者，此也。

所謂一水鎖而群流壅者，何也？曰：盤龍正江尾是也。蓋昆明有六河：曰金汁，曰明通，曰馬料，曰白沙，曰寶象，曰海源。除海源外，餘河至尾皆相比西南注而入滇池。夫盤龍江一河居北，寶象在南，一北一南，中間相去不過一里之遥，乃四河比逼，攢集於一里之内，而盤龍江之尾，復引向東南而兜之。況江强河弱，小不敵大，遇水大時，鎖而不泄，壅没人稼，害至二十餘里。曰：必何如而不鎖？曰雄川以〔下〕，岸不過三四尺，其岸北箭餘亦昆池也。相其可開處自西北而開之，既不鎖而復不壅。且又環城之勢，此間田價尚廉，以廢河委三分之一，補新開之價而有餘，且不需石而功可成，一水改而群流不壅者，此也。

曰因時得所奈何？曰不因時，功可成而怨必多；不得所，河雖導而貽流弊。故興工宜水涸，民力宜農隙，導引宜得地。故自十一月至花朝，水涸之時也；十一月至花朝，農隙之時也。如泄水等閘，皆以相度大勢，考究高低，不礙屋，不傷稼，又非不得所者可比也。所謂因時得所者，此也。

此五者，盤龍江水利之大端也，其於古人所行無事之智，順水性，因其勢而利導之意。雖未能得，然一源十委，疏防利弊之間，亦思過半矣。聊爲《圖説》，並附節目，以俟後之君子云爾。

後跋

滇雲水利，較之三江，佀乎易悉，然非胸懷經濟，時思刊物者，亦未必究心於其間。吾邑宿儒孫頤庵先生，博通今古，詩賦名家，以不求聞達，布衣終老，品誠高矣。然亦未嘗不念斯民之利病焉，故於詩賦藝文外，著有《盤龍江水利圖説》一册，家藏已久。戊子歲紳耆有新修六河之議，因得之友人張子，披覽之餘，自源至委，防利之所在，害之所積，言之最詳，及疏之何方，導之何術，亦靡不籌之最當。誰謂無志功名者，即無心世故哉！然其書雖存，其人往矣，既得其書，又必得其人，而河患乃可除，利可興也。是所望於當路者。

道光己丑春三月後學林松玉田氏謹跋

嘉陵江志（上編）

馬以愚 編

整理説明

《嘉陵江志》，作者馬以愚（1900—1961年），回族，名吉睿，以字行，懷寧縣（今安徽省安慶市）人。1922年肄業於安徽法政專門學校。1934年任南京中華回教公會總會秘書。抗日戰争時期，在上海伊斯蘭師範學校、桂林的北京成達師範學校及重慶各大學講授伊斯蘭教教史。1948年創辦安慶依澤小學，1954年起任安徽省文史研究館館員、安徽省民族事務委員會委員等職。長期從事伊斯蘭教教史、哲學、曆法研究。著有《中國回教史鑒》《回回曆》《易學象數論探微》《曆法考證》《中國伊斯蘭教寺墓考察》《讀古書方法》等，編纂《嘉陵江志》。

《嘉陵江志》的編纂發起者是時任交通部嘉陵江運輸處負責人、湖北雲夢人袁炳南，他以"酈善長所紀嘉陵江流，與今世之論不合"之故，約請馬以愚"一究其源"，馬氏於1943年5月泝江而上，至1944年夏返回重慶，歷時一年有餘，跋涉千里，實地考察，自碑文、匾額、方志、史書等入手，證實嘉陵江東源不是出自《水經注》《元豐九域志》所稱的陳倉（今陝西省寶雞市）大散關或大散關之嘉陵谷，而是出自大散嶺（即秦嶺）煎茶坪西南之涑河，糾正了歷史上江源材料的記載錯誤。

馬以愚以此次考察、諮訪材料爲基礎，拿出舊稿，在友朋助力下，又經三年，於民國35年（1946年）3月編著成《嘉陵江志》，由商務印書館出版印行。全書分上下兩編：上編設源流、辨名、灘險、航運、名勝、文藝六章；下編分地域，包括寶雞縣、鳳縣、兩當縣、徽縣、略陽縣、寧强縣、廣元縣、昭化縣、劍閣縣、蒼溪縣、閬中縣、南部縣、蓬安縣、南充縣、岳池縣、武勝縣、合川縣、北碚局、

江北縣、重慶市（巴縣附）二十章。在編纂體例上，《嘉陵江志》改舊志卷書體爲新式章節體，是對舊志體例結構的創新和突破。

《嘉陵江志》現存兩個版本，均爲民國時期排印本。

一、商務印書館民國35年（1946年）十一月渝初版。版權頁有“94736渝瀏”字様，“渝瀏”應指“渝版瀏陽紙”，此五字出現在隔行的單綫方框中。該版書名由于右任題寫。書前附有五幅縣圖，馬以愚《嘉陵江志·例言》：“是書原附嘉陵江源流圖一幅，各縣縣圖各一幅。原圖繁簡不一，乃另繪製。詎人事靡常，原圖太半爲繪者攜去，僅附寶雞、鳳縣、兩當、徽縣、略陽，以明兩源合流。”

二、商務印書館民國36年（1947年）5月上海初版。版權頁有“94736滬報紙”字様。該版内容與渝初版相同，渝初版中的錯訛字，如目録第五頁“域”誤作“城”、正文第二十頁“水”誤作“永”、正文第二十三頁“城”誤作“成”、正文第四十二頁“廣元志”下漏“作”字等，上海初版一仍其舊。另外，該版删除了初版的五幅縣圖。2006年7月，《中國水利志叢刊》將此版本收入其中，進行了影印出版。

今以《中國水利志叢刊》收録的《嘉陵江志》民國36年（1947年）版爲底本，與渝初版對照校勘。整理中删去了與水利關聯不强的内容，保留了序、例言及上編六章。

序

雲夢袁炳南先生出長交通部嘉陵江運輸處，以酈善長所紀嘉陵江流，與今世之論不合，欲余一究其源。先生精中西文，遊於德，稽古博學之士。於是辦裝裹糧，備書籍，於癸未五月泝江而上。舟行濡滯，日三四十里。兩山夾峙，崖石棊布，水流湃澎，擊石作雷鳴，訇聲聞里外。過灘後，水静湉，波浪不興，橈歌互答，亦莫知前之爲險。夜不辨道，畏不敢行，泊野岸。四曠無人居，星稀月明，輒聞狼嗥。時讀我書，而不知其懼也。烈風涷雨，舟子慄怖，懼縴斷而舟觸石，故舟之致險亦時聞。

余嘗止釣魚、青居諸城，得察其形勢。宋祚之延，余玠先據之以爲固也。洎舟抵廣元，水涸淺，而不可上逆，岸徑仄，車不能方軌，策馬行，又不慣馳驅。經寧强，登嶓冢，觀兩漢水之分流。此東漢源，亦稱沮水，經南鄭以達漢陽者，庾仲雍謂沮至關城合西漢者誤矣。嘉陵江西源，在甘肅之嶓冢，略陽郙閣頌碑稱漢水，酈善長謂漢水入嘉陵道爲嘉陵水者是也。嘉陵道漢隸武都郡，民雜氐夷。《元和志》謂西漢水一名嘉陵江，故唐後沿其名也。

復驅車往蘭州，黄河凝冰，寒不可伸指。轉下涼，邂逅禹子仲仁，總角交也。離亂重逢，歡然道故。過西安，歷漢唐故都，穿秦蜀棧道，訪石門，弔諸葛武侯墓，涉劍閣，以窺其險隘。甲申春，重至寶雞，而知嘉陵江東源，名涷河，出大散嶺西南。大散嶺一名秦嶺，《魏略》所謂直從褒中，出循秦嶺。踞嶺巔以覽其勝概，桃花已放，而嶺雪猶飛也。《九域志》謂江源大散關嘉陵谷，然大散關在嶺東北，宋隸鳳縣，吴玠嘗於此扼金人以衛蜀口。詢嘉陵谷所在，竟無知者，後世尚東源而莫察，遂謂源於鳳，且謬爲谷，亦異矣。猶余鄉龍山有

脊現嶺，曾設關隘，以名不雅醇，而易集賢，或誤爲劉阮七賢，多此類也。

追水經鳳縣，而稱故道。鳳，故秦之故道縣。至魚關，經略陽，而後東西兩源合而會流，而水始暢，舟楫以通。飛芻挽索，且以轉輸，宋人恃此以保秦隴者數十年。

嗟余行役，車殆馬煩，然後浩然作歸計。過成都，遊工部草堂而誦其詩，子美昔以違亂而客此也。是歲夏，返重慶，與炳南先生論江之源。出舊稿撰《嘉陵江志》兩編，上編述江之經流，而下編紀各縣之要，凡二十章，且以今之名，而疏善長《水經》之注焉。當余每至縣，輒求其方志，或予或否，或予而不竟。然欲按其圖籍，以考其山川，不得書則不行也。方余之行，長兄秉生先生以山川迢迢，灘險水惡，怵焉危慮，而余亦未顧。時抵書以慰。或謂泝江之源，事無關大計，而阻之者衆。然余竟行之，三載而後成書。此孟子所謂"無恒産而有恒心者，惟士爲能"也。樂余之行者，惟無錫胡君繼祖。繼祖，明達人也。爰紀此行以爲序。

中華民國三十五年歲次丙戌春三月

懷寧馬以愚序於重慶

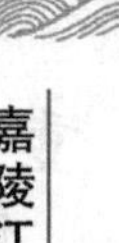

例　言

一、是書分上、下兩編。上編以嘉陵江爲經，下編以江流各縣爲經。鄭夾漈有言：州縣之設，有時而更。山川之形，千古不易。於是綱目畢舉矣。

一、嘉陵江東源經寶雞、鳳縣、兩當、徽縣，西源經西和、禮縣、成縣，至略陽會流。再經寧强、廣元、昭化、劍閣、蒼溪、閬中、南部、蓬安、南充、岳池、武勝、合川、北碚、江北、巴縣、重慶市而注長江。是書爲正東源之誤，各縣均經諮訪。至西源三縣，將以俟諸異日。

一、上編源流章後《水經注》，凡括弧内者，即以今之名疏之。

一、上編灘險章，分段述之，俾行舟者，知所戒也。而九井、龍爪、钁梁三灘，今已平夷，乃入名勝章。

一、上編名勝章，爲紀江之兩岸。至較遠者，則入下編勝蹟。

一、各縣疆域，屢經更易。如廣元東，入旺蒼，北碚設局，江北、巴縣、重慶市確定疆界，均於下編沿革、疆域兩節述之，而疆域則附以今之鄉鎮。

一、各縣山谷，載山名而略山脈，以是書之所重者水也。

一、各縣物産，以特産而著。如嘉魚、鳳黨、徽酒、閬醋，而廣元之製木耳，蒼溪之接梨，南部之鑿井，有關民食，一併入之。若江州墜林粉，已有今昔之感，然以足資考證，而未略也。

一、各縣交通，則列水運、空運、鐵道、公路，而以昔日之關隘橋梁附之。

一、各縣勝蹟，記載多舛。如閬中銅鐘鐵塔，則詳於合川南部，今爲補正。寺廟教堂，則附勝蹟之後。八景多附會之言，不敢苟同。

一、各縣仕宦、人物、流寓，均入紀聞，而紀其足述者。

一、各縣原列户口、教育、郵政、電報、銀行、工廠，以異動不時删去，僅將户口、教育列表於書末，以備查檢。

一、是書原附嘉陵江源流圖一幅，各縣縣圖各一幅。原圖繁簡不一，乃另繪製。詎人事靡常，原圖太半爲繪者攜去，僅附寶雞、鳳縣、兩當、徽縣、略陽，以明兩源合流。

一、各縣方志，均經校讎，以免别風淮雨，如離堆之誤入蒼溪是也。所調查者亦必躬往，迨至重慶，人事紛拏，卜居不遑，焉云著述！雖經督蔚、粹如兩弟之促，亦無以觀厥成。嗣以吾弟吉元、養初，吾姪肇彭、治民，表弟金子達、端木中、擎天，各竭其所能以助，始克成書。養初之練達，肇彭之誠篤，子達之堅毅，擎天之謙和，具今之佼佼者。子達、肇彭及具弟肇椿，均以高考獲售。近易者賴人以成，殆所謂目能見千里之外，而不自見其睫也。

一、溯江之源，往返需時一載，而書之成，又經三歲，是承助者多也。而武勝、南充、略陽、徽縣、兩當、鳳縣、蘭州、西安、成都各地，且屬同教之誼焉。如合川参議長胡南先及山東李雲千，武勝爲馬調良、田賦副處長馬盈泉，岳池爲修志局長陳樹棠及成都李華成，南充爲張秉欽世伯，乃觀群先生之尊翁，八十高齡，精神健旺，蓋得養生之訣。及雲夢袁星南，廣元爲縣長羅崇禮允嚴，及江蘇凌志斌、張保成、張仲翔，寧强爲縣長劉鳳文，略陽爲縣長王肇基、礎貞、馬眉良，徽縣爲馬耀宗、蔡新珊、何弼丞、馬漢三，兩當爲馬崇禮，及宿松周劍虹，鳳縣爲馬捷程、馬俊武、丁惟善、馬佩勛，寶雞爲湖南雷錫章、浙江沈大受、河南王文俊、懷寧顧我嘯，蘭州爲滄縣馬鳳圖健翊，西安爲馮耀軒、烏光昭，及北平王月波、馬宏道，雲南楊紹原，河南馬福澤，成都爲哈紹祖、虎世祥、韓怡民及吾弟軼塵。返重慶，承潘公展、季灝聲如先生假館蓮花山，煩中央圖書館長蔣慰堂、毛祖庥之惠書，夫一事之成，決非投手舉足，獲賜既多，靡可感也。書成承右公院長爲之署檢焉。

〔上　編〕[1]

第一章　源流

嘉陵江縱貫秦、隴、蜀三省。其源有二：東源逕寶雞、鳳縣、兩當、徽縣，西源逕西和、禮縣、成縣，至略陽而後兩源合而會流。而略陽《重修江神廟碑記》則合濁水東西二源爲三。《雲棧紀程》分羌水、白水爲二，合東西源爲四，亦離矣。《水經注》謂"西縣嶓冢山，漢水所導"，此西源也，《水經注》又謂"兩當水出陳倉縣大散嶺"。《方輿勝覽》謂"嘉陵江源出大散關之西"。《九域志》謂"梁泉縣有嘉陵江"，此東源也。後世宗之。而《九域志》又謂"大散關西南有嘉陵谷"，即嘉陵水所出。致誤者衆。大散關西南，固無嘉陵谷也。東源出自陝西寶雞縣大散嶺煎茶坪西南，名湅河。大散關在嶺東北，昔隸梁泉。梁泉，故宋鳳縣。南流逕爛泥池、東河橋、黄牛堡，入鳳縣，名故道河。三岔河、黄花川注之。逕鳳縣城東，安河注之。逕方石鋪，小峪河會紅崖河注之。西南逕甘肅兩當縣，尚婆水、礬水注之，野羊河會東溝河注之，上下小河注之。逾天門山，逕徽縣，折西行，逕合河口，永寧河北注之，田家河西注之。逕魚關、仙人關，折而南流。逕陝西略陽縣大石碑，白水江自成縣逕徽縣來會，白水江猶《水經注》之濁水也，清泥河西注之。逕兩河口，西漢水自甘肅西和縣、禮縣、成縣來會。西漢水源出西和縣嶓冢山，爲江之西源，今名犀牛江。又南，相公河、横現河注之。又南，八渡河會夾渠河東注之。又南，青白石河、樂素河自武都東注之。西南，逕寧强縣陽平

---

[1] 此標題原無，據底本目録補。

關，上下青河、燕子河、西流河注之。又西南，逕四川廣元縣，青邊河自文縣注之，横梁子河西注之，天津河注之。逕朝天峽，潛水、安樂河、小安河、羊模河注之。逕千佛巖西南，漢壽水會稻壩河注之。又西南，逕昭化縣，白水自西傾山逕武都、文縣來會。白水一名羌水，以水色白濁而名，射箭河注之。東南，逕劍閣縣，聞溪、永水注之。南逕蒼溪縣。又南，逕閬中縣，閬水注之。閬水一名閬江，東河自旺蒼、蒼溪東注之。東河一名宋江，古之東遊水也。西南，逕和溪關，苟溪河注之。苟溪河一名濩溪。東南逕南部縣，西水河自劍閣五子山入縣境，又逕閬中來注之。又東南逕蓬安縣，西南逕南充縣，蘆溪自南部注之，荆溪自西充注之，曲水、清水溪東注之。南逕岳池縣，又東南逕武勝縣，花石溪自岳池注之。花石溪一名岳池水，鹽灘溪自蓬溪注之。又東南，逕合川縣嘉渠口，渠江自萬源、通江、巴中、達縣、渠縣、廣安、岳池東北來會。逕三江口，涪江自松潘、平武、綿陽、三台、遂寧西南來會。穿瀝鼻峽，逕北碚之温湯、觀音二峽。南逕江北縣、巴縣，雞冠溪、虎溪河注之。逕重慶市，鳳凰溪、童家溪注之。由重慶市朝天門而注長江，乃嘉陵江之尾閭也。長江或名揚子江，不知揚子爲江蘇儀徵之橋名。附各家之言，而以究其本末焉。

清《嘉慶一統志》

故道水，在鳳縣北，自鳳翔府寶雞縣流入。又西南，入甘肅秦州兩當縣界。《水經注》：西漢水南入嘉陵道，爲嘉陵水。是古之嘉陵水，本西漢水也。《九域志》：始以故道水爲嘉陵江，或又指濁水爲嘉陵江，蓋三水皆嘉陵江上流，故得通稱。然惟西漢爲嘉陵之正源，今西漢水别號犀牛江，而故道水群目爲嘉陵，皆沿訛也。

故道水，在兩當縣南。自漢中府鳳縣流經縣南，又西南經徽縣南，與白水江合，即今嘉陵江也。

西漢水，源出秦州西南嶓冢山。西南流經西和縣西、徽縣南，合兩當水，入漢中府略陽縣界。

漢西水，即漾水也。源自秦州西南嶓冢山，西南流經鞏昌府西和

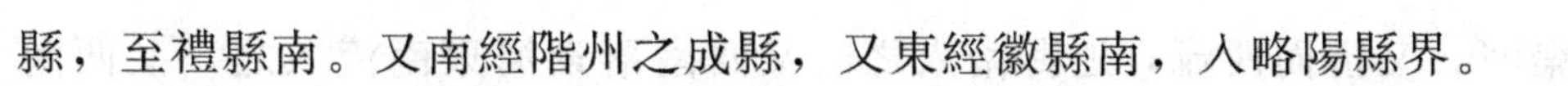

縣，至禮縣南。又南經階州之成縣，又東經徽縣南，入略陽縣界。

西漢水，在西和縣北，自秦州流入。又西南經禮縣，轉東南，入階州成縣界。

西漢水，自鞏昌府西和縣，流經階州東北、成縣西南。又東入漢中府略陽縣界。

西漢水，在略陽縣西，自甘肅階州成縣流入。又南經寧羌州西，入四川保寧府廣元縣界，亦曰嘉陵江。

嘉陵江，即古西漢水，自漢中府寧羌州南流，經廣元縣、昭化縣東，合白水。又東南，經劍州、蒼溪縣、保寧府、南部縣、蓬州，又西南經順慶府、合州，會巴渠江。又合涪江，亦曰閬水、巴水、渝水。

嘉陵江，自陝西漢中府寧羌州流入，逕廣元縣西、昭化縣東，過劍州東界。又南逕蒼溪、閬中二縣南，又東南逕南部縣北，又東南入順慶府蓬州界，即西漢水也。

嘉陵江，自保寧府南部縣流入，經蓬州及縣東，又南入重慶府定遠界。

嘉陵江，自順慶府南充縣流入定遠界，又南逕合州界，合渠江、涪江。東南流入巴縣界，至府城東合大江，即西漢水也。自合涪江以下，俗統名涪江，亦曰内江。自合州以下，本涪、漢、强、白、宕渠，五水合流，其别名尤紛出不一。五水之中，漢名最古，故班固《漢志》，以爲經流。

《陝西通志》

西漢水，出西縣嶓冢山，南入廣漢白水，東南至江州入江。西漢水東南逕修城道南，又東南於槃頭郡南，與濁水合。又東逕武興縣城南，又西南逕關城北，又西逕石亭戍。秦州上邽縣嶓冢山，西漢水所出。經嘉陵，曰嘉陵江。西漢水，在西和縣，源出嶓冢山。此上邽之嶓冢，在今秦州。（按：録自《漢書》《水經注》《通典》。）

嘉陵江，源出秦州嶓冢山，東南流至略陽縣北，與白水江合。嘉陵江，又南逕略陽縣城西。八渡河，源發三川，西南流，會城東之夾

渠河，又折而西流，逕縣南入之。又西南落索河東南流入之，又西南入寧羌界，黑水河合老兵河西入之。又西南逕陽平關西，燕子河西流入之，又廣平河東南流入之，又西南入蜀之廣元界。（按：黑水河，即沮水，合東漢水，不入嘉陵江。）

嘉陵江，源出大散關之西，去鳳縣九十里。《方輿勝覽》云：嘉陵江在沔縣西北百八十里。

《類要》云：其源出大巖縣。《志》云：出大散關西。恐即大巖也。逕鳳縣北、徽州東、兩當南、略陽西，迤邐而入川江。灘石險惡，至漁關始通舟楫。（按：江流先經兩當，後徽縣。）

《甘肅新通志》

嘉陵江，在兩當縣南三十里，自鳳縣流入，又西南流入徽縣境，或謂即兩當水。《郡邑志》：大散、嘉陵，地勢險隘相當，因名之。

嘉陵江，在徽縣南七十里，源出大散關嘉陵峪。經鳳縣、兩當，西南流入蜀。（按：江經鳳縣、兩當，再經徽縣、略陽、寧强入蜀。）

《四川通志》

嘉陵江，出陝西鳳縣東北嘉陵谷，西九度四分，極三十四度三分，經甘肅之兩當、徽縣，陝西之寧羌州境，入四川廣元縣北界，有小水西北來注之。又南至朝天關西，有水東北自七盤關嶺南來注之。又西南經廣元縣城西，有稻壩河西注之。又西南至昭化縣東北，白水江自西北來會。南流稍西，曲流有大小劍水西北自劍州來注之。又南經蒼溪縣，稍南折東，又折而西，而西南，而東南，經保寧府城西，有北溪河西北自蒼溪來注之。稍南折東有東河出寧羌州東，七眼泉經重山四百里，西南來注之。又南有苟溪，合塘溪來注之。又南稍西，至南部縣西北，折東經縣城北，又東南，有禹跡山水縣北來注之。稍東折南，有安居場水東北來注之。又南至蓬州西北，有西河自劍州西北來注之。又東南經州城北，東南如玦，至州西南，折南有清溪東北來注之。又西南折南，至順慶府城東而南，有鑾子河西北自西充縣來注之。又南受曲水河，折東受清水河。又東南有西溪東北自岳

池縣北來注之。又西南而東南，至定遠縣城東北，有岳池水東北自城左右合西南流，又合一水注之。又東南受苦竹溪，又東南至合州東北，渠河來會。又南，涪江自西來，經州城西，而東來會於城東南，曰三江口。又會而東北，折南，受虎耳河。又南，有青水關河自西合萬壽水注之。又南，折東南，又東經重慶府城北，稍東入江。（按：録自《水道提綱》，漏列略陽，致東西二源，未能合流。昭化東北白水江，即白水。）

《寶雞縣志》 民國十一年强鎮川修，計四册

涑河，在縣西七十里，源出麥澗谷南。自煎茶坪西流，而南三十里，入鳳縣界。（按：麥澗谷在東河橋老街西北，涑河在煎茶坪西南。）

《鳳縣志》 光緒十八年朱子春修，計四册

故道河，即縣河，一名大散河，源出大散嶺，經縣境之黄牛鋪。

故道水，即嘉陵江之上游，秦蜀之要津也。自黄牛鋪逕鳳縣北，墾闢日多，沙石淤塞，舟行不便。惟縣西下三十里方石鋪，有小峪河交匯，水勢漸大。由此至徽縣，僅二百餘里，内有石峽三里許。河身稍窄，灘流平緩，量加刷汰，去其積石。

《兩當縣志》 道光二十年德俊修，計四册

嘉陵江，縣南三十里，自鳳縣流入，又西南入徽縣境。

《徽縣志》 民國十三年董杏林修，計四册

嘉陵江，源出大散關嘉峪谷，西流逕鳳縣，至兩當縣。南逾天門山，折西行，至合河口，經虞關、仙人關，折而南流，西來白水江會入，自此合流，南經略陽。（按：大散關在大散嶺東北，嶺北之水，俱入渭河。）

《略陽縣志》 道光十七年譚瑀修，計四册；又《新續志》光緒三十年桂超修，計一册

白水江源二，一出寶雞北大散嶺嘉峪谷，西流經東河橋，歷鳳

縣，達兩當境，南逾天門山，折西，由徽縣之魚關入境，出小八渡山北麓，會白水峽水。一自徽縣下店鎮，合東來成縣横川河，北來成縣栗亭河，經大石碑入境，達小八渡山北麓，會魚關之水，爲白水江。至兩河口，會犀牛河爲嘉陵江。（按：大散嶺在寶雞西南，不在縣北，此嘉陵江東源，誤爲白水江源。白水江，即濁水。）

《寧羌州志》 光緒十四年馬毓華修，計五册

嘉陵江，發源鳳翔府寶雞縣之大散嶺，由甘肅秦州徽縣入略陽界，南流至州西北陽平關，西合西漢水，入四川界。（按：江經略陽、兩河口會西漢水。）

《廣元志稿》 民國二十九年王克禮修，計六册

嘉陵谷水，自鳳縣經兩當縣合諸水來會，始名嘉陵江。南流經略陽縣西，又經寧羌州西北，又南經四川廣元縣北界。（按：《水經注》：漢水南入嘉陵道爲嘉陵水，非以嘉陵谷得名，且鳳縣無嘉陵谷。）

《昭化縣志》 同治三年曾寅光修，計六册

嘉陵江，自源西流，折西南，而南有大散水。小斜谷河自東北來會，折西北又西南，有魚河自北合紅犀單河二水注之，又受下印水。又南有高橋河，西北自兩當縣山合永寧河來會。又南有野羊北河，出松林驛東南山，合新紅水及蜜蜂溝水，東自鳳縣東南境來會，即沮水支津也。又西南經徽縣南百餘里，西漢水自西來會。又南稍西，折東南，有横壩河、紫混山水西來各注之。又東南經略陽縣城西，又東南有八渡河出紫柏山，西北流曰中川，會三川西南流。又會一水，又西折南注之。又南受白石溝，又西南經陽平關西，又西南有洛索河西來注之。又南經廣元界。（按：録自《水道提綱》。）

西漢水，出秦州西南嶓冢山，即漢隴西郡西縣之嶓冢山也。在寧羌州漢源嶓冢西北四百餘里，至徽縣八渡山，西合嘉陵江。（按：録自《水道提綱》。）

《劍州志》同治十二年李榕修，計四册；又《劍閣縣續志》民國十六年張政修，計八册

嘉陵江，源出鳳縣東北之嘉陵谷，經兩當縣南境，又經徽縣南境，至八渡山，與西漢水會。又經略陽縣城西，又經寧羌州西北境，又經廣元縣城西，又經昭化縣城東北，與白水會於桔柏渡之上。又南流百里，劍之聞溪注之。

《蒼溪縣志》民國十六年熊道琛、鍾俊修，計六册

舊志：嘉陵江，即西漢水。

《閬中縣志》民國十五年岳永武修，計八册

嘉陵江，即古西漢水，源出陝西鳳縣東北之嘉陵谷。曲折西南流至略陽，過陽平關，入四川境。

《南部縣志》道光二十九年李澍修，計十册

嘉陵江，源出陝西鳳縣東北嘉陵谷，經甘肅之兩當、徽縣，陝西之寧羌州境，入四川廣元縣北界。（按：録自《四川通志》。）

《蓬州志》光緒二十二年方旭修，計三册

嘉陵水，自南部東南來。（按：《元和志》：西漢水，一名嘉陵水。）

《南充縣志》民國十八年李良俊修，計十六册

嘉陵江，源出陝西鳳縣大散關之嘉陵谷，自陽平關西南入川界。

《岳池縣志》光緒元年何其泰修，計十册

河在縣西八十里。

《武勝縣志》民國二十年龐鑫溶等修，計八册

嘉陵江，源出陝西嘉陵谷，經寧羌州合西漢水入四川。（按：西

漢水自略陽會流。）

《合川縣志》 民國十年張森楷修，計三十册

江源出陝西寶雞縣大散關東嘉陵谷，西流經鳳縣北，又西入徽縣，歷兩當縣，西南入寧羌，經略陽，又西南至寧羌東爲西漢水。又南入保寧府境。（按：謂江源出大散關東嘉陵谷，至寧羌爲西漢水。誤自《方輿紀要》。江逕兩當、徽縣、略陽、寧强，誤作徽縣、兩當、寧羌、略陽。）

《江北廳志》 道光二十四年福珠朗阿修，計四册

嘉陵江，自陝西鳳縣，經兩當、略陽入川境。（按：江逕寧强入川境。）

《巴縣舊志》 乾隆二十五年王爾鑑修，計十二册

嘉陵江者，以水自陝西鳳縣，經兩當、略陽入川境廣元，至昭化會白水江。下保寧會閬水，由順慶至合川東北會宕渠，西北會涪江。東南至郡城朝天門，與岷江合。

《巴縣新志》 民國二十六年朱之洪修，計二十四册

嘉陵江者，以水自陝西鳳縣，經兩當、略陽入川境至廣元，至昭化桔柏渡會白水江。下保寧會閬水，由順慶至合州東北會宕渠，西北會涪江。東南至郡城朝天門，與大江合。

《水經注》 後魏酈道元。括弧内爲今疏

○漾水，出隴西氐道縣嶓冢山，東至武都沮縣爲漢水。（卷二十）

常璩《華陽國志》曰“漢水有二源，東源出武都氐道縣漾山，爲漾水”，《禹貢》“導漾，東流爲漢”是也；西源出隴西西縣嶓冢山，會白水，逕葭萌入漢，始源曰沔。按：沔水出東狼谷，逕沮縣入漢。《漢中記》曰：嶓冢以東，水皆東流；嶓冢以西，水皆西流。即其地勢源流所歸，故俗以嶓冢爲分水嶺。即此推沔水無西入之理。劉澄之

云，有水從阿陽縣，南至梓潼、漢壽入大穴，暗通岡山。郭景純亦言是矣。岡山穴小，本不容水，水成大澤而流與漢合。庾仲雍又言，漢水自武遂川南入蔓葛谷，越野牛逕至關城合西漢水。故諸言漢者，多言西漢水至葭萌入漢。又曰：始源曰沔。是以《經》云，漾水出氐道縣，東至沮縣爲漢水，東南至廣魏白水。診其沿注，似與三説相符，而未極西漢之源矣。然東西兩川，俱受沔、漢之名者，義或在兹矣。班固《地理志》，司馬彪、袁山《郡國志》，並言漢有二源，東出氐道，西出西縣之嶓冢山。闞駰云，漢或爲漾，漾水出崑崙西北隅，至氐道重源顯發而爲漾水。又言：隴西西縣，嶓冢山在西，西漢水所出，南入廣魏白水。又云：漾水出豲道，東至武都入漢。許慎、吕忱並言，漾水出隴西豲道，東至武都爲漢水，不言氐道，然豲道在冀之西北，又隔諸川，無水南入，疑出豲道之爲謬矣。又云：漢，漾也，東爲滄浪水。《山海經》曰：嶓冢之山，漢水出焉，而東南流注於江。然東西兩川，俱出嶓冢而同爲漢水者也。孔安國曰：泉始出爲漾，其猶濛耳。而常璩專爲漾山、漾水，當是作者附而爲山水之殊目矣。余按：《山海經》：漾水出崑崙西北隅，而南流注於醜塗之水。《穆天子傳》曰：天子自舂山西征，至於赤烏氏。己卯，北征，庚辰，濟於洋水，辛巳，入於曹奴。曹奴人戲觴天子於洋水之上，乃獻良馬九百，牛羊七千，天子使（逢）〔逄〕❶ 固受之，天子乃賜之黄金之鹿，戲乃膜拜而受。余以太和中，從高祖北巡，狄人猶有此獻。雖古今世殊，而所貢不異。然川流隱伏，卒難詳照，地理潛閟，變通無方，復不可全言闞氏之非也。雖津流派別，枝渠勢懸，原始要終，潛流或一，故俱受漢、漾之名，納方土之稱，是其有漢川、漢陽、廣漢、漢壽之號，或因其始，或據其終，縱異名互見，猶爲漢、漾矣。川共目殊，或亦在斯。今西縣今甘肅天水縣西南，漢置。嶓冢山，在天水西南六十里，《元和志》：在上邽縣西南五十八里。西漢水嘉陵江西源。所導也。然微涓細注，若通冪歷，津注而已。西流與馬池水在天水西南。合，水出上邽今天水西南，漢置縣。西南六十餘里，謂之龍淵水，言神馬出水，事同余吾、來淵之

---

❶ 逄　原作"逢"。據上海古籍出版社（依殿本整理，1990年版）《水經注》改。

異，故因名焉。《開山圖》曰：隴西神馬山有淵池，龍馬所生。即是水也。其水西流，謂之馬池川。又西流入西漢水。西漢水又西南流，左得蘭渠溪水，次西有山（梨）〔黎〕[1] 谷水，次西有鐵谷水，次西有石耽谷水，次西有南谷水，並出南山，揚湍北注。右得高望谷水，次西得西溪水，次西得黄花谷水，咸出北山，飛波南入。西漢水又西南，資水在天水西。注之。水北出資川，導源四壑，南至資峽，總爲一水，出峽西南流，注西漢水。西漢水又西南得峽石水口，水出苑亭、西草、黑谷三溪，西南至峽石口，合爲一瀆，東南流，屈而南注西漢水。西漢水又西南合楊廉川水，即西谷水，在天水西南。水出西谷，衆川瀉流，合成一川，東南流逕西縣故城今天水西南。北，秦莊公伐西戎，破之。周宣王與其先大駱犬丘之地爲西垂大夫，亦西垂宫也。王莽之西治矣。建武八年，世祖至阿陽，今静寧南，漢置縣。竇融等悉會。天水震動。隗囂將妻子奔西城，從楊廣，廣死，囂愁窮城守。時潁川賊起，車駕東歸，留吴漢、岑彭圍囂。岑等壅西谷水，以縑幔盛土爲堤灌城，城未没丈餘，水穿壅不行，地中數丈涌出，故城不壞。王元請蜀救至，漢等退還上邽。但廣、廉字相狀，後人因以人名名之，故習譌爲楊廉也，置楊廉縣焉。又東南流，右（爲）〔會〕[2] 茅川水，水出西南戎溪，東北流逕戎丘城南，吴漢之圍西城，王捷登城向漢軍曰：爲隗王城守者，皆必死無二心，願諸將亟罷，請自殺以明之，遂刎頸而死。又東北流，注西谷水，亂流（廣）〔東〕[3] 南，入於西漢水。西漢水又西南逕始昌峽。在西和縣東北。《晋書·地道記》曰：天水，始昌縣故城在西和縣北，晋置。西也，亦曰清崖峽。西漢水又西南，逕宕備戍南，左則宕備水，自東南、西北注之，右則鹽官水在西和縣東北。南入焉，水北有鹽官，舊有鹽官城，在今西和縣東北。在嶓冢西五十許里，相承營煮不輟，味與海鹽同。故《地理志》云：西縣有鹽官是也。其水東南逕宕備戍西，東南入西漢水，西漢水又西南，合左谷水，水出南山窮溪，北注西漢水。又西南，蘭皋水出西北五交谷，東南歷祁山軍，在西和縣北。

---

[1] 黎　原作“梨”。據上海古籍出版社（依殿本整理，1990年版）《水經注》改。

[2] 會　原作“爲”。據上海古籍出版社（依殿本整理，1990年版）《水經注》改。

[3] 東　原作“廣”。據上海古籍出版社（依殿本整理，1990年版）《水經注》改。

東南入西漢水。西漢水又西南，逕祁山軍南，雞水在西和縣東北。南出雞谷，北逕水南縣，在西和縣北。北魏置。以在西漢水之南，故名。西北流注於西漢水。西漢水又西，建安川水在西和縣南。入焉，其水導源建威西北山白石戍東南，二源合注，東逕建威城在成縣西北。南，又東與蘭坑水會，水出西南近溪，東北逕蘭坑城西，東北流，注建安水。建安水又東逕蘭坑城北、建安城一名漢陽城，在今成縣北。南，其地，故西縣之歷城也，楊定自隴右徙治歷城，即此處也，去仇池百二十里，後改爲建安城。其水又東，合錯水，水出錯水戍東南，而東北入建安水。建安水又東北，有雉尾谷水，又東北，有太谷水，又北，有小祁山水，並出東溪，揚波西注。又北，左會胡谷水，水西出胡谷，東逕金盤、歷城二軍北，軍在水南層山上，其水又東注建安水。建安水又東北逕塞峽，在西和縣東。元嘉十九年，宋太祖遣龍驤將軍裴方明伐楊難當，難當將妻子北奔，安西參軍魯尚期追出塞峽，即是峽矣。左山側有石穴洞，人言潛通下辨，所未詳也。其水出峽，西北流注西漢水。西漢水北，連山秀舉，羅峰競峙，祁山在西和縣西北。在嶓冢之西七十許里，山上有城，極爲巖固，昔諸葛亮攻祁山，即斯城也。西漢水逕其南，城南三里有亮故壘，壘之左右猶豐茂宿草，蓋亮所植也，在上邽西南二百四十里。《開山圖》曰：漢陽〔西南〕❶有祁山。蹊徑逶迤，山高巖險，九州之名阻，天下之奇峻。今此山於衆阜之中，亦非爲傑矣。西漢水又西南，與甲谷水合，水出西南甲谷，東北流注西漢水。西漢水又西逕南岈、北岈中，上下有二城相對，左右墳壠低昂，亘山被阜，古諺云：南岈、北岈，萬有餘家。《諸葛亮表》言：祁山去沮縣今略陽縣東，漢置。五百里，有民萬户。矚其丘墟，信爲殷矣。西漢水西南逕武植戍南，武植戍水在禮縣東北。發北山，二源奇發，合於安民戍南，又南逕武植戍西，而西南流注於西漢水。西漢水又西南逕平夷戍南，又西南，夷水即握城河，在禮縣東。注之，水出北山，一名聖湫山。南逕其戍西，南入西漢水。西漢水又西逕蘭蒼城今禮縣，北魏置縣。南，又南，右會兩溪，俱出西山，東流，注於西漢水。張華《博物志》云：温水出鳥鼠

---

❶ 西南　原缺。據上海古籍出版社（依殿本整理，1990年版）《水經注》補。

山，在渭源縣西。下注西漢水，疑是此水，而非所詳也。西漢水又南入嘉陵道今禮縣，漢置。而爲嘉陵水，世俗名之爲階陵水，階陵，今成縣，北魏置縣。非也。西漢水又東南得北谷水，又東南得武街水，又東南得倉谷水，右三水並出西溪，東流注西漢水。西漢水又東南逕瞿堆即仇池山，一名百頃山，在成縣西。西，又屈逕瞿堆南，絶壁峭峙，孤險雲高，望之形若覆唾壺，高二十餘里，羊腸蟠道三十六迴，《開山圖》謂之仇夷，所謂積石嵯峨，嶔岑隱阿者也。上有平田百頃，煑土成鹽，因以百頃爲號，山上豐水泉，所謂清泉湧沸，潤氣上流者也。漢武帝元鼎六年，開以爲武都郡，天池大澤在西，故以都爲目矣。王莽更名樂平郡，縣曰循虜。常璩、范曄云：郡〔居〕[1]河池，一名仇池，池方百頃，即指此也。左右悉白馬氐矣，漢獻帝建安中，有天水氐楊騰者，世居隴右，爲氐大帥，子駒，勇健多計，徙居仇池，魏拜爲百頃氐王。西漢水又東合洛谷水，在成縣西北。水有二源，同注一壑，逕神蛇戍西，左右山溪多五色蛇，性馴良，不爲物毒。洛谷水又南逕虎馗戍東，又南逕仇池郡在成縣西，《宋書·氐胡傳》：楊定求割天水之西縣，武都之上禄，爲仇池郡。西、瞿堆東，西南入西漢水。西漢水又東合洛溪水，在成縣西北。水北發洛谷，洛谷城，在成縣西。南逕威武戍南，又西南與龍門水合，水出西北龍門谷，東流與横水會，東北窮溪，即水源也。又南逕龍門戍在成縣西南。東，又東南入洛溪水，又東南逕上禄縣故城在成縣西南，漢置。西，修源濬導，逕引北溪，南總兩川，單流納漢。西漢水又東南逕濁水城一名濁水戍，在成縣西南。南，又東南會平樂水，在武都東北。水出武街即下辨，在成縣西。東北四十五里，更馳南溪，導源東北流，山側有甘泉，涌波飛清，下注平樂水。又逕甘泉戍南，又東逕平樂戍在武都東北。南，又東入西漢水，謂之會口。西漢水東南逕修城道在略陽縣西北，漢置。南，與修水合，水總二源，東北合西漢水。西漢水又東南於槃頭郡在略陽縣西北。北魏置。以水槃曲，故名。南，與濁水合，濁水即白水江，在成縣南。出濁水城北，東流與丁令溪水即東河，在成縣西北。會，其水北出丁令谷，南逕武街城西，東南入濁水。濁水又東逕武街城南，故下辨縣治

---

[1] 居　原缺。據上海古籍出版社（依殿本整理，1990年版）《水經注》補。

在成縣西，後漢置。也。李玲、李稚以氐王楊難敵妻死葬陰平，襲武街，爲氐所殺於此矣。今廣業郡治。今成縣，北魏置。濁水又東，宏休水注之，水出北溪，南逕武街城東，而南流注於濁水。濁〔水〕❶又東逕白石縣今成縣，北魏置。南。《續漢書》曰：虞詡爲武都太守，下辨東三十餘里有峽，峽中白水生大石，障塞水流，春夏輒濆溢，敗壞城郭，詡使燒石，以醯灌之，石皆碎裂，因鐫去焉，遂無泛溢之害。濁水，即白水之異名也。濁水又東南，涅陽水一名渥陽水，在成縣東。北出涅谷，南逕白石縣東，而南入濁水。濁水東南與仇鳩水在徽縣西。合，水發鳩溪，南逕河池縣故城在徽縣西，漢置。西，王莽之平樂亭也。其水西南流注濁水。濁水又東南與河池水即永寧河，在徽縣東。合，水出河池北谷，南逕河池戍東，西南入濁水。濁水又東南，兩當水注之。兩當水今名涑河，嘉陵江東源。出陳倉縣今寶雞縣，秦置。之大散嶺，在寶雞縣西南。西南流入故道川，一名故道河，在鳳縣東。謂之故道水，西南逕故道城在鳳縣西北，秦置縣。東，魏征仇池，築以置戍，與馬鞍山水今名安河，在鳳縣東。合，水東出馬鞍山，今名馬嶺山，在鳳縣西。歷谷西流，至故道城東，西入故道水。西南流，北川水今名小峪河，在鳳縣西。注之，水出北洛櫝山南，南流逕唐倉城在鳳縣北。下，南至困冢川，入故道水。故道水又西南歷廣香交，合廣香川水，在兩當縣東。水出南田縣利喬山，南流至廣香川，謂之廣香川水，又南注故道水，謂之廣香交。故道水又西南入秦岡山，在兩當縣西南。尚婆水一名石槃水，在兩當縣西。注之，山高入雲，遠望增狀，若嶺紆曦軒，峰（駐）〔枉〕❷月駕矣。懸崖之側，列壁之上，有神象，若圖指狀婦人之容，其形上赤下白，世名之曰聖女神，至於福應愆違，方俗是祈。水源北出利喬山，南逕尚婆川，謂之尚婆水，歷兩當縣之尚婆城在兩當縣西。南，魏故道郡治也。西南至秦岡山，入故道水。故道水又右會黄盧山水，在徽縣東南。水出西北天水郡《秦州記》：郡前有湖，冬夏無增減，故有天水之名。黄盧山腹，歷谷南流，交注故道水。故道水南入東益州今略陽縣，北魏置。之廣業郡見前。界，與沮水枝津合，謂之兩當溪，水上承武都沮縣之沮水瀆，西南流，注於兩當溪。虞詡爲郡，漕

---

❶ 水　原缺。據上海古籍出版社（依殿本整理，1990 年版）《水經注》補。

❷ 枉　原作“駐”。據上海古籍出版社（依殿本整理，1990 年版）《水經注》改。

穀布在沮，從沮縣至下辨，山道險絶，水中多石，舟車不通，驢馬負運，僦五致一。詡乃於沮受僦，直約自致之，即將吏民按行，皆燒石樠木，開槽船道，水運通利，歲省萬計，以其僦廩與吏士，年四十餘萬也。又西南注於濁水。濁水南逕槃頭郡東，而南合鳳溪水，今名清泥河，在略陽縣西北。水〔上〕❶承濁水於廣業郡，南逕鳳溪，中有二石，雙高，其形若闕，漢世有鳳凰止焉，故謂之鳳凰臺。在成縣東南鳳凰山。北去郡三里，水出臺下，東南流左注濁水。濁水又南注西漢水。西漢水又東南歷漢曲，今略陽縣，西魏置縣。逕挾崖，與挾崖水今名橫現河，在略陽縣西。合。水西出擔潭交，東流入西漢水。西漢水又東逕武興城今略陽縣，北魏置縣。南，又東南與北谷水今名八渡河，在略陽縣東。合，水出武興東北，而西南逕武興城北，謂之北谷水，南轉逕其城東，而南與一水合，水出東溪，今名夾渠河，在略陽縣東。西流注北谷水，又南流注西漢水。西漢水又西南逕關城今名陽平關，即古陽安關，在寧强縣西北。北，除水出西北除溪，東南流入於西漢水。西漢水又西南逕通谷，在寧强縣東北。通谷水今名燕子河，在寧强北。出東北通溪，上承漾水，西南流爲西漢水。西漢水又西南，寒水今名西流河，在寧强縣南。注之，水東出寒川，西流入西漢水。西漢水又西逕石亭戍。在廣元縣北。廣平水即廣平河，在寧强縣西。西出百頃川，東南流注西漢水。又有平阿水出東山，西流注西漢水。西漢水又逕晋壽城在昭化縣南。晋改漢壽縣置。西，而南合漢壽水，即南河，在廣元縣南。水源出東山，西逕東晋壽故城今廣元縣，蕭齊置。南，而西南合於西漢水也。

○（漾水）又東南至廣魏白水縣西，又東南至葭萌縣東北，與羌水合。（卷二十）

白水在甘肅文縣南。西北出於臨洮縣今岷縣，漢置。西南西傾山，在臨潭縣西。水色白濁，東南流與黑水出文縣素嶺山。合，水出羌中，西南逕黑水城在文縣西。西，又西南入白水。白水又東逕洛和城南，洛和水在文縣西南。西南出和溪，東北流逕南黑水城西，而北注白水。白水又東南逕鄧至城在文縣西。南，又東南與大夷祝水今名夷水，在文縣西南。合，水至夷

---

❶ 上　原缺。據上海古籍出版社（依殿本整理，1990年版）《水經注》補。

祝城西南窮溪，北注夷水，又東北合羊洪水，水出東南羊溪，西北逕夷祝城東，又西北流，屈而東北注於夷水，夷（永）〔水〕❶又東北入白水。白水又東，與安昌水在文縣西北。會，水源發衛大西溪，東南逕鄧至安昌郡安昌城，在文縣西北。南，又東南合無累水，無累水出東北近溪，西南入安昌水，安昌水又東南入白水。白水又東南入陰平，得東維水，即印維水，在文縣西北。水出西北維谷，東南逕維城西，東南入白水。白水又東南逕陰平道在文縣西，漢置。故城南，王莽更名摧虜矣，即廣漢之北部也，廣漢屬國都尉治，漢安帝永初三年分廣漢蠻夷置。又有白馬水，在文縣西南。出長松縣在文縣西南。西南白馬溪，東北逕長松縣北，而東北注白水。白水又東逕陰平大城北，蓋其渠帥自故城徙居也。白水又東，偃溪水出西南偃溪，東北流逕偃城西，而東北流入白水。白水又東逕偃城北，又東北逕橋頭，即陰平橋，在文縣南門外。昔姜維之將還蜀也，雍州刺史諸葛緒邀之於此，後期不及，故維得保劍閣即劍閣道，在今劍閣縣東北。而鍾會不能入也。白水又與羌水合，自下羌水又得其通稱矣。白水又東逕郭公城在文縣東。南，昔郭淮之攻廖化於陰平也，築之，故因名焉。白水又東，雍川水在文縣南。出西南雍溪，東北注白水。白水又東合空泠水，傍溪西南窮谷，即川源也。白水又東南與南五部水會，水有二源：西源出五部溪，東南流；東源出郎谷，西南合注白水。白水又東南逕建昌郡今文縣。東，而北與一水合，二源同注，共成一溪，西南流入於白水。白水又東南逕白水縣故城今昭化縣西北，漢置。東，即白水郡治也。《經》云：漢水出其西。非也。白水又東南與西谷水即靈寶河，一名牛頭河，在昭化縣北。相得，水出西溪，東流逕白水城南，東南入白水。白水又南，左會東流水，東入極溪，便即水源也。白水又南逕武興城東，又東南，左得刺稽水口，溪東北出，便水源矣。白水又東南，清水即清水江，一名黄沙河，在昭化縣西北。左注之，庾仲雍曰：清水自祁山來合白水。斯爲孟浪也。水出於平湖（湖）〔武〕❷郡東北矚累亘下，南逕平武城在今平武縣東北，晋置。東，屈逕其城南，又西歷平洛郡東南，屈而南逕南陽僑郡東北，又東南逕新巴縣

---

❶ 水　原作“永”，據上海古籍出版社（依殿本整理，1990年版）《水經注》改。

❷ 武　原作“湖”。據上海古籍出版社（依殿本整理，1990年版）《水經注》改。

在劍閣縣西北，晋置。東北，又東南逕始平僑郡在劍閣縣北，劉宋置。南，又東南逕小劍戍在昭化縣西南。北，西去大劍在劍閣縣北。三十里，連山絶險，飛閣通衢，故謂之劍閣也。張載《銘》曰："一人守險，萬夫趑趄。"信然。故李特至劍閣而嘆曰："劉氏有如此地而面縛於人，豈不奴才也。"小劍水一名小劍溪，在劍閣縣北。西南出劍谷，東北〔流〕[1]逕其戍下，入清水，清水又東南注白水。白水又東南於吐費城南，即西晋壽在昭化縣南，北魏置。之東北也，東南流注西漢水。西晋壽，即蜀王弟葭萌所封爲苴侯邑，故遂名城爲葭萌今昭化縣，漢置。矣。劉備改曰漢壽，太康中，又曰晋壽。水有津關。在昭化縣東。段元章善風角，弟子歸，元章封笥藥授之，曰："路有急難，開之。"生到葭萌，從者與津吏諍，打傷，開笥得書言："其破頭者可以此藥裹之。"生乃嘆服，還卒業焉。亦廉叔度抱父柩自沈處也。

〇羌水，出羌中參狼谷。（卷三十二）

彼俗謂之天池在文縣西北。白水矣。《地理志》曰：出隴西羌道，東南流逕宕昌城在岷縣南。東，西北去天池五百餘里。羌水又東南逕宕婆川城東而東南注。昔姜維之寇隴右也，聞鍾會入漢中，引還，知雍州刺史諸葛緒屯橋頭，從孔函谷在武都縣西。將出北道，緒邀之此路，維更從北道。渡橋頭入劍閣，緒追之不及。羌水又東南，陽部水在武都縣西。注之，水發東北陽部溪，西南逕安民戍，又西南注羌水。又東南逕武（階）〔街〕[2]城今武都縣，北魏置。西南，又東南逕葭蘆城在武都縣東南。西，（洋）〔羊〕[3]湯水即五渡河，在文縣北。入焉，水出西北陰平北界湯溪，東南逕北部城今武都縣，北魏置縣。北，又東南逕五部城今武都縣，北魏置縣。南，東南右合妾水，傍西南出即水源所發也。羌水又逕葭蘆城南，逕餘城南，又東南，左會五部水，水有二源，出南、北五部溪，西南流合爲一水，屈而東南注羌水。羌水又東南流，至橋頭合白水。東南去白水縣故（成）〔城〕[4]九十里。

---

[1] 流　原缺。據上海古籍出版社（依殿本整理，1990年版）《水經注》補。
[2] 街　原作"階"。據上海古籍出版社（依殿本整理，1990年版）《水經注》改。
[3] 羊　原作"洋"。據上海古籍出版社（依殿本整理，1990年版）《水經注》改。
[4] 城　原作"成"。據上海古籍出版社（依殿本整理，1990年版）《水經注》改。

○（羌水）又東南至廣魏白水縣，與漢水合。又東南過巴郡閬中縣。（卷三十二）

○（漾水）又東南過巴郡閬中縣。（卷二十）

巴西，郡治也。劉璋之分三巴，此其一焉。闞駰曰：强水出陰平西北强山，一曰强川。姜維之還也，鄧艾遣天水太守王欣敗之於强川，即是水也。其水東北逕武都、陰平、梓潼、南安今劍閣縣，蕭齊置。入漢水。漢水又東南逕津渠戍東，又南逕閬中縣東，閬水在閬中縣西。出閬陽縣，而東逕其縣南，又東注漢水。昔劉璋之攻霍峻於葭萌也，自此水上。張達、范彊害張飛於此縣。漢水又東南得東水口，水出巴嶺，在南鄭縣南。南歷獠中，謂之東遊水。即宋江，一名東河，在蒼溪縣西南。李壽之時，獠自牂洞北入，所在諸郡，布滿山谷。其水西南逕宋熙郡在廣元縣東，劉宋置。東，又東南逕始平城在劍閣縣北，劉宋置。東，又東南逕巴西郡今閬中，後漢置。東，又東入漢水。漢水又東與濩溪水即苟溪河，在閬中縣東。合，水出獠中，世亦謂之清水也，東南流注漢水。漢水又東南逕宕渠縣在渠縣東北，漢置。東，又東南合宕渠水，即渠江，在合川縣東北。水西北出南鄭縣巴嶺，與槃余水在城固縣西南。同源，派注南流，謂之北水，即巴江，在達縣西。東南流與難江水在南江縣東。合，水出東北小巴山，在南江縣東北。西南注之，又東南流逕宕渠縣，謂之宕渠水，又東南入於漢。

○潛水，出巴郡宕渠縣。（卷二十九）

潛水，蓋漢水枝分潛出，故受其稱耳。今爰有大穴，潛水入焉，通岡山下，西南潛出謂之伏水，或以爲古之潛水，鄭玄曰：漢別爲潛，其穴本小，水積成澤，流與漢合。大禹自導漢疏通，即爲西漢水也。故《書》曰：沱、潛既道。劉澄之稱白水入潛，然白水與羌水合入漢，是猶漢水也。縣以延熙中，分巴立宕渠郡，蓋古賨國也。今有賨城縣在渠縣東北。有渝水夾水上下，皆賨民所居。漢祖入關，從定三秦。其人勇健好歌儛，高祖愛習之，今巴渝儛是也。縣西北有徐曹水，南逕其縣，下注潛水。縣有車騎將軍馮緄、漢宕渠人。桂陽太守李温漢宕渠人。冢，緄冢在達縣西。二子之靈，常以三月還鄉，漢水暴長，郡縣吏民，莫不於水上祭之，今所謂馮、李也。

○（羌水）又南至墊江縣東南，入於江。（卷三十二）

○（潛水）又南入於江。（卷二十九）

庾仲雍云：墊江今合川縣，漢置縣。有別江，出晉壽縣，即潛水也。其南源取道巴西，是西漢水也。

○（漾水）又東南過江州縣東，東南入於江。（卷二十）

涪水注之，庾仲雍所謂“涪内水”者也。

○（涪水）出廣魏涪縣西北。（卷三十二）

涪水，出廣漢屬國剛氐道今平武縣東，漢置。徼外，東南流逕涪縣在綿陽縣東，漢置。西，王莽之統睦矣。臧宫進破涪城，斬公孫恢於涪。自此水上，縣有潺水在綿陽縣東。出潺山，在羅江縣北。水源有金銀礦，洗取火合之，以成金銀。潺水歷潺亭在羅江縣北。而下注涪水。涪水又東南逕綿竹縣在德陽縣北，漢置。北，臧宫溯涪至平陽，公孫述將王元降，遂拔綿竹。涪水又東南與建始水合，水發平洛郡西溪，西南流屈而東南流入於涪。涪水又東南逕江油戍今江油縣，蜀漢置。北，鄧艾自陰平景谷步道，在昭化縣西北。懸兵束馬入蜀，逕江油、廣漢者也。涪水又東南逕南安郡南，又南與金堂水會，水出廣漢新都縣，今新都縣東，漢置。東南流入涪。涪水又南，枝津出焉，西逕廣漢五城縣今中江縣東，蜀漢置。爲五城水，今名中江，在三台縣西南。又西至成都入於江。

○（涪水）南至小廣魏，與梓潼水合。（卷三十二）

小廣魏，在遂寧縣東北，因與郡同名，加小字别之。即廣漢縣地，王莽更名曰廣信也。

○（梓潼水）出其縣北界，西南入於涪。（卷三十二）

故廣漢郡，公孫述改爲梓潼郡，今梓潼縣。劉備嘉霍峻守葭萌之功，又分廣漢以北，别爲梓潼郡，以峻爲守。縣有五女，蜀王遣五丁迎之，至此見大蛇入山穴，五丁引之，山崩，壓五丁及五女，因氏山爲五婦山，在梓潼縣北。又曰五婦候。馳水即梓潼水。所出，一曰五婦水，亦曰潼水也。其水（道）〔導〕[1] 源山中。南逕梓潼縣，王莽改曰子同矣。自縣南逕涪城東，又南入於涪水，謂之五婦水口也。

---

[1] 導　原作“道”。據上海古籍出版社（依殿本整理，1990年版）《水經注》改。

○（梓潼水）又西南至小廣魏南，入於墊江。（卷三十二）

亦言涪水至此入漢水，亦謂之爲内水也。北逕墊江。昔岑彭與臧宫自江州今重慶市，漢置縣。從水上，公孫述令延岑（彭）[1]盛兵於沈水，在射洪縣東南。（官）〔宫〕[2]左步右騎，夾船而進，勢動山谷，大破岑軍，斬首、溺水者萬餘人，水爲濁流。沈水出廣漢縣，在遂寧縣東北。下入涪水也。

○（江水）又東北至巴郡江州縣東，强水、涪水、漢水、白水、宕渠水五水合，南流注之。（卷三十三）

强水，即羌水也。宕渠水，即潛水、渝水矣。巴水出晉昌郡宣漢縣（今達縣，後漢置）巴嶺山，即大巴山，在南江縣北。郡隸梁州，晋太康中立，治漢中。縣南去郡八百餘里，故屬巴渠。今達縣，劉宋置。西南流，歷巴中，逕巴郡故城今重慶市，漢置郡。南、李嚴所築大城北，西南入江。庾仲雍所謂江州縣對二水口，右則涪内水，嘉陵江。左則蜀外水（長江），即是水也。江州縣，故巴子之都也。《春秋·桓公九年》，巴子使韓服告楚，請與鄧好是也。及七國稱王，巴亦王焉。秦惠王遣張儀等救苴侯於巴，儀貪巴、苴之富，因執其王以歸，而置巴郡焉，治江州。漢獻帝初平元年，分巴爲三郡，於江州則永寧郡治也。至建安六年，劉璋納蹇允之訟。復爲巴郡，以嚴顔爲守。顔見先主入蜀，嘆曰："獨坐窮山，放虎自衛。"此即拊心處也。漢世郡治江州，巴水北，北府城是也。後乃徙南城。劉備初以江夏費觀爲太守，領江州都督，後都護李嚴更城，周十六里，造蒼龍、白虎門，求以五郡爲巴州治，丞相諸葛亮不許，竟不果。地勢側險，皆重屋累居，數有（大）〔火〕[3]害，又不相容，結舫水居者五百餘家，承二江之會，夏水增盛，壞散顛没，死者無數。縣有官橘、官荔枝園，夏至則熟，二千石常設廚膳，命士大夫共會樹下食之。縣北有稻田，出御米也。縣下又有清水穴，《輿地紀勝》：在巴縣西三十步。巴人以此水爲粉，則皜曜鮮芳，貢粉京師，因名粉水，故世謂之爲江州墮林粉，粉水亦謂之爲

---

[1] 彭　衍字。據上海古籍出版社（依殿本整理，1990年版）《水經注》改。

[2] 宫　原作"官"。據上海古籍出版社（依殿本整理，1990年版）《水經注》改。

[3] 火　原作"大"。據上海古籍出版社（依殿本整理，1990年版）《水經注》改。

粒水矣。江之北岸，有塗山，在重慶市南岸。南有夏禹廟、塗君祠，廟銘存焉，常璩、庾仲雍並言禹娶於此。余按群書，咸言禹娶在壽春當塗，今安徽懷遠縣。不於此也。

《水道提綱》清齊召南

嘉陵江，即西漢水，下流合白水江而益大。白龍江，出陝西岷州衞東南、楊滿城西北分水嶺墊江之北源也，俗曰岷江。經朝陽山西、西固所東南，有白水江，西自邊外來會。白水江，即古桓水，亦曰墊江，源出邊外洮源東南之西傾山。源曰裴雜塔拉，經武都關南，又東經西固所南，又東南與白龍江會，水勢始盛。又東南流，有清江，西南自邊外來會。至階州西南，有東川水，西自邊外來會。又東經州城南，有北谷河，合赤沙水，自北經城西來會。又南經文縣東境，俗曰黑水江，有乾溝水，自東北來注之。又南入四川界，經昭化縣北境之余山鋪西，又南有溪河，自西北來注之。又東南數十里，至昭化縣城北，有黄沙江，西北自摩天嶺合青川。及劍門水來，而嘉陵江合諸水，東北自朝天關來，並會。此江即古葭萌水也。

西漢水，亦曰沔水，即《漢志》誤指爲《禹貢》之“嶓冢導漾”者，源出秦州西南之嶓冢山，即漢隴西郡西縣之嶓冢山也。在寧羌州漢源嶓冢之西北四百餘里，脈自白水江源山，曲曲而東，爲分水嶺，西南流曰漾水，有小水自東南來會。又西北曲曲流，曰鹽官水，稍北，有横水嶺水，南自西和縣城東來會。又北，有永平水，東北自刑馬山來會。折西流，至禮縣東，有水西北自柏林青陽東南流，經縣城東北來注之。又西經縣城南，又西折，西南流數十里，曰長道河。經西和縣西北境，折東南流，過仇池山西麓，有岷峨江，自西北岷峨山東麓來注之。其西麓水，即流合白水江者。又東南流，曰犀牛江。經階州東北境、成縣西南境之祁山麓，有石硐關水，自西北來注之。又東南，有潭河，西南自階州北之米倉山東北流，經甘泉驛來會，曰兩河口。西漢自發源西流，而南而東，至此流如旋規。又東至成縣南境、略陽縣西北境，有長家河自南來注之。又東，有黑峪江，北自秦州南山來會。黑峪江源出吴紫山南之九眼泉，又南經青泥嶺、仙人關

西，又南經成縣城東南，有濁水自西來注之。又東南數十里入西漢水，又東有青泥嶺水，自北經仙人關東來注之，俗亦曰白水江。折東南流，有九龍池水，東北自徽州合三水來注之。又南流至略陽縣北之八渡山西，嘉陵江東北自鳳縣合諸水來會。

嘉陵江，出鳳縣東北之嘉陵谷，西九度四分，極三十四度三分，此山之東北，即寶雞縣渭水也。西流經東河驛、横牛堡、紅花鋪北，折西南流。經草涼驛、白家店西。又南，有大散水、斜谷水自東北來會。折西北，又西南流，經縣城西北。又西南，有魚河自北合紅犀、單河二水來注之。又西南經兩當縣南境，有下邳水，自城西南來注之。此水於永寧堡之東南入嘉陵江。又南流，有高橋河自西北合永寧河來會。高橋河出兩當縣西北山，東南流有永寧河自東北來會。又東南流，經太白池東南入嘉陵江。又南，有野羊北河合諸水，東自鳳縣東南境來會。野羊北河出松林驛東南山，西北流經驛西，又西南入嘉陵江。又西南，經徽州南境百餘里，至八渡山西北，西漢水自西來會。嘉陵江既會西漢水，南流稍西，折東南流，有横壩河、紫混山水自西來各注之。又東南，經略陽縣城西，又東南，有八渡河自東北合諸水經城東來會。八渡河出紫柏山，西北流，曰中川。又南，有白石溝自東北來注之。又西南流，經寧羌州西北境之陽平關西，又西南有洛索河自西來注之。又南流百里，經四川廣元縣北界，有小水西北來注之。南經大小漫天嶺山麓，又南至朝天關西，有水東北自七盤嶺關南來注之。又西南九十里，經廣元縣城西，又西南，有稻壩河南北來，經城南西注之。又西南，至昭化縣東北，白水江自西北來會。嘉陵江既會白水江於昭化城東北，南流經城東，又南稍西，曲曲流百五十里，有劍水西北自劍州來注之。大劍水出劍州西北山，東南流至州北，有小劍水自北來會。經州城東北，又東南百餘里入嘉陵江。又南八十里，經蒼溪縣西，稍南折而東，經其南稍東，又折而西，而西南，又東南，經保寧府城西，有北溪河自西北來注之。北溪出蒼溪縣西北山，東南流，入嘉陵江。稍南折而東，經府南境稍東，有東河東北自陝西寧羌州界，西南經重山四百里來注之。東河源出寧羌州東七眼泉，南流，折而西南，入四川廣元縣東北界，行兩山中，曲曲數百

里，曰東河。至百尺關西，又西南，至蒼溪縣東之雲臺山麓，又南流至府東境，入嘉陵江。又南，有苟溪東北合塘溪來注之。塘溪出觀音場北七十里山，南流至場北，折西南流，有苟溪自北來會。西經廟閭樓北，又西南入嘉陵江。又南，稍西六十里，至南部縣西北，折東流，經縣城北，又東南流，有禹跡山水，自縣北境來注之。稍東，折南流數十里，有安居場水，自東北來注之。又南至蓬州西北，有西河自劍州西北來注之。西河上源曰武連河，出劍州西北境五子山，西南流九十里，折而東南，經武連驛南，又東南數十里，有柳池溝水自北來會。又東南，曲曲經保寧府治閬中縣西境，又東南至南部縣南境，有袁家河自東來注之。又東南，折而東流，入嘉陵江。此水行四百餘里。又東南，經州城北，東南如玦，至州西南，折向南流，有清溪自東北來注之。又西南流百餘里，至順慶府治南充縣東北境，折南流，經府城東而南，有𧄍子河西北自西充縣來注之。河出西充縣東北山，西南流，經縣東南，又西南流數十里，折東南流，經府城西南，又東南入嘉陵江。又南流八十里，有曲水河自西來注之。折東流，有清水河自北來注之。又東南五十里，有西溪東北自岳池縣北境來注之。又西南，曲曲東南，至定遠縣城東北，有岳池水東北自城左右合西南流，又合一水來注之。經縣城東而西南，又東南，旋折如帶，有苦竹溪自西來注之。又東南流八十里，至合州東北，渠江自東北來會，曰嘉渠口。又南流，涪江自西來。經州城之西而東，來會於城之東南，曰三江口。西十度，極三十度二分，釣魚山在涪江之北，嘉陵江之南，嘉陵江自源至此。經一千七百餘里。

渠江，即古巴水，今曰渠河，實巴、渠二水之合也。巴水，出陝西西鄉縣西南之大巴山，渠河三大源。最北曰後江，次曰中江，次曰前江。後江又有二源，最北者，出太平縣北；其東源曰白沙河，出縣東北華岳頂之萬頃池。中江源出太平縣東境之白支山、黄墩山。前江源出太平縣東，至合州東北之嘉渠口，嘉陵江西北自定遠來會。又西南經州城東南，涪江自西來會，曰三江口。

涪江，古涪水，出松潘衛東，稍北之分水嶺。折東，稍北，流數

十里。至合州西北境，折而南流，經州城西而南，有立石河西南自永川、璧山、銅梁來注之。東經城南，嘉陵江合渠河，自東北來會。涪江既會嘉陵江渠河，又東北流十餘里，折而南，曲曲流百里，至重慶府治巴縣西北境，有虎耳河自西來注之。又南有青水關河自西來，南合萬壽水，東流注之。又南，折東南流，經白巖北，過魚鹿峽，又東流，經府城北稍東，入大江。

《雲棧紀程》 清張邦紳

嘉陵江源有四。即西漢水，一出甘肅秦州西南八十里天水郡五泉山，即漢西縣嶓冢山也。《通典》云：嶓冢山有二，一在天水，一在漢中。漢中之嶓冢，漢水所出。天水之嶓冢，則西漢水所出也。水自山腰五泉湧出，其下爲五泉寺。《水經注》"西縣嶓冢山，西漢水所導也"，西流與馬池水合。又西南合楊廉川水，又西南逕始昌縣故城西，又西南逕宕備戍南，又西南逕祁山軍南，又西逕蘭倉城南，又南入嘉陵道爲嘉陵水，又東南逕瞿堆西，又屈逕瞿堆南，又東南逕濁水城南，又東南逕修城道南，又東南於槃頭城南，與濁水合。又東逕武興城南，又西南逕關城北，又西南逕通谷，又西南寒水注之，又西逕石亭戍，又逕晋壽城西，又南合漢壽水，又東南逕葭萌縣東北，與白水合。又東南逕巴郡閬中縣，又東南逕宕渠縣，又東南合宕渠水，又東南逕江州縣東南入於江。以今輿地言之，自秦州發源，逕西和縣東北，至禮縣西南嘉陵道爲嘉陵江。又東南逕成縣西，又東南逕略陽縣城北槃頭郡，與故道水合。又東逕略陽縣城南，又西南歷陽平關，逕寧羌州西北，入廣元界朝天鎮，潛水入之，即《禹貢》"導江之潛也"。又西逕廣元縣城西，又西南逕昭化城東北，與白水合。又南逕劍州東，又東南逕蒼溪縣城東，又東南逕閬中縣西南，名閬江。因其曲折三回，形如巴字，又謂之巴江。又東南逕南部縣北，又東南逕蓬州東，又西南逕南充縣城東，又南逕合州東北，合渠江。又十里，至州城東南合涪江。又南至巴縣東北入江。

一出陝西鳳翔府寶雞縣南煎茶嶺，名故道水。《水經注》"故道

水出大散關”（《水經注》“兩當水出大散嶺”，誤爲“大散關”），西南流與馬鞍山水合。又西南流北川水注之，又西南歷廣香交，合廣香川水。又西南入秦岡山，尚婆水注之。又右會黄盧山水，又南入東益州之廣業郡界，與沮水枝津合，謂之兩當溪。又南注於濁水，又南逕槃頭郡南，注於西漢水。以今輿地言之，水出煎茶嶺，西南流逕鳳縣城北，又西南逕兩當縣南，又西至略陽東北，注於嘉陵江。

一出甘肅洮州衛西南西傾山曰桓水。《禹貢》“西傾因桓是來”是也。桓水一名白水，西傾山一名彊臺山。《水經注》：白水出臨洮縣西南西傾山，水色白濁。東南流與黑水合。又東逕洛和城南，又東南逕鄧至城南，又東南與大夷祝水合。又東與安昌水會，又東南入陰平得東維水，又東南逕陰平道故城南，又東逕陰平大城北，又東南逕偃城北，又東北逕橋頭與羌水合。以今輿地言之，自洮州衛東南流，經文縣、平武、劍州，至昭化縣東，入西漢水。

一出西番參狼谷，曰羌水。《水經注》“羌水出羌中參狼谷”，東南流逕宕昌城東，又東南逕宕婆川城東而東南注，又東南，陽部水注之。又東南，逕武街城西南。又東南，逕葭蘆城西。又東南，逕五部城南。又東南，至橋頭合白水。東南去白水縣故城九十里。以今輿地言之，水出西番界，東南流經青川所，歷平武縣、劍州，至文縣橋頭合白水，流入昭化縣界。

第二章　辨名

《水經注》謂漢水“南入嘉陵道而爲嘉陵水，世俗名爲階陵水”。階陵，故成縣。嘉陵道，漢隸武都郡，此嘉陵江名之所由也。《元和志》謂：西漢水，一名嘉陵水。而《九域志》誤嘉陵谷爲嘉陵水所出，而有嘉陵江之名。《略陽郙閣頌》云“惟斯析里，處漢之右”，故以漢水之名爲最古。而《漢書·地理志》謂“西縣嶓冢山，西漢水所出”，而武都注云，東漢水受氐道水，一名沔。過江夏，謂之夏水。此《漢志》以漢水而別東西。夏水，猶今之漢水，由漢陽而入江者

也。《漢書·地理志》隴西郡“氐道”注云，《禹貢》“養水所出，至武都爲漢”，《水經》云“漾水出隴西氐道縣嶓冢山”，是嘉陵江又名爲漾。漾猶養也。然東源出自寶雞，名湅河，或易湅爲東。逕鳳縣，曰故道河。鳳縣，故秦故道縣。《鳳縣志》作“大散河”，以其源出大散嶺。逕兩當，爲兩當水。《徽縣志》稱爲“鐵門川”，而《鞏昌府志》謂“水逕禮縣名長道河，至階州爲犀牛江，至成縣爲鐔家河”，此西源之稱也。《略陽志》名嘉陵江西源爲淮河，東源爲王家河，亦異已。《水經》謂“潛水出巴郡宕渠縣”，庾仲雍謂“墊江之别江爲潛”。《括地志》以廣元龍門水爲潛。龍門水，一名伏水。《蒼溪志》以嘉陵江會昭化之白水，不可溉田，而稱白河。逕閬中，曰閬水，亦曰閬江。《寰宇記》稱閬中水，亦名渝水。《三巴記》謂閬、白二水，南流曲折三面如巴字，亦稱巴水。逕張家灘，而《岳池志》稱張家灘河，《合川志》以水自廣元來，而稱保寧河。廣元，故隸保寧府，猶廣元以水自略陽，而稱略陽河。庾仲雍謂：“江州縣對二水口，右涪内，左蜀外。”江州，今重慶市。涪内爲嘉陵江，蜀外爲長江。雖隨地易名，要之皆嘉陵江也。

第三章　灘險

《後漢書》謂虞詡以石塞水流，春夏濆溢，壞城郭，燒石灌醯，以鐫去之。柳子厚《江運記》稱嚴礪刊山導江，焚火沃醯，摧其堅剛，化爲灰燼。《徽縣志》載武思信、楊三辰，以濬險便漕運。此皆濬治嘉陵江之上游者。而《廣元志》謂陳鵬鑿九井灘，《合川志》謂張兑和、强望泰鑿鑁梁灘。雖其術不若今之人，然無不思濬治矣。嘉陵江河牀，概爲砂石，岡巒環峙，水隨峰移。洚水則波濤洶湧，流疾如矢；水落則灘石俱現，淤阻其間。故洪水之患在險，枯水之患爲灘。磐石横亘，屹立中流，坡度陡峭，是爲石灘。急流雖奔騰下注，至河道寬衍，水勢亦緩，而所挾砂石壅淤成灘，是爲砂灘。砂灘之成，多於河流彎曲之處，灘之上爲腦，而下名眼。水逕灘邊衝刷成槽者，謂之邊槽。逕灘中而衝成槽者，謂之中槽，一名爲濠。兩

漕間之灘，名曰中包。及水低落，兩漕之水，雖同宣洩，而中槽水流濡緩。中包之水横溢而成槽者，謂之横槽。疏濬之方，砂灘則斷截歧流，以增水勢。崖石之上，而築牆壩。石灘火醯有不能盡者，必鐫炸之而後已。附灘險表。

自白水江至略陽縣城（此段水流窄谷，河牀滿布卵石。白水江以上，則不通航。以花籃、核桃、燕子三灘最險。堤壩工程經陝西水利局修築）

燒門子（最險） 真武灘（最險） 風窩子 龍懼子（險） 百箭石 娃娃灘 瓦窰灘 烈馬壩灘 手爬崖灘 董家灘 槐樹灘 匪人子灘 倒灣山灘 廟河壩灘 禪覺寺灘 枇杷樹灘 王家灘 無藏灘

磨鉤灘 大茅溜灘 小茅溜灘 鄭家灘 老鴉架灘 花籃灘（最險） 吕家灘 馬蹄灣灘 高家壩灘（險） 魚箭壩灘 駱駝項灘 黑沱灘 兩河口灘 馬連坡灘 私錢 洞灘 蹇家河灘 明水灘 瓦口壩灘 大燕子灘（險） 小燕子灘 老鸛沱灘（最險） 周家灘 白崖堝灘 大三官灘（極險）

小三官灘（極險） 横現河灘 伍家溝灘 沙溝子灘（險） 老貓灘 石壁子灘 馬馬灘

鉗毛灘（節録《略陽志》）

石門灘（數處淺灘，合成綿亘。枯水水流散漫，洪水多險）

五藏灘（《略陽志》作無藏。淺灘，河面寬廣，水流散漫）

元寶石灘（淺灘）

馬蹄灣灘（險灘。河道成鐮刀形，水流湍急。左岸灣處爲崖石）

四坡灘（淺灘。水流緩散）

雁子灘（《略陽志》作燕子。險灘，瀑跌甚劇，水流湍急，卵石布散河底）（節録《陝西水利季報》）

石門子峽（《略陽志》作燒門子。兩山相距甚寬，孤山屏障，左高右低，洪水成爲島山。再前又爲大山所阻，急阻而右，流勢峻急）

娃娃灘（山勢至此縮狹）

鐵爐灘（現已平順）

槐樹灘（河底爲卵石積砂）

磨兒灘（枯水深二公寸）

王家灘（枯水深二公寸，大石阻礙）

五臟灘（《略陽志》作無藏，枯水深三公寸）

花浪灘（《略陽志》作花藍，枯水深二公寸，河底多亂石）

大禹灘（水勢陡急）

四坡灘（枯水深三公寸）

核桃灘（《略陽志》作黑沱，枯水深三公寸，河底多亂石）

雙樹灘（枯水深四公寸）

燕子灘（枯水深四公寸，河底多亂石）

陷馬灘（略陽城北二里，河底砂礫）（節録經濟部《嘉陵江水道查勘報告》）

自略陽縣城至陽平關（此段兩岸環山，河牀多卵石，以青石背、陡張子二灘最險，堤壩工程經陝西水利局修築）

磨盤灘　女河灘　夾門子（極險）　荷葉壩灘　大數牛灘　列拐橈灘　木頭灘　青石背灘　杯杯石灘　白雀寺灘　泥窩子灘　鐵罏灘　雙旋子灘　旋槽灘　樂素河灘　鸚哥石灘　馬陵溝灘　雷灘（最險）　鬼錯路灘

石甕子灘（險）　東涴撮灘　西涴撮灘　銅釘石灘　高灘子　剪刀背灘　羊肉灘　送潮灘（險）　簸箕子灘　焦石子灘　篾鬚子灘　流溪溝灘　茅壩子灘　黑水灘　鋸亭溝灘　皮條三灘　滅河灘　跳磴子灘　陡張子灘（險）　赤竹壩灘　桂花園灘　陽平關灘（節録《略陽志》）　女合灘（《略陽志》作女河，險）　荷葉壩灘（險）　大剥牛（《略陽志》作大數牛，險）　白雀寺（險）　鐵鑪灘（《略陽志》作鐵罏，陡）　玄槽（《略陽志》作旋槽，險）　蘿莎河（《略陽志》作樂素，險）　鸚哥石（險）　娃娃灘（陡）　雷灘（險）　石甕灘　紅花灘（險）　羊肉灘（險）　宋槽灘（《略陽志》作送潮，陡）　麥絮子（《略陽志》作篾鬚子）　流溪灘（險）　黑水灘（險）　琵琶三灘（《略陽志》作皮條三，險）　青石背（險）　斗長子（《略陽志》作陡張子，陡）（節録《廣元志》稿》）

玉豪灘（《略陽志》作女河。《廣元志》作女合。上流八渡、夾渠兩河東來灌注，水量驟增，河面狹窄，瀑湍流急。左岸山崖壁立，江心礁石羅列，最大爲將軍石。下行船至此，必須放弔。將軍石對岸，沙灘突出，河底滿布卵石，波濤洶湧，浪花濺飛）

荷葉壩灘（上游爲散漫淺水）

玄朝灘（《略陽志》作旋槽，《廣元志》作玄槽。左岸山嘴突出，溝内砂石淤積，形成陡坡）

思角石灘（《略陽志》《廣元志》作鸚哥石。水流散漫，分爲數岔）

剪刀架灘（《略陽志》作剪刀背，淺灘）（節録《陝西水利季報》）

柳樹壩灘（枯水深四公寸）

磨盤灘（枯水深四公寸）

女兒灘（《略陽志》作女河，《廣元志》作女合。枯水深四公寸，水急彎陡，河底多亂石，波濤洶湧。左岸有礁，枯水方現）

崖寺灘（枯水深三公寸，河底粗砂，流緩砂淤）

二郎廟灘（枯水深四公寸，左會夾門子溝水，溝中積石爲患，河底多亂石）

荷葉壩灘（枯水深四公寸，荷葉壩溝自右岸來會。河身左彎，河底多亂石）

大波牛灘（《略陽志》作大數牛，《廣元志》作大剥牛。枯水深四公寸）

鑽嘴灘（枯水深四公寸，河身大轉）

王家坉灘（枯水深五公寸）

響水亮灘（枯水深二公寸，河底砂礫，河槽彌定）

大沙壩灘（枯水深四公寸，河底多亂石）

瓦窑灘（枯水深五公寸）

雙先子灘（《略陽志》作雙旋子。枯水深四公寸，河底多亂石）

玄朝灘（《略陽志》作旋槽，《廣元志》玄槽。枯水深四公寸，河心有砂洲，河底多亂石）

侯家坡（枯水深三公寸，左岸淤砂，河底砂礫）

思角石灘（《略陽志》《廣元志》作鸚哥石。枯水深三公寸，河底

多亂石）

菜子壩（枯水深三公寸，河底砂細槽淺）

娃娃渡（《廣元志》作娃娃灘。枯水深四公寸，河底多亂石）

雷灘（枯水深五公寸，河底多大石）

紅苕喜（枯水深四公寸）

西邊西灘（枯水深四公寸，河底卵石）

東河著灘（《略陽志》作東涴撮。枯水深三公寸，河底多亂石）

紅花灘（枯水深四公寸，河底卵石）

高灘子灘（枯水深四公寸）

剪刀架灘（《略陽志》作剪刀背。枯水深三公寸）

羊肉灘（枯水深四公寸，河底多亂石）

宋潮灘（《略陽志》作送潮，《廣元志》作宋槽。左右有山溝，衝積塊石）

黑水河口（多積石）

皮條灘（《略陽志》作皮條三，《廣元志》作琵琶三。枯水深四公寸，河底多亂石）

青石背灘（枯水深五公寸，河牀變窄，左來山溝，積石爲患）

墨河灘（右來山溝，積石爲患）

斗堂子灘（《略陽志》作陡長子，《廣元志》作斗長子。枯水深四公寸，左岸平坦，中爲砂洲）

瓦窑灘（枯水深三公寸，左溝積砂）（節録經濟部《嘉陵江水道查勘報告》）

自陽平關至對溪子（此段河牀多卵石，溝口積有塊石，以觀音灘最險）

竈門子（險） 龍門寺（險） 石龍船（險） 竹園子 金鋼背（險） 小河口（陡） 石橋（險） 觀音灘（陡） 木槽灘（險） 二郎灘（陡） 涼水井（險） 長梁子（陡） 清灘廟（陡）（節録《廣元志稿》）

下關灘（陽平關下里許，枯水深三公寸，上口砂底，下口卵石）

青邊河灘（枯水深三公寸，右爲小河口，河底多卵石）

龍門子灘（《廣元志》作龍門寺。龍門寺溝左來，積石爲患）

唐家渡灘（枯水深三公寸，河身爲山阻向右，河底多亂石）

耐門灘（枯水深三公寸）

青鋼背（《廣元志》作金鋼背。枯水深三公寸，灘下水流甚急）

石溝里灘（枯水深三公寸，河底卵石）

亂葬墳灘（枯水深三公寸，河底卵石）

高覺龍門（河牀變窄，河底卵石）

石雀會灘（《廣元志》作石橋。左山右灘，河身突束）

觀音灘（枯水深五公寸，河身彎曲，中爲砂洲。河底大石，波高溜急）

二郎灘（枯水深四公寸，河身急彎，洪水溜急）

量水井灘（《廣元志》作涼水井。枯水深二公寸，水溜急，河底卵石）

對鴨子灘（枯水深四公寸）（節録經濟部《嘉陵江水道查勘報告》）

自對溪子至廣元縣城（此段兩岸山勢逼仄，峰巒層叠，水位漲落迅速，急流如矢，以大灘、橫梁子、愁背三灘最險）

蔡伯灘（陡） 大灘（惡） 横梁子（陡） 黑崖子（陡） 砂磧子（陡） 立石子 籌筆灘（陡） 三灘（險） 苟家灘（險） 安樂灘 穿眼石灘 俞家灘 大壩灘 樓房灘 青榈灘 飛仙灘 冉家灘 磁磘灘 李子灘 北門灘 金堆石 梁家坎 五里埡 塔子灣

炭坪子（節録《廣元志稿》）

對溪子（山溪積砂成灘，枯水淺阻）

蔡百灘（《廣元志》作蔡伯。洪水水流不暢，砂石漸溷，積而成灘，枯水水落歸槽，中生砂洲）

羊角碥（塊石淤塞，跌水急劇）

大灘（水流湍急，勢如決口）

横樑子（《廣元志》作横梁子。水流迅急，砂石形成漩渦）

鉤藤子（山溪横衝，砂灘平淺）

沙溪子（《廣元志》作沙磧子。槽底塊石羅列，形同石樁）

愁背（礁石多阻）

三灘（巨礁阻道，名癩肚子石）

油房口（《廣元志》作樓房。砂灘連亘）

周家坪（砂灘連亘）

青杠灘（《廣元志》作青㭎。砂灘横亘）

上下飛仙（《廣元志》作飛仙灘。石壁阻礙，成爲巨險）

磁窰鋪（《廣元志》作磁磘。砂石沉積）

千佛巖（砂石沉積，致成淺灘）

李子灘（砂灘羅列，水分歧流）

炭坪子（砂石沉積，著名淺灘）（節録經濟部《嘉陵江上游報告》）

蔡伯灘（河牀亂石，激溜成浪）

羊角堨（河槽淺窄，水流激急，河底多亂石）

大灘（河槽極淺，河底有門坎口）

九井灘（近年險勢大減）

横樑子（《廣元志》作横梁子。上寬下狹，狀如漏斗）

黑崖子（河寬水陡）

沙溪子（《廣元志》作砂磧子。河道淺險，底多亂石）

鐮刀背（水流陡急）

立石子（河槽上寬下狹，水勢突高，下注急激）

愁背（河漕最窄，洪水流勢變直，枯水水流彎曲。鄉諺云："愁背三灘不種田，桃木李瓜喫半年。還有半年没得喫，就靠河灘打爛船"）

三灘（硬石成灘，水陡齊坎）

癩肚子石（槽中巨石羅列，岸無縴道）

狗家灘（《廣元志》作苟家。槽中巨石，名狗腦殼）（節録經濟部《嘉陵江水道查勘報告》）

自廣元縣城至昭化（此段山勢漸開，溜勢寬緩，以塔山灣、河灣、趙橋鋪、五佛崖、河口五灘最險）

河灣灘　三清廟　石包灘　皂角鋪　毛壩灘　火炎灘　犂援灘　五佛崖　榆錢樹　油房灘　河口灘（節録《廣元志稿》）

塔山灣（淺槽，左岸山麓，崖石横陳）

河灣灘（灣曲過陡，亂石砰磷）

趙橋鋪（洪水砂石沉積過急，河道彌定）

五佛崖（河道兩端狹隘，而中過寬）

小河口（《廣元志》作河口灘。河道由狹轉寬，砂石沉積）（節録經濟部《嘉陵江水道查勘報告》）

自昭化至蒼溪（此段山巖環曲，亂石縱横，氣壓倏變，風向彌定，以來佛、龍爪、散錢、挂溪、田子墓、哪叱、群豬、青牛廟、竹灘、香溪、石碴口、葡萄堝十二灘最險）

來佛灘　陷馬池　龍爪灘　簸箕灘　散錢灘　張匯灘　射箭河　立溪港　窄渡灘　蕭家灘　福興灘　平林壩　孤舟灘　斗漲灘　挂溪灘　紅崖寺　百花灘　田子墓　大仄灘　磨盤灘　張王廟　馬蹄灘　柳樹河　哪叱灘（險）　黄金口（險）　陶匯灘（險）　群豬灘（險）　老君廟　浮金灘　邢家灘　碰子灘　三官灘　虎跳灘（險）　冬灘　青牛廟　玄口河　難留灘　竹灘　香溪　楊家灘　背風灘　釣兒嘴　散渡灘　龍門陽溪灘　廂子石　焦崖子　鴛溪口　龍會灘　半角堝　雜木灘　石鑼鍋　亭子口　乾溪子　小站河（即小浙河）　雙線子　葡萄堝　筲箕灘　槐樹壩　坐觀音灘　鵨子崖（節録《廣元志稿》）

來佛寺（《廣元志》作來佛灘。當嘉陵江、白水會流，回旋擊激，寺前峭壁，且多亂石）

龍爪灣（《廣元志》作龍爪灘。崖高水狹，巨石排列，牛頭山陡轉横阻）

算錢灘（《廣元志》作散錢。灘上河道寬直，灘下狹曲，洪水時宣洩不暢）

掛溪河（《廣元志》作挂溪灘。河道太陡，且多亂石）

天子墓（《廣元志》作田子墓。急灣處山麓崖石突出，河道上寬下狹）

哪叱灘（岸凹，巨石縱横，且有淺灘）

群豬灘（右岸凹處，亂石縱横，迫向左移，急溜亂流）

青牛廟灘（下游山逼水窄，上游山開水闊，砂灘縱横，水分歧

流，橫流迴激，波浪特大，枯水河道極淺）

竹灘（彎曲過甚，水流擁拒，山麓亂石堆積，近年溜勢外移，危險較減）

香溪（河彎過曲，左岸上首，山坡較緩。峭石一溜，勢成迴旋，下首又多亂石）

石碴口（轉彎處。江中巨石屹立，水大溜急）

葡萄碥（《廣元志》作葡萄堿。河面驟寬，砂石壅旋）（節録經濟部《嘉陵江水道查勘報告》）

自蒼溪至閬中縣城（此段河道寬深，極不勻整，以柳林子、具崖子、較場壩、王壩、白溪濠、西門六灘最險）

柳林子　青棡灘　孫家林　竹根灘　淘金灘　鵝石渡　北崖灘　瓦子灘　沙溝子　較場壩　王壩灘　白溪濠

西門灘（節録《廣元志稿》）

柳林子（下首槽狹，上首特寬）

具崖子（岸有亂石，波浪特大）

較場壩灘（河面過寬，曲折太甚）

忘八灘（《廣元志》作“王壩”。險與較場壩灘同）

白溪浩（《廣元志》作“白溪濠”。彎勢陡轉，緊逼峭壁，山麓多亂石）

西門灘（河面較寬，枯水槽淺）（節録經濟部《嘉陵江水道查勘報告》）

自閬中縣城至南部（此段河道寬深，極不勻整，以瑪瑙、華家堿、烏木、乾樹子、倒牽牛、老鴉六灘最險）

李子灘　東河口　瑪瑙崖　二江寺　毛子灘　河溪關　磨兒灘　雙龍場　南津口　烏木灘　倒牽牛　鎮子石灘　貓兒井　銅鬬灘　老鴉灘（節録《廣元志稿》）

馬羅崖灘（《廣元志》作瑪瑙崖。上寬下狹，砂灘沉積）

華家堿（河面驟寬，河心砂灘高厚，逼水曲折）

污木灘（《廣元志》作烏木。險與華家堝同）

乾樹子（險同）

倒牽牛（險同）

老鴉灘（陡轉處。山崖壁立，亂石縱横，流急勢阻，溜逼峭壁）（節録經濟部《嘉陵江水道查勘報告》）

自南部至蓬安（此段河道寬深，極不匀整，以枇杷、豬尾掃、打鼓、小石鴨子、大石鴨子、深溝子、古墳、白頭、陡崖子、石梁沱十灘最險）

枇杷灘　倒疲灘　謝家河　石板灘　盤龍驛　黄連灘　回龍寺　紅花集　蘆溪場　豬尾掃灘　打鼓灘　新鎮壩　犁頭觀（即離堆）　馬矢孔　張家觀　石鴨子　深溝子　鼓捶灘　富利場　西江寺　白頭灘　王家場　陡崖子　石梁沱　簸箕灘　李子灘　金賢場　桐樹嶺　白鶴灘　沈家灘　牛毛灘（節録《廣元志稿》）

琵琶灘（《廣元志》作“枇杷”。陡彎處。左岸漩渦急劇，右岸峭壁）

豬泥哨（《廣元志》作“豬尾掃”。彎曲過陡，山下有鯉魚石，潛伏水底）

打鼓灘（砂灘過厚，山麓多亂石）

小石崖子（《廣元志》作“石鴨子”。河道乍寬）

大石崖子（槽中亂石突起，中爲窄槽）

深溝子（河道彎曲，砂石壅積）

古墳灘（險同）

白頭灘（河道寬衍，流勢迴漩）

陡崖子（峭壁崖石，左岸凹進過驟，河中砂灘，水分歧流。枯水船行中槽，陡降急轉）

石樑沱（《廣元志》作“石梁沱”。中爲石梁所束，洪水波浪特大）（節録經濟部《嘉陵江水道查勘報告》）

自蓬安至南充（此段河道寬深，極不匀整，以石驢子、楊家崖二灘最險）

竹林溪　桌子角　罈子口　高峰寺　黎溪　金竹庵　楠木園　滿天星　望樹埡　獅子縫灘　石驢子灘　羅家場　藍家嘴　楊家崖　棺材灘

凰儀場　磨埡場　蝦蟆石灘　喬家墳灘　龍門灘　老關廟灘　丁家岸　麻柳林　稀飯店　雙流石　小龍門　馬家灘（節録《廣元志稿》）

石驢子（槽中亂石横列，清咸豐間曾另鑿一槽，險象未減）

楊家崖（山忽開展，河面寬衍，河道變易最速）（節録經濟部《嘉陵江水道查勘報告》）

自南充至武勝（此段水流平緩，河道彎曲，以私娃、牛腦殼、陸師磧、桑樹林、黄猫、白沙、内石坡、石馬脚、車朝停、上觀音、下觀音、連山灣、土地、張家、四眼照、螃蟹夾、伯灘、黄瓜園十八灘最險）

私娃灘（河槽寬衍，水流紆曲，砂石沉積）

牛腦殼（河道寬衍彎曲）

陸師磧（河槽乍寬，砂石沉積）

桑樹林（河道寬衍，水流紆曲）

黄貓灘（河道彎曲，上游槽寬）

白沙灘（險同）

内石坡（河道寬衍，砂石沉積。枯水船沿右岸山麓行，甚爲淺險）

石馬脚（中爲砂灘，水分歧流，甚爲急曲。中槽寬淺，邊槽窄深，河底有潛石烏木）

車朝停（河槽驟寬，中爲砂洲沉積。水沿左岸，岸多潛石）

上觀音（枯水水流逼岸下曲，槽窄有潛石，洪水槽内砂石易損船底）

下觀音（河槽曾積巨木爲患）

連山灣（河道彎曲，上游砂石沉積）

土地灘（險同）

張家灘（河道寬衍，枯水流逼邊行，岸多亂石）

四眼照（險同）

螃蟹夾（左岸磐石伸入江中，形成曲槽。底有潛石，溜勢洶湧）

伯灘（險同）

黄瓜園（河道彎曲，左岸爲磐石）（節録經濟部《嘉陵江水道查勘報告》）

自武勝至合川（此段水流平緩，河道彎曲，且多磐石，以犀牛子、蕭門、石門、楊柳磧四灘最險）

犀牛子（河道彎曲，中爲砂灘，水分歧流。左岸邊槽極窄，亂石排列）

蕭門（險與犀牛子同。中槽平淺，枯水斷流。邊槽甚窄，有巨石攔阻如門）

石門（河向右轉，槽中磐石交錯，水流急曲，長一公里。枯水奔騰急轉，洪水磐石淹没，波濤澎湃）

楊柳磧（當嘉陵江、渠江會流，水流迴環，砂石沉積，砂水尤險）（節録經濟部《嘉陵江水道查勘報告》）

自合川至重慶市（此段河道寬衍，水流平緩，三峡多風）

捲耳子　照鏡灘　钁梁灘　虼門灘　二郎灘　大沱口　磴石灘　北碚梁　毛背沱　秤桿磧　爛泥灣　撻靶石　厲灘　大雞冠　小雞冠　蹇家梁　黑羊石　豬兒石　飛纜子　紅砂磧（節録《巴縣舊志》）

第四章　航運

《漢書・地理志》謂西漢水“過郡四，行二千七百六十里”。古今律度量衡不同，未可據也。《南充志》謂：江之長爲千七百里，通航者千四百五十里。而《漢中府志》謂：白水江至廣元長爲五百七十八里。今長江航政局謂：廣元至重慶航線爲九百十有九里。計之爲千四百九十七里。而《陝西水利季報》謂：白水江至對溪子，長一百四十餘公里。嘉陵江工程處謂：對溪子至重慶，長八百又四公里。計之爲九百四十四公里。對溪子，川陝兩省分界處也。陝西水利局謂：白水江至陽平關，爲一百七十公里。陽平關至廣元，爲一百六十公里。《經濟部水道查勘報告》謂：江行川北，長達七百七十三公里。計之則爲千一百又三公里，數皆不吻合，蓋未實測耳。

嘉陵江東源自略陽會白水江後，始通舟楫，合西源而水益暢。迨至合川，會渠涪之水，能航小汽船，水盛則汽船可上達南充。南充而上，不易行也，故多用木船。木船有扒尾、滚筒、燕尾、毛板、當歸、東河、渠河、中元棒、老鴉鍪之别。船之大者，長爲二四點三公尺，寬三點三公尺，載重七三公噸，喫水一六公寸。次者長一〇公尺，寬二公尺，載重八公噸，喫水七公寸。夏秋水泛，下行日二三百里，上行日三四十里。春冬水涸，下行日航百里，上行日四五十里。船無帆，上行以縴，縴爲竹製，貫入桅之鐵環，而人挽負之。視水流緩急，而别其巨細。以岸之遠近高下，而鐵環爲之升降。駕長執鼓，號令行止。下行則解桅爲前梢，置之船首，而伸於水，端附以木，木狀如刀，前後均衡，以梢端左右撥水，而定其所向。船後置橈，名曰後托，以助其舵。所謂上水看舵，下水看梢。停泊則以插竿，竿端爲鐵，植船首穴中，而下注於江，再以繩而繫於岸。以江多砂石，錨碇不易也。然廣元之上，峰迴水激，下行必放弔，一名弔灘。將船首逆上，隨水勢徐下，而以縴挽之。遇淺灘，則盤灘，一名搬灘。起船之所載，而以空舟下，過灘則重載以行。或水淺則分載數船，名曰提駁。至昭化會白水而後無阻。白水，古之羌水也。而白水江至廣元水位高低之差，爲四公尺至七公尺。廣元至昭化高低之差，亦七公尺。昭化至蒼溪水高爲一二公尺，蒼溪至南充爲一一公尺，南充至合川，相差爲一四公尺至二〇公尺。水位相差既殊，故以中水爲最適。而巴舊志論航行之弊五：曰溜子，僞飾客人，以爲局騙。曰放礮，行至險灘，故撞船損。曰鑽艙，乘客熟眠，越貨而逸。曰撓頭，假名欠債，向客硬索。曰放飛，船泊荒灘，橈夫遁走。而其弊今猶未革也。附船式。

扒尾式（船腹大，頭寬，而尾狹小，突起尺許）

滚筒式（船身闊狹，前後相等，尾有方形巨穴）

燕尾式（船頭腹闊狹相等，尾稍狹，無穴，舵後尾部加篷，以作居室，故又名舵籠）

毛板船（船身似扒尾，而尾似滚筒）

當歸船（船頭尾闊狹相等，板用竹釘，以側板作橈，編草爲篷，

以運甘肅碧口藥材得名）

東河船（船腹膨大，尾狹窄，且高三尺許，無舵，後用二橈，由東河駛出，故名）

渠河船（船身闊，而尾漸狹，爲渠河一帶製，故名）

中元棒（船身狹，而尾更狹，爲瀘縣製）

老鴉鍪（船身堅厚略狹，腹膨大，尾斜出水面，爲涪江一帶製）

第五章　名勝

【石龍峽】一名夾龍江，在兩當縣南二里。兩山對峙，亭午見日。崖半有石昂出，狀如龍頭，故道水曲流其中。

【琵琶洲】一名杜渚，在兩當縣南三十里。嘉陵江中，洲渚紆回，人跡罕到。杜甫《江上宅》詩："鷗雞號枉渚，日色傍阡陌。"詩詳下編《兩當》章。

【魚關】宋改爲虞關，在徽縣鐵山西南麓。《清一統志》云：在縣南五十里。嘉陵江自魚關始通舟楫，唐置魚關驛，爲蜀口要道。

【新闢白水路記】在略陽縣白水峽。路因白水江名，記爲宋雷簡夫撰，鐫山崖石壁。記云：至和（仁宗）二年冬，利州路轉運使主客郎中李虞卿，以蜀道青泥嶺舊路高峻，請開白水路，自鳳州河池驛至長舉驛五十里有半，以便公私之行。嘉祐（仁宗）二年記。畢氏《關中金石記》作"雷簡安"，稱"摩崖高一丈七寸，廣七尺二寸，二十六行，行三十七字，正書篆額"。

【郙閣頌】原刻在略陽縣西北二十五里臨江崖，俗名白崖。兩崖屹立，嘉陵江流經其左。漢建寧（靈帝）三年，太守李翕以水溢路阻，鑿石架木，爲郙閣棧道，以濟行旅，鐫碑以記厥功。今閣廢，碑字爲舟子繂繂所毀，多不可識。《頌》云：惟斯析里，處漢之右。谿源漂疾，横柱乎（《清統志》作于）道。涉秋霖漉，盆溢滔涌（《清統志》作深溝）。濤波滂沛，激揚絶道。漢水逆壤（《清統志》作瀼），稽滯商旅。路當二州，經用衿（借作佇）沮。沮縣（今略陽）士民，或給州府。休謁往還，恒失日晷。行理（通李）咨嗟，郡縣所苦。斯

谿既然，郙閣尤甚。緣崖鑿石，處隱定柱。臨深長淵，三百餘丈。接木相連，號曰萬柱。過者慄慄，載乘而下。常車迎布，歲數千兩。遭遇隤納，人物俱隋（通隋）。沈復洪淵，酷烈爲禍。自古迄今，莫不創楚。於是，太守漢陽阿陽（今静寧）李君諱翕，字伯都，以建寧三年二月辛巳到官，思惟惠利，有以綏濟。聞此爲難，其日久矣。嘉念高帝之開石門，元功不朽，乃俾（《清（一）統志》作“命”）衡官椽下辨（今略陽）仇審，改解危殆。即便求隱，析里大橋，於今乃造。校致攻堅，結構工巧。雖昔魯斑，亦其儗象。又醳（古釋字）散關（古關字）之嶃漯，徙高陽之平㷞。減西□之高閣，就安寧之石道。禹導江河，以靖四海。經記厥續（通績），艾康萬里。臣□□□勒石示後，乃作頌曰：上帝綏□，降此惠君。克明俊德，允武允文。躬儉尚約，化流若神。愛氓如子，遐邇平均。精通皓穹，三納苻銀。所歷垂勳，香風有隣。仍致瑞應，豐稔年登。屬□以樂，行人夷欣。慕君靡已，乃詠新詩曰：析里□□，川兑之間。高山崔嵬兮，水流蕩蕩。地既塉埆兮，與寇爲隣。西隴鼎峙兮，東□析分。或失緒業兮，至於困貧。危危累卵兮，聖朝閔憐兮。□析巇兮，乃命是君。扶危救傾兮，全育孑遺。劬勞日稷（《釋文》云昃）兮，惟惠勤勤。拯溺亨屯兮，瘡痍始起。閭閻充贏兮，百姓歡欣。僉曰太平兮，文翁復存。《略陽志》云：碑修五尺一寸，廣三尺五寸，文十二行，頌三行，詩四行，行二十七字，文第六行，第十二行，行十一字，頌第三行，行十八字，共四百七十二字。左下角缺四十字，右上角缺五十三字，中缺四字，清顯者二百四十餘字。王氏《金石萃編》云：《李翕析里橋郙閣頌》，摩崖高七尺六寸，廣五尺五寸，二十行，行二十七字，隸書。趙氏《石墨鐫華》云：此碑相傳蔡邕書，碑中太守諱翕，今板本《集古録》，皆作“李會”，或傳寫之誤。鄭樵《略》曰李翕，與碑合。朱氏《雍州金石記》云：郙閣舊在棧道中，頌摩崖石，在橋旁，今棧已徙他處。又云：《集古録》作“太守阿陽李君”，今碑稱“太守漢陽阿陽李君”。當是《集古録》脱“漢陽”二字耳。宋理宗時，太守田克仁復重刻於靈崖寺石壁，修廣行數，概依舊式。

【靈崖寺】一名藥水巖，在略陽縣南七里，嘉陵江左岸，唐玄宗

開元時建。《元一統志》云："靈巖兩洞之間，有一泉西流入嘉陵江，上山約五里，又有一洞，謂之石乳洞。"《方輿勝覽》云："南有二石洞，洞門有泉，能療疾。"寺内有司馬温公忠清粹德碑額、靈崖敍別記、田克仁摹刻《郙閣頌》三石。

【司馬温公忠清粹德碑額】在略陽縣南靈崖寺。碑連額高四尺八寸，廣二尺八寸。額題"哲宗皇帝御書"六字，分書，字徑三寸，中六字，篆書，小字三行，中印御書之寶。畢氏《關中金石記》云：忠清粹德之碑額，係元祐戊辰，哲宗於崇慶殿篆書，蓋司馬光神道碑也，詳見《宋史·本傳》，李悉摹刻於沔州公廨耳。篆法精整，宋時所少見者。

【靈崖敍別記】在略陽縣南靈崖寺。係克金兵紀功碑，李耆壽撰，並真書。記云：嘉定（寧宗）丁丑十二月二十有三日，金兵入寇關表。明年正月，四川制置使寶謨閣學士臨川董公居誼，進益昌（今昭化）督師，利州路安撫使節制軍馬，直徽猷閣古汴楊公九鼎，進屯河北。以三月十七日斬其元帥一，統軍七，俘獲甚衆。十日後，金以忿兵，自天水犯西河，董公進沔陽，不戰而退，尋犯大散關。舊山民州，皆以敗去，由是關表安堵如故。楊公還駐沔陽，董公復駐益昌，以六月十有四日，敍別於靈巖寺。

【陽平關】在寧强縣西北九十里。《清一統志》云：在寧羌州西北一百里。《元和志》云：在金牛縣西三十八里。關城東西徑二里，南倚雞公山，北傍嘉陵江。蜀漢景耀六年，姜維聞鍾會治兵關中，表後主，並遣張翼、廖化督諸軍，分護陽安、關口、陰平、橋頭，以防未然。關口，即陽平關，北魏爲關城，古陽平關，即白馬城，在今沔縣西。

【九井灘】一名空舲灘，在廣元縣北籌筆驛下。《清一統志》云：在廣元縣北一百八十里，舊有巨石，爲行舟患。宋元祐五年，轉運使陳鵬悉鑿平之。其記云：九井灘有大石三，其名魚梁、龜堆、芒鞋嘴，危險參差，相望於波間。操舟之人，力不勝舟，輒爲石所觸，故底於敗。誠令絶江爲長堤，度其南，别爲河道，以分河水勢，則此流水益減，而石出矣。以火鍊醯沃，金鎚隨擊之，宜可去，如其言治

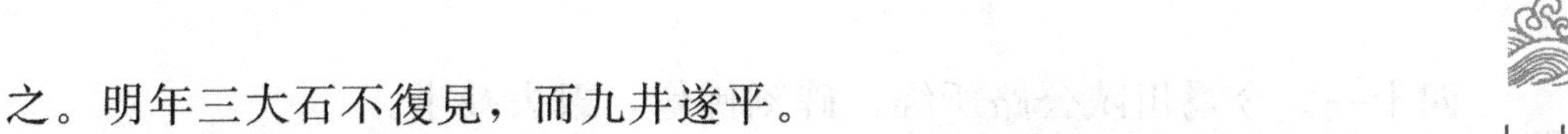

之。明年三大石不復見，而九井遂平。

【明月峽】一名朝天峽，在廣元縣朝天嶺下。《清一統志》云：在廣元縣北八十里，江流所〔經〕[1]。

【飛仙閣】在廣元縣北飛仙嶺上。三面環江，峭壁千仞。《清一統志》云：飛仙閣在廣元縣北四十里。下臨碧潭，懸棧而行，若飛仙然。《明皇雜録》云：唐玄宗在御苑射白鶴，一帶箭去。斯時徐道士住此觀，持箭一枝，插於殿壁曰："俟箭主至此還之。"後明皇幸蜀過此，見壁間箭，取視之，乃前御苑鶴所帶去者，故名其閣曰"飛仙"。《神異録》云：天寶中，玄宗獵於沙苑，射孤鶴，鶴中箭西南而逝。益州有道觀道士徐佐卿自州來，謂弟子曰："吾爲飛矢所中。"以箭掛於壁，俟箭主到此付之。後禄山之亂，明皇幸蜀，遊於觀，識其箭曰："此吾沙苑中射鶴箭也。"杜甫詩云："土門山行窄，微徑緣秋豪。棧雲闌干峻，梯石結構牢。萬壑欹疏林，積陰帶奔濤。寒日外淡泊，長風中怒號。歇鞍在地底，始覺所歷高。往來雜坐臥，人馬同疲勞。浮生有定分，飢飽豈可逃。歎息謂妻子，我何隨汝曹。"楊慎詩云："飛仙閣上元珠侶，千佛崖前巴字水。夜來取水滌元珠，劍舞幽關鶴鳴壘。我家本是乘虛人，芒鞋初試杖藜春。振衣忽到凌風館，不傍桃花空問津。"《凰縣志》謂閣在仙人關。《寧羌志》謂在寧羌西南三十里，土門道中。《清一統志》又謂在劍州北，劍關半里許。俱誤。

【飛仙觀】《清一統志》云：在廣元縣北二十五里江中，一山如筍，周圍浪湧，中通一線，始達於觀。

【千佛巖】（嘉）〔在〕廣元縣北十里，嘉陵江北岸。《清一統志》云：千佛巖，在江東岸，石崖蜿蜒，其形如門。先是懸崖架木，作棧而行。唐時韋抗鑿石爲佛，遂成通衢。韋抗，杜陵人，開元中刑部尚書。時官益州長史，居職清儉，不治産。及終，無資以葬，玄宗特給槽車。巖側有大雲寺，基址剥落，刻像猶存。《廣元志稿》云：巖有唐碑二十七，五代碑五，宋碑二十六，元碑二十六，明碑八，無年號

---

[1] 經　原缺。據《清一統志》卷二百九十七補。

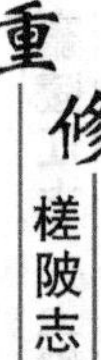

四十一。今爲川陝公路所經，碑刻佛像，毁去幾半。

【石櫃閣】在廣元縣北千佛巖南。《清一統志》云：在廣元縣北二十五里。石壁峭拔，立閣如櫃，故名。宋真宗大中祥符九年，嘉陵江漲，漂棧閣萬二千八百間。杜甫詩云："季冬日已長，山晚半天赤。蜀道多早花，江間饒奇石。石櫃曾波上，臨虛蕩高壁。清暉回群鷗，暝色帶遠客。羈棲負幽意，感歎向絶跡。信甘孱懦嬰，不獨凍餒迫。優游謝康樂，放浪陶彭澤。吾衰未自安，謝爾性所適。"

【皇澤寺】在廣元縣城西烏奴山巖下。《清一統志》云：在廣元縣西，嘉陵江岸。《輿地紀勝》云：在州西告成門外。寺刻武后石像，狀比邱尼。《九域志》云：利州皇澤寺，有唐武后真容殿，武士彠爲利州都督，生后於此。《新唐書》云：武后之幼，袁天綱見其母曰："夫人法當生貴子。"乃見二子〔元〕[1]慶、元爽。曰："官三品，保家主也。"見韓國夫人，曰："此爲貴而不利夫。"后最幼，姆抱以見，紿以男，天綱視其步與目，驚曰："龍瞳鳳頸，極貴驗也，若爲女，當作天子。"

【桔柏渡】在昭化縣城東。《清一統舊志》云：在縣東北三里，即嘉陵、白水二江合流處。《方輿勝覽》云：度在昭化縣。今昭化驛有古柏，士人呼爲桔柏。《唐書》云：玄宗天寶十五年幸蜀，次益昌縣（今昭化），渡桔柏江，雙魚夾舟而躍，從臣以爲龍。又云：廣明二年僖宗幸蜀，張惡子神見於利州桔柏津。《搜神記》云：僖宗封張亞子爲濟順王，親幸其廟，解劍贈神。張亞子，即張惡子。明崇禎十年，流寇張獻忠命部將張虎徇廣昭之地，取男婦千餘人，殺於桔柏渡，每風雨夜，輒聞鬼哭。杜甫《桔柏渡》詩云："青冥寒江渡，駕竹爲長橋。竿湿煙漠漠，江永風蕭蕭。連笮動嫋娜，征衣颯飄颻。急流鴇鷁散，絶岸黿鼉驕。西轅自兹異，東逝不可要。高通荆門路，闊會滄海潮。孤光隱顧眄，遊子悵寂寥。無以洗心胸，前登但山椒。"

【渡口關】在昭化縣城東。《清一統志》云：在桔柏渡北。入川關隘，皆依山爲險，惟此關恃嘉陵江。《昭化志》稱：葭萌關，在昭

---

[1] 元　原缺。據《新唐書》（中華書局，1975年版）卷二百四《方技》補。

化縣東桔柏津戰勝壩。疑即渡口關。

【小錦屏山】一名少屏山，在蒼溪縣城南，嘉陵江岸。《清一統志》云：在縣南一里。臨江高峙，與閬中錦屏山相似。

【放船亭】在蒼溪縣西南，臨江渡右。《清一統志》云：在縣東，臨嘉陵江。杜甫自梓至閬，寓蒼溪，作《放船》詩，故名。詩云："送客蒼溪縣，山寒雨不開。直騎愁馬滑，故作泛舟迴。青惜峰巒過，黄知橘柚來。江流大自在，坐穩興悠哉。"

【慈雲閣】在蒼溪縣西南，臨江渡。石閣巍然，左有大觀亭。

【華光樓】爲古鎮江樓，在閬中縣城東南江岸。建築壯麗，爲諸樓冠。

【錦屏山】即閬山，在閬中縣南，嘉陵江南岸。《輿地紀勝》云：又名寶案山，在縣南三里。《清一統志》作"閬中山，在閬中縣南"。《清一統舊志》云：在江南岸，兩峰連亘，壁立如屏。《寰宇記》云：其山四合於郡，故曰閬中。瀕江石壁斗絶，諸峰環繞，秀絶寰區，杜甫《閬山歌》云："閬州城東靈山白，閬州城北玉臺碧。松浮欲盡不盡雲，江動將崩未崩石。那知根無鬼神會，已覺氣與嵩華敵。中原格鬬且未歸，應結茅齋看青壁。"陸游《錦屏山謁少陵祠》詩云："城中飛閣連危亭，處處軒窗對錦屏。涉江親到錦屏上，卻望城郭如丹青。虚堂奉祠子杜子，眉宇高寒照江水。古來磨滅知幾人，此老至今元不死。山川寂寞客子迷，草木摇落壯士悲。文章垂世自一事，忠義懔懔令人思。夜歸沙頭雨如注，北風吹船横半渡。亦知此老憤未平，萬竅争號泄悲怒。"舊有祠，祀杜甫、陸游，今圮。

【龍爪灘】《清一統志》云：在閬中縣南，嘉陵江中。《輿地紀勝》云：雍熙中，閬中光聖院山下，江中有龍爪灘出焉，未幾陳氏二元繼出。元豐中，大像山東北，江中又有灘生，里人亦以龍爪名之。元祐六年，馬涓果擢第一。陳氏二元，爲陳堯叟昆季。

【離堆山】在南部縣東南八十里，新政壩對岸。《明一統志》云：在縣東五十里。《清一統志》云：在縣東南。《輿地紀勝》云：離堆巖，在新政縣東，鑿腹爲巖。唐鮮于仲通與弟叔明潛修於此。《通志略》云：《鮮于氏離堆記》，在閬州，顔真卿書。《記》云：閬州之東

百餘里，有縣曰新政，〔新政〕❶之南數（十）〔千〕❷步，有山曰離堆。斗入嘉陵江，直上數百尺，形勝縮矗，欹壁峻肅，上峥嶸而下迴洑，不與衆山相連屬，是之謂離堆。東面有石堂焉，即故京兆尹鮮于君之所開鑿也。堂有室，廣輪袤丈，蕭（洞豁）〔豁洞〕❸敞。虚聞江聲，徹見人群。象人村川壖，若指諸掌。堂北盤石之上，有九曲流杯池焉，懸源螭猶蹙噴鶴味，釃渠股引，迴坐環溜，若有良朋以傾醇酎。堂南有茅齋焉，遊於斯，息於斯，聚賓友於斯，虚而來者實而歸。其齋壁間有詩焉，皆君舅著作郎嚴從君、甥殿中侍御史嚴侁之等美君考槃之所作也。其右有小石廬焉，亦可蔭而踆據焉。其松竹桂柏冬青雜樹，皆徙他山而栽蒔焉。其上方有男宫觀焉，署之曰景福。君弟京兆尹叔明，至德一年十月，嘗在尚書司勳員外郎之所奉置也。君諱向，字仲通，以字行，漁陽人，卓爾堅忮，毅然抗直。《易》有之曰“篤實輝光”，《書》不云乎“沈潛剛克”。〔君〕❹自高曾以降，世以（雄才）〔才雄〕❺招徠賢豪，施舍不倦，至君繼緒，其流益光。弱冠以任俠自喜，尚未知名，乃慷慨發憤，於焉卜築，養蒙學文，忘寢與食，不四載，屐也大成。著作奇之，勗以賓薦。無何，以進士高第，驟登臺省。天寶九載，以益州大都督府長史，兼御史中丞，持節劍南節度副大使，知節度事，劍南山南西道採方處置使，入爲司農少卿，遂作京兆尹。以忤楊國忠，貶邵陽郡司馬。十二年秋八月除漢陽郡太守。冬十有一月，終於任所官舍。悲夫！雄圖未展，志業已空。葬於縣北，表祔先塋，禮也。君之薨也，冢子光禄寺丞昱，匍匐迎喪，星夜泣血，自沔泝峽，湍險萬重，肩槁足蹋，攀笞引舳，凡今幾年，皸瘃在目，因心則至，豈無僮僕，臯昱之季，曰尚書都官員外郎炅，克篤前烈，永言孝思，懇承先志，及葬於茲，行道之人孰不跛。而真卿猶子曰紘，從父兄故偃師丞春卿之子也，嘗尉閬中。君故舊不遺，與之有忘年之契。叔明、昱、炅，亦篤世親之歡，真卿因之，又忝憲司之僚，亟與濟南蹇昂，奉以周旋，益著通家之好。君兄允南，以司〔膳司〕❻封二郎中。弟允臧，以〔三〕❼院御史。偕與叔明首末聯事，

---

❶❷❸❹❺❻❼ 均據《四部叢刊》版《顔魯公文集》卷一三改。

我是用餉君之故。乾元改號上元之歲，秋八月，哉生魄，猥自刑部侍郎，以言事忤旨。聖恩今宥，貶貳於蓬州（今蓬安）。沿嘉陵而路出新政，適會（某）〔昱〕[1] 以〔成都〕[2]兵曹取急歸覲，遭我乎貴州之〔朝〕[3]，留游締歡，信宿陘峴，感懷今昔，遂援翰而誌之。叔明時刺商州，炅又申掾京兆，不同躋陟，有恨何如。記列山巖石壁，字徑三寸。歲久剥落，不堪摹搨，今可識者，僅數十字。巖有碑亭，已圮。碑目考云：碑在廢新政縣離堆山下，歐陽《集古録》云："碑以寶慶（肅宗）元年立於閬州。"又云：碑傍有佛、老子、孔子像及二小記，大曆（代宗）中建。

【顔魯公祠】《清一統志》云：在南部縣離堆山。宋元符三年縣令馬强叔慕公忠節，作祠堂於山側，唐庚爲之記。記云：唐上元（肅宗）中顔魯公爲蓬州長史，過新政，作《離堆記》四百餘言，書而刻之石壁上，字徑三寸。雖崩壞剥裂之餘，而典型具在，使人見之懔然也。元符（哲宗）三年，余友馬强叔來尹是邑，始爲公作祠堂於其側，而求文以爲記。庚，字子西，眉州人，徽宗崇寧間知閬州。强叔，名存，字幼安，碑已剥蝕，强叔之上，遺一馬字，没其姓氏，或誤爲强叔自作。

【石門】在蓬安縣，《元一統志》云：蓬州東，江岸上，有石門石背。横截江心，長約百丈。今失。

【龍門峽】在南充縣龍門山，與西岸馮家寺龐家寨山絡銜接，砉然中斷，屹立如門。闊六七丈，石壁高十餘丈。嘉陵江經其中，風景清絶。楊慎詩云："江干新雨晴，江纜新流上。舡頭轉雲峰，舡尾叠花浪。"云云。

【龍門寺】原名安福寺，在南充縣龍門鎮，宋代舊刹。楊慎《戊寅九日龍門登高》詩云："江山盤踞千年地，風雨崔嵬八尺臺。摇落霜林秋籟發，參差雲蝶曉光開。四秋多阻張衡望，九辨堪興宋玉哀。望遠登高聊自遣，芳萸野菊漫相催。"

【青居山】一名黛玉山，在南充縣東三十里。《清一統志》作"清居山"，在南充縣南三十五里。《輿地紀勝》云：在南充縣南四十

---

[1][2][3] 均據《四部叢刊》版《顔魯公文集》卷一三改。

里，上有三峰，下瞰四水。巍然傑峙。宋淳祐中余玠嘗移順慶府治於此，余玠事詳下篇合川章。

【青居寺】即慈雲寺，在南充縣青居山，唐開元八年建。

【青居關】在南充縣青居山，嘉陵江濱。江水由前津至後津，凡三十餘里。兩關相距，不過百丈。

【江樓】一名會江樓，在合川縣城。《清一統志》云：在合州治前。《輿地紀勝》云：下臨漢水。范成大詩云："井陘東山縣，山河古合州。木根拏斷岸，急雨洗江流。關下嘉陵水，沙頭杜老舟。江花應有在，無計會江樓。"

【照鏡石】在合川縣南龍洞沱。江中有負石，大小相負，如鏡在臺。《輿地紀勝》云：有石屹立水心，正圓如月，其下嶄巖如雲氣，俗謂石鏡。有字云："大唐大曆十年三月三日，此石出時，兵甲息、黎庶歸、六氣調、五穀熟。"

【瀝鼻峽】原名謝女峽，一名牛鼻峽，在合川縣東嘉陵江濱。長約五里許，水流湍急，峽中有石洞似鼻，故名。

【钁梁灘】在合川縣東瀝鼻峽口。江面闊六十餘丈，巨石橫亘江中，清知州張兑和、强望泰、張熙穀等，鑿平之。

【温湯峽】原名東陽峽，一名温泉峽，在北碚澄江鎮。距瀝鼻峽五十里，兩巖山巒，幽深秀削，古松虬蟠。

【温泉寺】原名崇勝院，在北碚寶峰山温湯峽。泉清澌，無磺氣，流繞方丈。至大雄殿前，匯爲大池。復轉迴廊，至山門而出。《輿地紀勝》云：上有温泉，自懸崖下湧出，騰沸如湯。宋元豐時建，周敦頤詩云：公程無暇日，暫得宿清幽。始覺空門客，不生浮世愁。温泉喧古洞，晚磬度危樓。徹宵都忘寐，心疑在沃州。寺側山麓有石佛十四尊，刻工栩栩如生。

【温泉瀑布】在北碚温泉公園内，乳花洞側，泉水四濺。

【觀音峽】在北碚東南，距温湯峽十五里。兩巖石壁數仞，左有龍洞，高二丈許，深不可測。洞中泉水潺潺，三道分流，濺玉飛雪，直注江湍。三峽之中，此爲最險，蜀漢時鑿有扁路。

【觀音閣】在北碚觀音峽旁。憑欄俯視，風檣雲帆，過眼迷離。

【佛圖關】今名復興關，在重慶市西。《清一統志》云：在巴縣西十里，即李嚴欲鑿通汶、涪二江處，爲重慶要津。上有佛像，故名。重慶三面抱江，陸路惟佛圖關一線，岷江自西南來，嘉陵江自西北來，俱趨關下。登山脊而左右之，宛如束帶，誠爲咽喉也。壁間青石，雖亢旱經月，侵晨視之，猶津津涵潤。

【巖陰石】俗名沙帽石，在重慶市西牛角沱沙漬中。巨石斜竦，明天啓中，奢崇明陷重慶，合州董盡倫帥鄉兵殉節，石上刻“董公死難處”五字。《合川志》稱董盡倫先世爲皖合肥人。

【豐年碑石刻】一名雍熙碑，亦名靈石，在重慶市朝天門嘉陵江水底石盤上。碑形天成，漢晋以來，皆有題刻。水涸極，始可得見。其宋刻分書云：“昭德晁公武休沐日，率單父張存誠、璧山馮時行、通泉李尚書、普慈馮樽，同觀晋唐金石刻，唯唐張孟所稱，光武時題識，不可復見矣，惜哉。”晁公武事詳下編合川章。

第六章　文藝

【柳宗元《江運記》】唐憲宗元和時，興州（今略陽）刺史嚴礪，疏嘉陵江二百里，以通漕運。宗元作《江運記》，《記》云：御史大夫嚴公，牧於梁五年。嗣天子用周漢進律增秩之典，以親諸侯。謂公有功德理行，就加禮部尚書。於是西鄙之人，密以刊山導江之事，願刻崖石，曰：維梁之西，其蔽曰某山，其守曰興州。興州之西爲寇居，歲備亭障，實以精卒。以道之險隘，兵困於食，守用不固，公患之，曰：吾嘗爲興州，凡其土人之故，吾能知之。自長舉（今略陽）北至於青泥山，又西抵於成州（今成縣），過栗亭川，踰寶井堡，崖谷峻隘，十里百折。負重而上，若蹈利刃。盛秋水潦，窮冬雨雪。深泥積水，相輔爲害。顛踣騰藉，血流棧道。糗糧芻藁，填谷委山。牛馬群畜，相藉物故。運夫畢力，守卒延頸。嗷嗷之聲，其可哀也。若是綿三百里而餘，自長舉而西，可以導江而下，二百里而至，昔之人莫得知也。吾受命於君，而育斯人。其可已乎。乃出軍府之幣，以備器用，即山僦工。由是轉巨石，仆大木，焚以炎火，沃以食醯，摧其堅

剛，化爲灰燼。畚鍤之下，易甚朽攘，乃闢乃墾，乃宣乃理。隨山之曲直，以休人力，順地之高下，以殺湍悍。厥功既成，咸如其素。於是決去壅土，疏導江濤，萬夫呼忭，莫不如志。雷騰雲奔，百里一瞬，既會既遠，談爲安流。烝徒謳歌，枕臥而至，戍人無虞，專力待寇。惟我公之功，疇可侔也。

【楊三辰《江河紀略》】三辰，清徽州（今徽縣）知州，歷任隴右道，兼攝學政。治徽時，親歷嘉陵江上游，而作是紀。文云：余躬歷河干，督船户商販，獎勤儆惰，以考其成。起天門山（今屬兩當）下，乃嘉陵江源。絶壁北向，有石門如城門狀，即俗稱鐵門後川云。山之陽，有黑水縣舊跡。四圍多大木，船料於此取辦焉。稍下，爲瓦窰溝，轉西爲屯田坪。山麓間土田，平衍可耕，有宋二吴將軍（吴玠、吴璘）屯田舊跡。下爲五隻窰，闢峽險隘。又下爲睡佛寺，梵刹莊麗。摺轉再四，始爲丁家堡，有居民數十家，往來祭江登舟處也。向北爲嚴洞灘，灘側山腰一洞，迺嚴姓修以避難者。溯流前進，爲合河口，河從北來，驟與江會，兩水合鬬，波濤洶湧。北河上流，徽東之永寧河也，發源於秦。一自新店窰，經百納峽，入永寧，是爲中股。一自娘娘壩，經蘭柴廟，歸入永寧，是爲左股。一自王家樓，透出墨山，經高橋下河，注於永寧，是爲右股。三水總匯永寧，浸成大河，迺克載空舟。下至合河口，益以嘉陵江水，厥勢雖大，暗石綦多，僅可載半重舟。稍前，河西有水，老官廟舊跡，因名老官灘。南爲渡口，水深而穩，南崖之陰，多空隙，可壘窠，鵲鳥密集，是爲老鵲窩。對河北岸，爲雷神壩。淵澄水安，靠西南，下交田家河口。一源發徽城東長峪溝，由東關偏斜射直西，與北來水合流一處，是謂左河襟。一發源頁水河，併涷青峽口銀杏鋪，射直西，與東峪水會，是謂右河襟。迨過石家峽，樓子崖，達於田家河，其間流疾多石，至此地平水寬，皆細沙矣。沙黄流濁，爲黄沙灘。行二里許，亂石半埋半露，中央僅一窄溜，澎湃湍激，舟子一步不敢放鬆。至此重載盡卸，人皆岸行，謂之搬灘。其船又一行法，必轉頭向上，用纜扯綴，擦崖徐放，直至對河緩水，從頭再裝前進。沿江西岸，名倉頭坪者，坪在山巔，地坦而廣，宋吴將軍曾因坪建倉。對峙於南者，爲雀嘴崖，山

峰孤削，形同雀嘴，蜿蜒綿亘，爲巾子山。迺州城之縣山也，形類巾子，群山仰承，如百體之載元首。山陰有廢縣，名長舉者，遺址尚存。山巔古跡元帝廟，明禮部尚書胡濙奉使訪張三丰，曾登其上，留有題咏。又名鐵山，詳載州志。東爲姚家灣，水頗平，岸多腴地，(上)〔土〕著多姚姓，因以名灣。連村有小河，住有顯姓人，因名顯家河。而金竹林灣，許家壩，又皆就中錯處之灘埸也。洊至剪子渠水，兩岔合來，緊窄多漩灘，惡石當門，復有巨石蹲踞似虎，少疏，則船不保。下此爲猴子灘，亂石棊布，狀類群猴，舵師略不如意，舟每閣架致漏。近前名響灘子，水淺多石，激撞之聲，彷彿雷吼。又有雙龍崖，傳昔雙龍鬭於上，土人就石壁刊龍以祀。至此俱舍船，從石棚扁磴，扳援牽扭而過。出澗，水平登舟。進爲蒸餅崖，其形孤圓矗聳，狀似蒸籠，其石層層如餅。下爲四方灘，各出細流，有四歸此，故名。西南爲大虞關，明初設駐巡檢衙舍廨宇猶存。挨關周圍，腴田宜棉，計百畝餘。昔爲巡檢贍地，因官缺居民多侵焉。轉角多山，緊束無路，爲下關門。西岸有山，折旋而上，爲羅漢洞，門邊有石，高可數丈，若從洞内掣出者，三寶莊嚴，兩排六尊，石像古甚，左右石壁，羅漢小像千計，内貯藏經全板，今櫃雖存，板僅十存五六耳。關門迤下，驚濤微殺，其灘爲泥窩子，多泥少石，舟行坦易。下達鷹嘴窑，窑上山形，灣曲下鉤，狀如鷹嘴。過此爲鐵爐灘，近灘山産鐵砂，距數里。爲仙人關峽，宋將吴玠、吴璘破敵處也。東巖石壁高闊，排仙人三面，非塑非鑿，眉目鬚鬢，疏秀可數，有天然飄動之致。江流迅湍，舟之難行，更無踰於此者。前爲墨磊，石在江心，其色黑如墨，疑堆疑砌，遇有積雨衝突，石輒變更無定。諳水性者，因勢巧避，方保無虞，若拘故道，每爲所懼。進爲鵓鴿崖，崖高無際，野鴿依棲，灘水較前易行。傍江石岸有斷碑，知爲長舉縣故縣舊基。相連爲撥馬灘，昔長舉撥差馬於此地焉。出口，山勢稍展，西南半坡，有洞、有泉、有塑像，相傳爲藥水龍王經文，列其别號。有疾者，禱取其水，飲之即愈。又祈雨取水多應云。靠南山溯洄北向，爲大沙壩。流水積沙，進前則汪洋浩瀚，白水江也。經英佑侯廟前，北會小河口，合流西下。英佑侯，即老官神也。江流漸平，亦漸深，糧

船重載，始得大行焉。西經馬蹄灣，下歷罝口，直灌略陽城右。罝口上流，來自西流者，源出嶓冢山。經長道川，合岷水由六港至小川子，達罝口。來自階州者，派始白龍江。歷陽崖，合犀牛江，直交罝口，總注略陽。又前白水江所稱小河口者，源發徽境西北。一自老白山，經立斗峪、包家峽、伏家鎮，即在河池縣（今徽縣）有碑記，唐杜甫寓有祠在焉。河泝上下栗亭川，東南山脚，注歸徽南之打火店。一自麋渚關經江洛鎮、鄭家峽、泥陽川、透横川鎮折過山寨坡下，併北來河總匯，而入打火店。兩水既合，流亦甚巨。灘險者，舟不可行。

【白居易《嘉陵夜有懷》詩】露溼牆花春意深，西廊月上半牀陰。憐君獨卧無言語，惟我知君此夜心。不明不暗朦朧月，非暖非寒慢慢風。獨卧空牀好天氣，平明閒事到心中。

【劉滄《春日遊嘉陵江》詩】獨泛扁舟映緑楊，嘉陵江水色蒼蒼。行看芳草故鄉遠，坐對落花春日長。曲岸迴檣移渡影，暮天栖鳥入山光。今來誰識春歸意，把酒閑吟思洛陽。

【韋應物《夜聽嘉陵江水寄深上人》詩】鑿崖泄奔湍，稱古神禹迹。夜喧山門店，獨宿不安席。水性自云静，石中本無聲。如何兩相激，雷轉空山驚。貽之道門舊，了此物我情。

【薛逢《嘉陵江》詩】借問嘉陵江水湄，百川東去爾西之。但教清淺源流在，一路朝宗會有期。

【楊慎《出嘉陵江》詩】嘉陵駛且長，千里如投梭。洋洋者緑水，觸石揚白波。逶迤似有情，相送出褒斜。雲氣接江腦，日色破浪花。冥冥下無極，疑是神龍家。垂藤飲猿狖，淵淪棲陽阿。中有南行舟，遥遥通三巴。惜哉不可往，巨石劇狼牙。我欲鑱安流，手中無莫邪。長歌行路難，日暮猶天涯。

【吴道子《嘉陵江山水圖》】唐天寶中，道子奉敕馳驛繪寫嘉陵山水，寓南部縣羅積寺。《明皇雜録》云：天寶中，明皇思蜀道嘉陵江山水，假吴道子驛傳，令往寫貌。及回，帝問狀，奏曰："臣無粉本，並記在心。"即令於大同殿圖之，嘉陵江三百餘里，一日而就。時李將軍山水擅名，亦畫大同殿，累月方就。帝曰："李思訓數月之功，吴道玄一日之力，各極其妙。"

漢州水源册

〔清〕陳銛 編

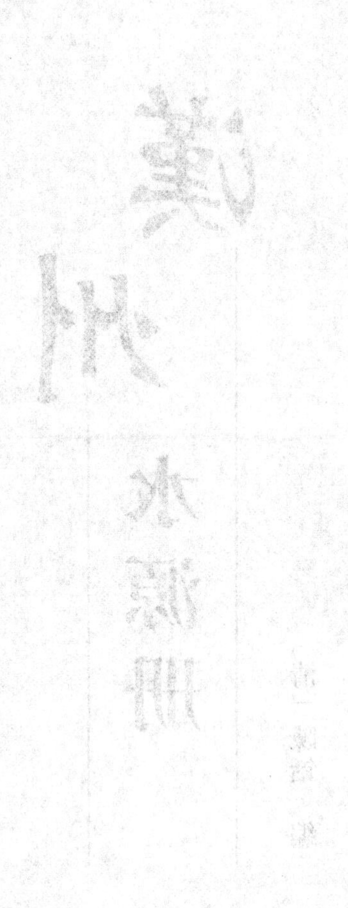

整理説明

《漢州水源册》，作者陳銛，浙江嘉興府海鹽縣人。據《清代官員履歷檔案全編》記載，雍正七年（1729 年），陳銛以舉人身份任職，時年三十四歲。依此推算，他應生於康熙三十四年（1695 年），卒年時間無資料稽考。

雍正十年（1732 年），陳銛任職成都府漢州新都知縣，“爲諮查水利以重農務事”，編纂《漢州水源册》。以往志乘之書水利一門的體例，是以河爲綱，以堰爲紀，依次厘清河源。而《漢州水源册》以州屬六村爲綱、以堰爲紀，詳細記載了村堰位置、河渠原委、流程長度、泄水去路、灌溉田畝等。該書雖叙水源較略，但記水利堰體周詳，實爲漢州農田水利一地之大觀。

《漢州水源册》歷史上有三個版本。一是雍正十年（1732 年）本，應爲抄本，一共兩份，“一存州案，一申上憲衙門以備考核”。二是道光四年（1824 年）本，漢州知州方氏因存於州案的《漢州水源册》散佚，爲解決“州堰訟事糾紛”，於“上憲衙門”録抄此册。三是道光六年（1826 年）本，漢州知州萬承蔭取閲《漢州水源册》抄本，“喜其於水利井井有條，故刊刷以散布”，版藏漢州官署。

上述前兩個版本今已不存，本次整理以道光六年（1826 年）本爲底本，進行了標點、分段、擬目等整理工作。

目　　録[1]

❶ 原書無目録，此目録及部分標題爲整理者據文義補。

叙

漢州地勢平衍，民間札河爲堰，溝洫縱横。志乘水利門所載，其例以河爲綱，以堰爲紀，遵照舊志叙明河源而已。近於案牘中檢得《漢州水源》一册，其例以村爲綱，以堰爲紀，叙明札堰所在及來水、去水並水旱田地若干畝。周詳明晰，無遺無錯，用心可謂勤矣。係雍正十年前署州陳令所造，一存州案，一申上憲衙門以備考核。

顧自雍正十年至道光六年，相距九十餘載，州案散佚，以故上年修志無從查考。道光四年，前任方牧以州堰訟事糾紛請於上憲衙門録存此册。余取而閱之，喜其於水利井井有條也，故刊刷以散布焉。至於歴年久遠，河道之變遷、堰溝之增改、田地之墾闢，今昔不無稍殊。然河源大勢燎然劃然，後之覽是册者，溯源竟流，因同求異，參考鈎稽，折衷以歸於一，是可杜混争之弊，是漢州水利之一助也。

署漢州知州武進萬承蔭叙

時道光六年六月朔日

〔鐘村八甲分堰水源流田地〕

署成都府漢州新都縣知縣爲諮查水利以重農務事。卑職遵將州屬六村牌甲各堰原派造具清册，申賫查核須至册者，計開鍾村八甲分堰水源流田地細数：綿洋河，源從綿竹縣綿洋口，由德陽縣灌漢州鍾村八甲之田，堰名三座，下至賴波灘會合石亭江。

一、上柳稍堰，至州四十里。在德陽縣界内，地名大柏林扎堰。流長十里，漱水消入下柳稍堰溝。前堰灌鍾村八甲田四百五十二畝，計糧名七户。

一、草木堰，至州三十八里。在德陽縣界内，地名侯家營修扎。流長三里灌田，餘水消入下柳稍堰溝。前堰灌田二百肆十畝，計糧名三户。

一、古中柳稍堰，至州三十柒里。在德陽縣界内，地名捌角井修扎。流長五里灌田，漱水消入新中柳稍堰溝。前堰灌田伍百捌十畝，計糧名柒户。

以上綿洋河扎堰三座，灌鍾村捌甲田共一千二百柒十二畝。堰水足用。外附鍾村八甲旱地共二千六十畝，俱係沙石之地，無可引水作田。

石亭江，源從什邡縣高景関，下至綿竹縣，地名柳林垻，會合射水河，由德陽縣至漢州鍾村，灌田之堰八座。開后：

一、加池堰，至州三十里。在德陽縣界内，地名毛家垻修扎。流長三十里，灌州鍾村田，餘水漱入范堰溝。前堰灌田一千六百六十畝，計糧名二户。

一、范堰，至州三十里。在德陽縣毛草垻界内，下半里修扎。流長二十五里，至州地灌田，餘水漱入龍馬堰溝。前堰灌田一千五百三十畝，計糧名二十四户。

一、野羊堰，至州二十七里。在鍾村八甲，地名梁居寺修扎。流長三里灌田，餘水溉入龍馬堰溝。前堰灌田七百六十五畝，計糧名二十户。

以上三堰共計所滄田八甲田三千玖百五十五畝。外地共伍千一百八十六畝，俱係高地，無可引水作田。

一、下萬工堰，至州三十三里。在王村二甲，地名伍塘修扎。流長十伍里灌田，餘水溉入西水堰溝。前堰灌田一萬二千七百畝，計糧名玖十七户。

以上共計所滄伍甲、七甲田一萬二千七百畝。外地共伍千伍百一十八畝，俱係高坎之地，無可引水作田。

一、徐家堰，至州三十里。在鍾村伍甲，地名錢家營修扎。流長三里灌田，餘水溉入西水堰溝，前堰灌田一千一百畝，計糧名二十四户。以上共計所滄田一甲田一千一百畝。外地共三千零三畝，俱係石沙地，無可引水作田。

一、西水堰，至州貳拾伍里。在鍾村伍甲上陵寺修扎。流長八里灌田，餘水溉入牟村綿花堰溝。前堰灌田二千玖百陸十八畝，計糧名四十六户。

以上共計所滄六甲田二千玖百六十八畝。外地共計七千二百四十六畝，俱係河垻石沙，無可引水作田。

以上石亭江河扎堰八座，灌鍾村一甲、伍甲、六甲、七甲、八甲田共二萬零七百二十三畝，堰水足用。附鍾村一甲、伍甲、六甲、七甲、八甲旱地共二萬一千一百伍十一畝，俱係石沙高坎之地，無可引水作田。

白魚河，源從什邡縣高景関，至漢州鍾村，灌田堰八座，下至地名鳳凰嘴會合石亭江。

一、耳門堰，至州十伍里。在鍾村一甲回龍湾修扎。流長三里灌田，餘水溉入毛扎堰溝。前堰灌田伍百八十畝，計糧名八户。此属六甲。

一、波羅堰，至州十里。在鍾村二甲，地名魚塘湾修扎。流長二

里灌田，餘水溉入乾坤堰溝。前堰灌田二百二十畝，計糧名二户。此屬二甲。

一、毛扎堰，至州二十里。在鍾村二甲，地名陳家湾修扎。流長一里灌田，餘水溉入麥黄堰溝。前堰灌田二千餘畝，計糧名十一户。此屬二甲。

一、松栢堰，至州二十八里。在王村三甲，地名高家營修扎。流長三里灌田，餘水溉入土把堰溝。前堰灌田六百二十二畝，計糧名三户。此屬三甲。

一、麥黄堰，至州十三里。在鍾村二甲，地名白魚舖修扎。流長一里灌田，餘水溉入毛包堰溝。前堰灌田一千零一十畝，計糧名九户。此屬二甲。

一、烏木堰，至州十里。在鍾村二甲，地名蔡家庄修扎。流長三里灌田，餘水溉入波羅堰溝。前堰灌田一千一百二十畝，計糧名八户。此屬二甲。

一、毛包堰，至州十伍里。在鍾村二甲，地名汪家林修扎。流長二里灌田，餘水溉入石亭江河。前堰灌田一千八百伍十畝，計糧名二十户。此屬二甲。

一、王家堰，至州八里。在鍾村二甲，地名四百户修扎。流長伍里灌田，餘水溉入烏木堰溝。前堰灌田四千餘畝，計糧名十七户。此屬二甲。

以上共計所滃二甲田一萬一千四百零二畝。外地共一萬零二百二十畝，俱係石沙之地。無可引水作田。

以上白魚河扎堰八座，灌鍾村二甲、三甲、六甲田共一萬一千四百二十畝，堰水足用。附鍾村二甲、三甲、六甲旱地共一萬零二百二十畝，俱係石沙之地。無可引水作田。

上龍橋河，源自什邡縣高景関，至漢州鍾村，扎堰三座，下至二龍江、地名篦子礄會合鴨子河。

一、梘曹堰，至州三十里。在鍾村四甲，地名鍾家營。流長四里灌田，餘水溉入毛扎堰溝。前堰灌田一千伍百伍十七畝，計糧名十户。

一、凡思堰，至州三十二里。在鍾村三甲，地名雷家營修扎。流長七里灌田，餘水瀓入松栢堰溝。前堰灌田伍百一十六畝，計糧名八户。

一、毛扎堰，至州二十五里。在鍾村三甲，地名雷家觀修扎。流長三里灌田，餘水瀓入黄土堰溝。前堰灌田二千三百九十七畝，計糧名十六户。

以上共計所溉三甲田四千四百七十畝。外地八千零九十一畝，俱係高嶺地。無可引水作田。

以上龍磽河扎堰三座，灌鍾村三甲、四甲田共四千四百七十畝，堰水足用。附鍾村三甲、四甲旱地共八千零九十一畝，俱係高嶺地，無可引水作田。

下龍橋河，源自什邡縣高景関，至漢州鍾村，扎堰八座，下至二龍江，地名篼子橋會合鴨子河。

一、牛皮堰，至州二十里。在鍾村四甲，地名姚家營修扎。流長三里灌田，餘水瀓入龍橋河。前堰灌田二百六十畝，計糧名二户。

一、梁家堰，至州二十里。在鍾村三甲，地名高橋。流長四里灌田，餘水瀓入牟村謝家堰。前堰灌田六百五十五畝，計糧名五户。

一、鍾家堰，至州二十二里。在鍾村四甲，地名鍾家林修扎。流長二里灌田，餘水瀓入自流堰。前堰灌田一千一百一十九畝，計糧名八户。

一、賀家堰，至州二十一里。在什邡縣界内、地名賀家營修扎。流長五里灌田，餘水瀓入張家堰。前堰灌田三百五十畝，計糧名四户。

一、上自流堰，至州二十里。在鍾村四甲，地名下龍磽修扎。流長三里灌田，餘水瀓入楊家堰。前堰灌田三百六十五畝，計糧名三户。

一、下自流堰，至州十九里。在鍾村四甲，地名張家營修扎。流長二里灌田，餘水瀓入下牛皮堰。前堰灌田九百十六畝，計糧名三户。

一、水獸堰，至州二十三里。在鍾村四甲，地名捲楝磽修扎。流長三里灌田，餘水瀓入毛扎堰溝。前堰灌田三百四十二畝，計糧名四户。

一、戴家堰，至州二十里。在鍾村四甲，地名旁家寺修扎。流長六里灌田，餘水瀓入梘曹堰溝。前堰灌田九百九十四畝，計糧名六户。

以上共計所澮四甲共田五千零一畝。外地九千零五十三畝，俱係高坎之所。無可引水作田。

以上共計總堰二十八座，漢州鍾村灌溉水田四萬二千九百二十畝。附鍾村共計旱地五萬零三百七十七畝。以上共計糧名三百九十七户。

〔王村六甲分堰水源流田地〕

計開王村六甲分堰水源流田地細数。

石亭江，源從什邡縣高景関，九十里至王村五甲趙家嘴入漢州界，王村使水堰二座。開后：

一、老灌堰，州城北四十里。坐落什邡縣界，石亭江四塘上扎堰，長流三十里，至漢州王村畵壁山瀿田。水漲，左消入馬义堰，右消入白魚河。前堰灌王村四甲田七百七十五畒。欠水。計糧名十二户。

又灌王村五甲田八百九十九畒，欠水，計糧名九户。附王村四甲旱地三百七十七畒五分，又王村五甲旱地七百五十四畒，俱係高坎之地。無可引水作田。以上共計四五甲二十一户田，一千六百七十四畒。外旱地共一千一百三十一畒五分。

一、竇家堰，州城北四十里。坐落什邡縣界，石亭江四塘下河垻扎堰，長流一十五里，入漢州王村金輪塲瀿水田，漲消入馬义堰。前堰灌王村四甲田三百五十八畒，欠水，計糧名六户。附王村四甲旱地六百零二畒，俱係高阜之地，無可引水作田。

射水河，自綿竹縣射箭台發源，八十里至趙家嘴，交合石亭江，係綿竹縣、什邡縣水源，至漢州三交界地方扎馬义堰。

一、馬义堰，州城北三十七里。坐落石亭江、射水河交合之處，趙家嘴扎堰，係王村五甲。長流一十五里，至土巴堰□[1]水瀿田。水漲，左消入萬工堰，右消入白魚河。前堰灌王村二甲田七百零六畒七分，足用，計糧名八户。又灌王村三甲田三千九百三十六畒，足用，

[1] □ 疑爲“分”。

計四十三户。又灌王村四甲田一千三百一十七畝三分，足用，計糧名一十七户。又灌王村五甲田二千八百四十畝，足用，計糧名一十八户。附王村二甲旱地一百五十五畝一分，又王村三甲旱地一千六百九十九畝二分，又王村四甲旱地八百三十七畝二分，又王村五甲旱地一千三百八十七畝，俱係高阜之地，無可引水作田。以上共計二、三、四、五甲八十六户田，八千八百畝。附旱地共四千零七十八畝五分。

一、上萬工堰，州城北三十五里。坐落王村二甲五塘上扎堰。長流五里，至大栢林石平梁分水澮田，水漲消入耳目堰。前堰灌王村二甲田五千七百七十五畝，足用，計五十六户。附王村二甲旱地三千七百三十二畝七分，俱係高阜之地，無可引水作田。

白魚河，源由從什邡縣高景関發源，八十里至王村五甲化平庄，入漢州界王村，使水堰十一座。

一、府椿堰，州城北四十里。坐落貼什邡界王村五甲化平庄扎堰，長流三里至馬斯院澮田。水漲消入白魚河。前堰灌王村四甲田四百七十二畝，欠水，計糧名五户。又灌王村五甲田一千零六十四畝，欠水，計糧名十三户。附王村四甲旱地五百七十畝零八分，又王村五甲旱地九百四十五畝二分，俱係高阜之地，無可引水作田。以上共計四五兩甲一十八户，田一千五百三十六畝。附王村共旱地一千五百一十五畝八分。

一、東岔堰，州城北四十里。坐落從什邡縣界文家林扎堰。長流二里至漢州王村四甲老虎林澮田，水漲消入白魚河。前堰灌王村四甲田一百一十五畝，略欠水，計糧名二户。又灌王村五甲田一百八十畝，略欠水，計糧名三户。附王村四甲旱地一十八畝，又王村五甲旱地七畝五分，俱係高阜之地，無可引水作田。

一、雙岔堰，州城北四十里。坐落王村四甲老虎林扎堰。長流三里至胡家坎澮田，水漲消入白魚河。前堰灌王村四甲田八十三畝六分，略欠水，計糧名六户。又灌王村五甲田二百一十一畝四分，略欠水，計糧名二户。附王村四甲旱地三百五十八畝，又王村五甲一百六十二畝五分，係高阜之地，無可引水作田。

以上共計東雙二堰、四五兩甲共一十三户，田一千一百九十畝。

附王村旱地五百四十六畝。

一、青崗堰，州城北三十八里。坐落王村五甲大林里扎堰。長流三里至瓦子營澮田，水漲消入蔡馬河。前堰灌王村五甲田二百九十八畝六分，略欠水，計糧名一户。附王村五甲旱地一百二十六畝八分，俱係高阜之地，無可引水作田。

一、新開堰，州城北三十里。坐落王村四甲陳家林扎堰，即澮田，水漲消入白魚河。前堰灌王村四甲田一百三十四畝五分，略欠水，計糧名一户。附王村四甲旱地四百二十四畝一分，俱係高阜之地，無可引水作田。

一、河垻堰，州城北三十四里。坐落王村四甲武皇寺河垻扎堰，長流二里澮田，水漲消入白魚河。前堰灌王村四甲田二百七十五畝，足用，計糧名五户。附王村四甲旱地三百七十三畝六分，俱係河垻沙地，無可引水作田。

一、武皇堰，州城北三十三里。坐落王村四甲武皇寺上手扎堰，長流五里至中垻澮田，水漲消入岳家塲還河。前堰灌王村四甲田九百一十畝，欠水，計糧十六户。又灌王村五甲田八百三十六畝，欠水，計糧名四户。附王村四甲旱地六百二十九畝，又王村五甲旱地四百八十二畝五分，俱係高阜之地，無可引水作田。以上共計四五兩甲共二十户，田一千七百四十六畝。附旱地一千一百一十一畝五分。

一、紅花堰，州城北三十二里。坐落王村五甲康家廟扎堰，長流澮田，水漲消入白魚河。前堰灌王村五甲田一百一十畝，足用，計糧名二户。外旱地無。

一、魏家堰，州城北三十一里。坐落王村四甲新礄扎堰，即澮田，水漲消入白魚河。前堰灌王村四甲田七十四畝七分，足用，計糧名一户。附王村四甲旱地一百三十六畝六分，係河垻沙地，無可引水作田。

一、麥黄堰，州城北三十里。坐落王村四甲岳家塲扎堰，即澮田，水漲消入白魚河。前堰灌王村四甲田三百四十九畝，足用。計糧名一户。附王村四甲旱地五百畝零，俱係河垻沙地，無可引水作田。

一、松栢堰，州城北二十八里。坐落王村三甲塘房扎堰，係王村

交鍾村界，王村只有三甲一户分水澮田。前堰灌王村三甲田三十七畝七分，足用，計糧名一户。附王村三甲旱地二百二十五畝七分，俱係河垻沙地，無可引水作田。

其白魚河上源從什邡縣高景関發源，下流往鍾、牟、水三村，至白魚舖會合石亭江。

蔡馬河，自什邡縣小溪河溝源流王村，使水堰五座。

一、楊家堰，州城北四十里。坐落王村一甲大郎廟扎堰，即澮田，水漲消入毘盧寺河。前堰灌王村一甲田二百六十四畝，足用。計糧名四户。附王村一甲旱地一百一十畝，俱係高阜之地，無可引水作田。

一、蔡馬堰，州城北四十里。坐落貼什邡界慧劍寺扎堰，至王村一甲大郎廟澮田。水漲消入柳家堰。前堰灌王村一甲田一千五百六十三畝，欠水，計糧名二十户。附王村一甲旱地三百九十一畝，俱係高阜之地，無可引水作田。

一、柳家堰，州城北三十八里。坐落王村一甲毘盧寺上扎堰，長流三里侯家垻澮田，左水消漲入沙堰子，右消入董董堰。前堰灌王村一甲田八百三十五畝，欠水，計糧名六户。附王村一甲旱地三百六十九畝三分，俱係高阜之地，無可引水作田。

一、沙堰子，州城北三十五里。坐落王村一甲，侯家垻扎堰，長流二里沙堰澮田，水漲消入半板堰。前堰灌王村三甲田六百三十畝，略欠水，計糧名六户。附王村三甲旱地一百四十二畝，俱係高阜之地，無可引水作田。

一、半板堰，州城北三十二里。坐落王村三甲，沙堰扎堰，長流三里至岳家廟澮田，水漲消入白魚河。前堰灌王村三甲田六百七十三畝，略欠水，計糧名八户。又灌王村六甲田四百五十畝，略欠水，計糧名五户。附王村三甲旱地四百三十六畝八分，又王村六甲旱地四百四十六畝，俱係高阜之地，無可引水作田。

以上共計三六甲共一十三户，田一千一百二十三畝，附旱地八百八十二畝八分。

兩河口、馬沿河、東禅寺車厰河俱由什邡高景関發源，八十里至

兩河口入漢州界王村使水堰。

一、曾家堰，州城北四十里。坐落貼什邡界，董家庵扎堰，長流三里至王村六甲，水漲消入車廠河。前堰灌王村六甲田五百零一十六畝，欠水，計糧名十户。附王村六甲旱地一百畝，俱係高阜之地，無可引水作田。

一、蔣家堰，州城北三十八里。坐落王村六甲東禅寺上扎堰，長流三里至泉水垻滄田，水漲消入車廠河。前堰灌王村三甲田三百四十六畝，欠水，計糧名五户。又灌王村六甲田六百八十四畝，欠水，計糧名三户。附王村三甲旱地八十畝，又王村六甲旱地一百六十六畝，係高阜之地，無可引水作田。

以上共計三六兩甲共計八户，田一千零三十畝。□□□❶二百四十六畝。

一、李家堰，州城北三十六里。坐落王村一甲東岳廟扎堰，長流三里至王家營滄田，水漲消入車廠河。前堰灌王村一甲田二百五十七畝，欠水，計糧名三户。又灌王村四甲田二百零一畝，欠水，計糧名三户。又灌王村六甲田三百七十八畝，欠水，計糧名六户。附王村一甲旱地二十七畝，又王村四甲旱地四十六畝，又王村六甲旱地一百六十三畝六分，俱係高阜之地，無可引水作田。以上共計一、四、六甲共計一十二户，田八百三十六畝，附旱地二百三十六畝六分。

一、董董堰，州城北三十五里。坐落王村一甲高橋扎堰，長流五里至老因寺滄田，水漲消入楊家堰。前堰灌王村六甲田四百四十畝，欠水。計糧名八户。附王村六甲旱地三百五十畝，俱係高阜之地，無可引水作田。

一、楊家堰，州城北三十二里。坐落王村六甲王家營扎堰，長流三里至牟家營滄田，水漲消入凡思堰。前堰灌王村六甲田六百三十九畝，略欠水，計糧名五户。附王村六甲旱地三百畝，俱係高阜之地，無可引水作田。

一、楊家堰，州城北四十里。坐落從什邡界玉皇觀小溪流兩河口

---

❶ □□□ 疑爲“附旱地”。

扎頭道堰，祝家營扎二道堰，連扎三道，水漲消入劉家堰。前堰灌王村六甲田七百一十九畝一分，略欠水，計糧名一户。附王村六甲旱地三百四十一畝，俱係高阜之地，無可引水作田。

一、劉家堰，州城北三十七里。坐落苟家營扎堰，即滃田，足用，水漲消入姚家堰。前堰灌王村一甲田一百零七畝四分，計糧名一户。附王村一甲旱地五十七畝三分，俱係高阜之地，無可引水作田。

一、姚家堰，州城北三十四里。坐落王村六甲，文家林扎堰，長流三里至雙土地滃田，水漲消入孔家堰。前堰灌王村三甲田二百五十九畝二分，欠水，計糧名四户。又灌王村四甲田五百四十七畝八分，欠水，計糧名六户。附王村三甲旱地四十三畝六分，又王村四甲旱地九十二畝二分，係高阜之地，無可引水作田。通堰三四兩甲共計十户，田八百零七畝，共地一百三十五畝八分。

一、賀家堰，州城北三十三里。坐落王村三甲鄧家庵上手扎堰，即滃田，足用。水漲消入孔家堰。前堰灌王村三甲田四十畝，無有旱地，計糧名一户。

一、孔家堰，州城北三十里。坐落王村三甲雙河口扎堰，長流三里至車廠滃田，水漲消入凡思堰。前堰灌王村四甲田三百五十七畝，足用，計糧名二户。又灌王村六甲田五百二十二畝，足用，計糧名四户。附王村四甲旱地三畝七分，又王村六甲旱地五十七畝七分，係高阜之地，無可引水作田。通堰四六兩甲共計六户，田八百七十九畝，地六十一畝四分。

以上蔡馬河併兩河口、馬沿河、東禅車廠河，上從什邡高景関小溪源，由王村上楊家堰起，至孔家堰止。下流往牟村凡思堰，通平橋河，入鴨子河。

一、黄家堰，州城北三十六里。坐落王村五甲金輪壋下手扎堰，長流三里至伍塘河垻滃田，水漲消入萬工堰。前堰灌王村二甲田一百一十六畝四分，略欠水，計糧名三户。附王村二甲旱地二百二十二畝四分，俱係河坎沙地，無可引水作田。

一、楊家堰，州城北三十五里。坐落鍾、牟二村界内自流堰下扎堰，長流四里至龍家碾下滃田，水漲消入本河。前堰灌王村六甲田六

百八十畝九分，欠水，計糧名三户。附王村六甲旱地六十二畝，係高阜之地，無可引水作田。

一、黄土堰，州城北八里。坐落牟村界内二龍江扎堰，即滃王村六甲之田。水漲消入本河。前堰灌王村六甲田二百二十畝，足用，計糧名二户。附王村六甲旱地一百零五畝，俱係高阜之地，無可引水作田。

一、牛攔堰，州城西北三十五里至黄金田岩村界内。此堰坐落岩村，僑在王村分水灌滃。前堰灌王村四甲田一百九十八畝，足用，計糧名五户。附王村四甲旱地三畝八分，俱係高阜之地，無可引水作田。

一、下老鴉堰，州城西北三十六里至唐家觀岩村界内。此堰坐落岩村，僑載王村，分水灌滃。前堰灌王村六甲田一百二十七畝五分，略欠水，計糧名三户。附王村六甲旱地九畝三分，係高阜之地，無可引水作田。

以上王村總共堰三十五座六甲，糧名三百六十一户。附總共田三萬四千一百二十九畝八分，共地一萬八千六百三十畝五分。外有王村二甲共計糧名九户，俱係旱地，並無水田。共旱地三千五百六十畝零，俱係河垻沙地，無可引水作田。

已上馬义堰、上萬工堰二大堰，係射水河合石亭江使水灌滃。其石亭江、白魚河、蔡馬河、馬沿河俱係什邡縣高景関發派扎堰，除什邡使水外，分白魚河而下至漢州界五十里。自康熙五十七、八年河水泛大，將白魚河口壅塞，以此欠水，有小堰十数餘座，十分之中栽得四五分。

〔牟村八甲分堰水源流田畝〕

計開牟村八甲分堰水源流田畝細数。

鴨子河，源從彭縣三郎鎮牛心山下小石河，四十里至地名紅岩子，會合什邡縣高景関之河，三十里至地名馬脚井，爲鴨子河，入州界，灌牟村一甲、五甲、六甲之田，大堰二座、内流小堰一十八座，又堰四座。開后：

一、大堰二座：馬脚堰、西沙堰，離州北門四十里。坐落牟村一甲，地名兩岔河扎堰，二座相距咫尺，共灌使水。流長三十里，消水處地名車家碾，瀲歸鴨子河。前二座堰，灌牟村一、五、六甲田共一萬九千二百三十畝，水足用。共糧名一百八十九户。内有小堰一十八座，在二座大堰分潍。

一、朱家堰，灌一甲田八百畝，計糧名六户。

一、李家堰，灌一甲田一千一百二十畝，計糧名八户。

一、楊家堰，灌一甲田四百一十一畝，計糧名九〔户〕。

一、三岔堰，灌一甲田三百二十畝，計糧名四户。

一、馮家堰，灌一甲田二百一十畝，計糧名二户。

一、崔家堰，灌一甲田五百八十畝，計糧名六户。

一、王家堰，灌一甲田七百四十畝，計糧名五户。

一、尹家堰，灌一甲田八百三十畝，計糧名六户。

一、小西沙堰，灌一甲田八百畝零，計糧名四户。

以上小堰九座，計糧名四十八户。牟村一甲田共五千八百一十一畝零，水俱足用。外計牟村一甲旱地共九百五十六畝五分九毫陸糸，係沙石，無可引水作田。

一、方家堰，灌五甲田二千五百三十畝，計糧名九户。

一、左家堰，灌五甲田九百二十畝，計糧名四户。

一、蕭家堰，灌五甲田一千七百畝，計糧名五户。

一、牟家堰，灌五甲田二千零九畝零，計糧名九户。

以上小堰四座，計糧名二十七户。牟村五甲田共七千一百五十九畝零，水俱足用。外計牟村五甲内旱地共五百三十四畝三分四厘九毫，係高昂之地，難以引水作田。

一、蘇家堰，灌六甲田八百三十畝，計糧名三户。

一、張家堰，灌六甲田七百二十畝，計糧名二户。

一、石板堰，灌六甲田三千一百畝，計糧名十户。

一、到流堰，灌六甲田一千零一十畝，計糧名四户。

一、顔家堰，灌六甲田六百畝零，計糧名二户。

以上小堰五座，計糧名二十二户。牟村六甲田共六千二百六十畝零，水俱足用。外計牟村六甲旱地共三千七百五十八畝零，係沙石之地，無可引水作田。

通共小堰一十八座，即在大堰二座内分溉。總灌一甲、五甲、六甲田一萬九千二百三十畝。其一甲、五甲、六甲旱地總共五千二百四十八畝八分五厘八毫陸糸。

一、李堰，州北門三十里。坐落牟村六甲，地名姚家埸。流長六里，消水溉入方家堰。前堰鴨子河水灌牟村六甲田三千五百畝，水俱足用。計糧名十八户。附牟村六甲旱地一百畝，係沙石之所，難以引水作田。

一、方家堰，州北門二十五里。坐落牟村四甲，地名程家碾扎堰。流長七里，消水溉入尿泡堰。前堰鴨子河水灌牟村四甲田四千四百畝，水足用，計糧名四十四户。附牟村四甲旱地二千四百八十畝零，無可改田。

一、尿泡堰，州城北二十里。坐落牟村四甲，地名方家坎扎堰。流長三里，消水溉入新開堰。前堰鴨子河水灌牟村四甲田四千三百九十畝，水足用，計糧名十户。附牟村四甲旱地二千四百八十畝零，係沙石之地，無可引水作田。

一、新開堰，離州北門十里。坐落牟村六甲，地名黄瓜灘扎堰，

流長八里，計糧名十八户。前堰鴨子河灌牟村六甲田九百畝，水足用。附牟村旱地八十畝，係高昂，無可引水改田。

黄土河，源自什邡縣高景関，下十里至母猪沱分岔，四十三里到中福田，入州界。牟村分占堰三座。開后：

一、高堰，離州北門三十里。坐落牟村七甲，地名崩土坎扎堰。流三里，消水瀲入本河。前堰灌牟村七甲田四百五十畝，水足用，計糧名五户。附牟村七甲旱地二百六十畝，係高阜之地，無可引水作田。

一、玉皇堰，離州北門三十二里。坐落牟村七甲，地名玉皇觀，流長十里，消水瀲入本河。前堰灌牟村七甲田三千八百畝，水足用，計糧名五十八户。附牟村七甲旱地一百零二畝六分，俱係高阜，無可引水作田。

一、崩土堰，離州北門三十五里。坐落牟村七甲，地名吕家碾扎堰。流長三里，消水瀲入本河。前堰灌牟村七甲田三百六十畝，水足用，計糧名三户。附牟村七甲旱地一百畝，俱係高阜，無可引水作田。

以上三堰共灌四千六百一十畝。共計旱地四百六十二畝六分零。

驢子堰小河源從什邡縣南陽寺沿溪二十里，到栢林堰分岔，二里至地名天禄堰，入州界總堰。驢子堰内分流小堰四座。開后：

一、驢子堰，離州北門三十八里。坐落牟村二甲，地名黄田垻扎堰。流長五里，消水瀲入黄土河。前堰灌牟村二甲田二千一百一十畝，水足用。計糧名十八户。内小堰三座：

一、肖向堰，灌二甲田一千四百畝，計糧名十二户。

一、唐家堰，灌二甲田四百畝，計糧名三户。

一、廖家堰，灌二甲田三百一十畝，計糧名三户。

通共小堰三座即在驢子堰一座内分滃，總灌二甲田二千一百一十畝。其二甲旱地四十畝，俱係高阜，無可引水改田。

分水廟河，源從什邡縣高景関南陽寺始，河分兩岔，左河分流什邑吴家堰，右河流至分水廟，亦至吴家堰，由製口流滃張家堰。大堰一座，内分流小堰六座。共開后：

一、張家堰，離州北門三十五里。坐落牟村二甲，地名中興寺扎堰。流長八里，消水溉入黄土河。前堰灌牟村二甲田共三千九百六十一畝零，計糧名共四十七户。内分堰六座：

一、楊家堰，灌二甲田三百畝，計糧名三户。

一、瓦窑堰，灌二甲田八百畝，計糧名四户。

一、檀木堰，灌二甲田一千畝，計糧名九户。

一、沙子堰，灌二甲田一千三百畝，計糧名一十五户。

一、和尚堰，灌二甲田四百六十畝，計糧名六户。

一、石頭堰，灌二甲田五百一十畝，計糧名十户。

通共小堰六座，即在張家堰一座内分瀌，總灌二甲田三千九百六十一畝零，其二甲旱地計七百八十六畝，俱係高阜，無可引水改田。

一、橋堰，離州北門三十里。源從什邡縣高景関分岔，會合南陽寺，三十里至地名吴家堰入州界内。牟村三甲共堰四座。坐落牟村三甲，地名張家營扎堰，長流七里，消水溉入二龍江。前堰灌牟村三甲田四千一百畝，計糧名二十六户。

一、沙堰子，州北門一十里。坐落牟村三甲，地名二龍江扎堰，流長三里，消水溉入二龍江。前堰灌牟村三甲田三千一百二十畝，計糧名十三户。

一、肖家堰，州北門十二里。坐落牟村三甲，地名楊官庄，流長五里，消水溉入二龍江。前堰灌牟村三甲田一千一百畝，計糧名十五户。

一、板堰，州北門八里。坐落牟村三甲，地名楊庄，流長四里，消水溉入二龍江。前堰灌牟村三甲田八百六十三畝，計糧名十四户。

以上堰四座，計共糧名六十八户，灌牟村三甲田共九千一百八十三畝。其牟村三甲旱地共三千三百零七畝，俱係高阜，無可引水作田。

下龍橋河，源從什邡縣高景関朱家磧鵝頸項，至地名蔡家營入州界。牟村八甲使水大堰一座，内小堰五座。開后：

一、牛皮堰，離州北門三十五里。坐落牟村八甲，地名墻院子扎堰，流長十里，消水溉入二龍江。前堰灌牟村八甲田，共二千七百八

十畝。共糧名五十三户，内小堰五座：

一、自流堰，灌牟村八甲田八百畝，計糧名十八户。

一、李家堰，灌牟村八甲田九百一十畝，計糧名十九户。

一、大流堰，灌牟村八甲田七百八十畝，計糧名十一户。

一、小流堰，灌牟村八甲田一百一十畝，計糧名一户。

一、土巴堰，灌牟村八甲田一百八十畝，計糧名四户。

通共小堰五座，即在牛皮堰一座内分�，總灌牟村八甲田二千七百八十畝。其牟村八甲旱地一千零八十畝，係高阜，無可引水作田。

上龍礄河，源從什邡縣朱家礄鵝頸項等處，與下龍礄河同源。至雙飛堰分河，至地名洞礄賀家營入州界，牟村八甲占分堰二座。開后：

一、攔水堰，離州北門十五里。坐落牟村八甲，地名劉家營入州界内。牟村八甲流長六里，消水㵾入二龍江。前堰灌牟村八甲田三千零七畝，計糧名三十九户。附牟村八甲旱地一千一百畝，係高昂。無可引水作田。

一、張家堰，離州北門十三里。坐落牟村八甲，地名尤家營。流長六里，消水㵾入二龍江河。前堰灌牟村八甲田四百六十畝，計糧名九户。附牟村旱地一千二百畝零，係沙石之地，無可引水作田。

白魚河，源自什邡縣高景関，至地名白魚橋入州界。牟村八甲使水堰一座。開后：

一、松柏堰，離州北門二十八里。坐落王村三甲，地名高家營。流長十里，消水㵾入二龍江河。前堰灌牟村八甲田二千零二十畝，計糧名五十五户。其牟村八甲旱地一千畝零，係砂石。無可引水作田。通共牟村八甲分使什邡縣水七道，共糧名五百九十九户，共計水田五萬六千三百畝零，共計旱地一萬六千七百一十四畝零。

〔樓村一甲堰水源流田地〕

計開楼村一甲堰水源流田地細数。

鴨子河，自彭縣三郎鎮發源，下會合什邡縣高景関發源母猪沱水。楼村占分堰三座，共灌田七千二百七十二畝七分。開后：

一、到流堰，州城西三十里。在岩村五甲，地名楊家碾修扎。長流十五里灌田，水足用，餘水消入郭家漕。前堰灌楼村一甲田四千三百五十畝零八分，計糧名四十六户，又灌楼村四甲田六百七十九畝二分，計糧名七户。附一甲旱地一千四百零六畝二分，四甲地一百五十四畝五分，俱高阜林盤，無可引水入田。

一、文堰，州城西二十五里。在本村六甲，地名朱家營修扎。流長十里，水足用。餘水消入官堰溝。前堰灌楼村一甲田三百七十二畝九分，計糧名五户。又灌八甲田八百六十一畝一分，計糧名十三户。附一甲地三百零一畝，又八甲地二百八十二畝，俱係河邊石砂，無可引水作田。

一、官堰，州城西至州二十里。在本村一甲，地名鎖口林修扎。流長十五里，水足用，餘水潡入本河。前堰灌楼村八甲一千零一十六畝，計糧名十二户。附八甲旱地四百二十三畝，係林盤地，難以取水作田。

濛洋河，自彭縣三郎鎮發源，楼村佔分堰五座，共灌田六千五百六十畝。開后：

一、咬牙堰，州城西二十五里。在本村二甲，地名梓潼宫扎堰。流長二里，水足用，餘水潡入本河。前堰灌楼村二甲田共一千零八十畝，計糧名十八户。附二甲旱地共一千二百三十四畝，係高埠林地，無可引水作田。

一、楊柳堰，州城西二十五里。在本村二甲，地名河湾修扎。流長十里，水足用，餘水溉入艾家碾溝。前堰灌楼村五甲田共三千一百三十二畝，計糧名十八户。附五甲地一千五百五十六畝九分，俱高埠林盤，難以引水爲田。

一、沙河堰，州城西十二里。在本村八甲，地名畜子營扎堰。流長五里，水足用，餘水消馬目河。前堰灌楼村七甲田七百二十三畝，計糧名十五户。又灌楼村八甲田共四百五十七畝，計糧名二户。附七甲旱地共一千三百六十九畝，又八甲地一百八十四畝，盡屬高埠石砂，無可引水。

一、史家堰，州城西二十里。在本村二甲，地名鬼打墻扎堰。流長二里，水足用，餘水入濛洋河。前堰灌楼村八甲田共三百九十八畝，計糧名五户。附八甲旱地六百九十九畝，俱河邊石砂，無引水爲田。

一、張家堰，離州城西二十二里。在本村二甲，地名王家營扎堰。流長二里，水足用，餘水消入張家碾溝。前堰灌二甲田共七百七十六畝，計糧名五户。附楼村二甲旱地共五百八十三畝，俱係高阜河岸，無可引水作田。

馬目河，自彭縣三郎鎮發源，下楼村佔分堰五座，共灌田一萬一千七百六十四畝。開后：

一、塔子堰，州城西三十里。在彭縣界邊，地名許家營扎堰。流長五里，水足用，餘水消入爤泥溝。前堰灌楼村二甲田共五千四百五十畝，計糧名五十户。又灌楼村七甲田五百六十二畝，計糧名四户。附二甲地共二千四百六十三畝，一甲地三百五十畝，盡高埠林盤，難以取水作田。

一、沙溝堰，州城西十五里。在本村一甲，地名廻龍寺扎堰。流長五里，水足用，餘水消入爤泥溝。前堰灌楼村一甲田三百七十五畝，計糧名一户。又灌楼村四甲田一千一百三十七畝，計糧名十一户。附一甲旱地六百五十一畝，四甲地六百九十畝，俱係河邊石砂，難以引水作田。

一、顧家堰，州城西二十里。在本村一甲，地名趙家營扎堰。流

長六里，水足用，餘水消入本河。前堰灌楼村四甲田二千四百一十九畝，計糧名十三户。附四甲旱地一千四百四十二畝，高阜林地，無可引水作田。

一、黄土堰，州城西三十里。在岩村五甲，地名楊家營修扎。接黄軍堰之潵水，下至岩村白馬寺又扎堰，接小石河之水。流長八里，水足用，餘水潵入倒流堰。前堰灌楼村六甲田共一千六百三十畝，計糧名一十七户。附六甲旱地九百五十九畝，俱係林盤地，無可引水作田。

一、蕭家堰，州城西二十三里。在本村二甲，地名塔子堰扎堰。流長三里，水足用，餘水無。前堰灌楼村四甲田一百九十畝，計糧名二户。附四甲旱地一百七十畝，俱河邊石砂地，無可引水作田。

河須溝，州城西三十里。在彭縣界内，地名郭家漕数處浸濟水下，流長三里，至州灌田，水足用，餘水[1]。前溝灌楼村二甲田共二千零七十七畝，計糧名十二户。附二甲旱地共一千三百四十八畝，係高阜林地，難以取水作田。

綿陽河，自德陽縣發源，下至州，楼村佔分堰三座，共灌田二千七百二十一畝。開后：

一、上柳稍堰，州城東北四十里。在德陽縣水村，地名大栢林扎堰。流十里至州灌田，水足用，餘水消入下柳稍堰溝。前堰灌楼村二甲田共九百三十四畝，計糧名五户。附二甲旱地共六百二十八畝，高阜石砂地，無可引水作田。

一、中柳稍堰，州城東北三十七里。在德陽縣水村，地名捌角井扎堰。流長五里，至州灌田，水足用，餘水消入本河。前堰灌楼村二甲田共一千零四畝，計糧名八户。附二甲旱地共二千六百九十九畝，盡属石砂地，難以取水作田。

一、新中柳稍，州城東北三十里。在鍾村八甲，地名皇庄扎堰。流長五里，水足用，餘水消入下柳稍堰溝。前堰灌楼村二甲田共七百八十三畝，計糧名八户。附二甲旱地共九百五十畝，俱高阜石砂地，

---

[1] 疑有脱文。

無可引水作田。

龍橋河，自什邡縣白石溝發源，下楼村估分堰一座，溝田七百七十一畝。開后：

一、吕家堰，州城西北三十五里。在本村地名下龍橋上扎堰，流長一里，水足用，餘水消入吕家碾。前堰灌楼村六甲田共七百七十一畝，計糧名二户。附六甲旱地共二百九十三畝，係林盤地，無可引水作田。

一、沙堰子，州城西三十里。發源自高景関，下至什邡縣南陽寺，至分水廟下至州，在牟村地名高坪扎堰。流長五里，灌楼村六甲田五百四十四畝，水足用，餘水消入周家營爛泥溝，計糧名八户。附六甲旱地二百二十三畝，俱高阜石地，無可引水作田。

清白江，自彭縣三郎鎮發源，下至崇寧縣界内，會合都江堰水，楼村估分堰十二座，共灌田一萬八千八百八十四畝。開后：

一、漏鍾堰，州城西四十里。在新都界内，地名毛草垻扎堰。流長十五里，水足用，餘水消入本河。前堰灌楼村三甲田三百七十一畝，計糧名三户。附三甲地一百零二畝，俱河邊石砂地，無可引水作田。

一、岩堰，州城西南三十里。在岩村四甲，地名施金橋扎堰。流長十里，水足用，餘水消入粟米堰。前堰灌楼村三甲田共三千三百七十一畝，計糧名三十二户。附三甲旱地一千六百五十四畝，係高阜林地，無可引水作田。

一、塔碑堰，州城西南三十里。在水村三甲，地名塔碑寺扎堰。流長十里，水足用，餘水消入本河。前堰灌楼村五甲田共六千零三十七畝，計糧名五十五户。附五甲旱地二千四百九十二畝，係高阜林地石砂，無可引水作田。

一、龔家堰，州城西南二十七里。在本村三甲，地名李施廟扎堰。流長五里，水足用，餘水消入本河。前堰灌楼村五甲田八百五十四畝，計糧名九户。又灌三甲田三百四十六畝，計糧名四户。附五甲旱地二百九十畝，三甲地一百八十五畝，盡属高阜石砂，無可引水作田。

一、楊家堰，州城西南十五里。在本村五甲，地名朱家營扎堰。流長数里，水足用，餘水入沙河堰溝。前堰灌楼村七甲田一千二百五十三畝，計糧名十五户。又灌八甲田五百四十畝，計糧名八户。附七甲地二千零十五畝，八甲地共二百六十八畝，係河邊石砂高阜林地，無可引水作田。

一、三牌堰，州城西南十五里。在岩村七甲，地名三牌堰扎堰。流長数里，水足用。餘水消本河。前堰灌楼村七甲田二百四十八畝，計糧名三户。附七甲地一百六十二畝，俱砂石地，難以引水爲田。

一、姚景堰，州城西南十五里。在本村七甲，地名姚景橋扎堰。流長二里，水足用，餘水消入本河。前堰灌楼村七甲田三百四十八畝，計糧名八户。附七甲地二百九十畝，俱係高阜林地，無可引水作田。

一、粟米堰，州城西南三十里。在本村三甲，地名姜家營扎堰。流長二里，水足用，餘水消本河。前堰灌楼村八甲田共一千零七十六畝，計糧名十七户。附八甲地一千五百七十二畝，俱林地石砂，無可引水作田。

一、上馬朋堰，州城西二十五里。在新都藍家店上扎堰，流長五里。除新都灌外，楼村灌田五百四十三畝，水足用。餘水消入本溝，下新都界内。前堰灌楼村七甲田五百四十畝，計糧名三户。附七甲地一百九十七畝，俱石砂地，難以引水作田。

一、下馬朋堰，州城西南二十五里。在本村七甲，地名藍家店下扎堰。流長五里，除新、金二縣灌外，楼村灌田二千八百二十六畝，水足用，餘水消下新、金二縣溝去。前堰灌楼村七甲田二千八百二十六畝，計糧名三十三户。附七甲地六百三十九畝，係高阜石砂地，無可引水作田。

一、甘家堰，州城西二十里。在本村七甲，地名下馬朋下扎堰。流長二里，水足用，餘水消入本河。前堰灌楼村七甲田共四百八十三畝，計糧名二户。附七甲旱地共五百三十九畝，係河邊石砂地，無可引水作田。

一、秦楚堰，州城西三十五里。在彭縣界内扎堰。流長五里，至

州界灌田，水足用，餘水消入蔣家河。前堰灌楼村二甲田共五百一十七畝，計糧名三户。附二甲地共三十八畝，係高阜石地，難以引水作田。

以上楼村共堰三十座，共灌田五萬五百六十八畝七分，共糧户四百九十二户，附楼村旱地三萬一千五百七十四畝零。

〔岩村八甲堰水源流田地〕

計開岩村八甲堰水源流田地細數。

馬目河，源從彭縣三郎鎮，至什邡界劉家碾起，漢州岩村分佔堰七座，共灌田九千二百七十一畝四分一厘四毫。開后：

一、上老鴉堰，州城西六十里。在什邡界内劉家碾扎堰，流長二十五里，潵水消入小石河。前堰灌岩村八甲田四百二十六畝三分二厘五毫，計糧名六户。又灌岩村一甲田二百九十四畝六分七厘五毫，計糧名六户。附岩村八甲地十四畝二分一厘二毫，又岩村一甲地八畝三分，俱係山林之地，無可引水改田。

一、下老鴉堰，州城西五十五里。在什邡界内曾家碾扎堰，流長二十里，潵水消入小石河内。前堰灌岩村四甲田六百九十七畝九分二厘六毫，計糧名八户。又灌岩村五甲田一百一十八畝四分八厘，計糧名五户。又灌岩村一甲田二千八百七十六畝九厘四毫，計糧名三十二户。附岩村四甲旱地三百一十四畝四分三厘五毫，又岩村一甲旱地一千六十三畝一釐，俱係砂石林地，無可引水改田。

一、朱家堰，州城西四十五里。在彭縣界内邊家碾扎堰，流長十五里，潵水消入小石河内。前堰灌岩村三甲田三百八十六畝四分七厘二毫，計糧名九户。又灌岩村一甲田一百一十二畝四分七厘六毫，計糧名二户。又灌岩村四甲田九百五十九畝八分七厘六毫，計糧名十五户。附岩村一甲旱地七畝一厘六毫，又岩村四甲旱地五百四十畝一分五厘四毫，俱係砂石林地，無可引水改田。

一、新堰子，州城西四十三里。在彭縣界内黎家碾扎堰，流長二十五里，岩村接用尾水，潵水消入獅子堰溝内。前堰灌岩村五甲田二百三十六畝三分二厘，計糧名五户。附岩村五甲旱地五十二畝七分九

厘，俱係林地，無可引水作田。

一、新堰，州城西三十八里。在本村一甲界牌下扎堰，流長十二里，潵水消入王家堰溝内。前堰灌岩村五甲田一百畝零八厘五毫，計糧名一户。又灌岩村三甲田七百六十九畝八分三厘四毫，計糧名十二户。附岩村三甲旱地二百八十一畝四分八厘，俱係河邊砂石地，無可引水作田。

一、王家堰，州城西三十五里。在本村三甲，王家場扎堰，流長五里，潵水消入馬目河内。前堰灌岩五甲田八百四十一畝九分八厘八毫，計糧名七户。又灌岩村三甲田九百四十二畝六分六厘四毫，計糧名七户。附岩村五甲旱地五百一十八畝八分一厘，又岩村三甲旱地八百五十九畝八分七厘九毫，俱係河邊砂石林地，無可引水作田。

一、獅子堰，州城西三十里。在彭縣漢州交界扎堰，流長五里，潵水消入黄土河内。前堰灌岩村四甲田三百二十零一分一厘七毫，計糧名二户。又灌岩村五甲田一百二十八畝一分，計糧名二户。附岩村四甲旱地一百四十畝六分五厘，又岩村五甲旱地五畝，俱係林地，無可引水作田。

鴨子河，源從彭縣三郎鎮，至什邡慈母山會合母猪沱，至什邡仙女洞起，漢州岩村分佔堰五座，灌田七千八百五十七畝六分三厘四毫。開后：

一、牛欄堰，州城西六十里。在什邡界内仙女洞扎堰，流長二十五里，潵水消入黄軍堰小石河二處，前堰灌岩村一甲田九百六十一畝八分八厘九毫，計糧名六户。又灌岩村三甲田二百畝零六分三厘四毫，計糧名二户。又灌岩村四甲田一千二百三十八畝六分六厘九毫，計糧名十三户。附岩村一甲旱地二百三十畝零七分二厘九毫，又灌岩村三甲旱地一百一十六畝二分八厘，又岩村四甲旱地一百七十二畝一分一厘二毫，俱係砂石林地，無可引水作田。

一、西沙堰，州城西北四十里。此堰與牟家村共扎，其座落流長消水處，牟村册内備載。前堰灌岩村三甲田五百三十七畝二分，計糧名三户。外旱地無。

一、黄軍堰，州城西三十五里。在本村一甲黄軍屯扎堰，流長三

里，溉水消入黄土堰内。前堰灌岩村四甲田二百畝六分六厘，計糧名一户。又灌岩村五甲田二百四十一畝四厘，計糧名一户。附岩村五甲旱地一百一十四畝九分五厘七毫，又岩村四甲旱地一百二十畝，俱係砂石之地，無可引水作田。

一、黄土堰，州城西三十里。在本村五甲楊家碾修扎一處，流長三里，又在本村三甲白馬寺下修扎，小石河内堰一處，又流長一里灌田，溉水消入馬目河内。前堰灌岩村三甲田六十九畝六分四厘一毫，計糧名二户。又灌岩村八甲田九十六畝三分五厘九毫，計糧名一户。附岩村八甲旱地一百一十九畝七分三厘四毫，無可引水作田。外三甲旱地無。

一、官堰，州城西二十里。在楼村一甲見家坎修扎，流長十五里，溉水消入馬目河。前堰灌岩村二甲田九百八十二畝二分七厘一毫，計糧名七户。又灌岩村八甲田三千二百八十六畝二厘九毫，計糧名三十三户。附岩村二甲旱地三百三十畝四分一厘二毫，又岩村八甲旱地一千四百七十七畝五分八厘八毫，俱係高埠林地、河邊砂石，無可引水作田。

小石河，源從彭縣三郎鎮，下會什邡縣發源泉水溝，至什邡交界高架山起，漢州岩村修扎堰一十一座，灌田四千四百五十三畝四分七厘一毫。開后：

一、泉水堰，州城西三十五里。在什邡交界高架山修扎，流長半里，溉水入本河内。前堰灌岩村一甲田一五十畝三厘一毫，計糧名一户。外旱地無。

一、濟水堰，州城西三十四里。在本村一甲梘漕溝扎堰，流長半里，溉水消入小石河。前堰灌岩村一甲田五十畝，計糧名一户。外旱地無。

一、土堰子，州城西三十三里。在本村一甲高埂子扎堰，流長半里，溉水消入本河。前堰灌岩村一甲田二百四十二畝六分一厘二毫，計糧名一户。附岩村一甲旱地七畝八分，俱係林地，無可引水作田。

一、龍王堰，州城西三十二里。在本村一甲李家碾下扎堰，流長半里，溉水消入本河。前堰灌岩村一甲田一百五十三畝，計糧名二

户。附岩村一甲旱地一十八畝五分，俱係埠林，無可引水作田。

一、打皷堰，州城西三十一里。在本村四甲净土寺扎堰，合牛欄堰之水，流長一里，溦水消入小石河。前堰灌岩村四甲田三百三十二畝五分八厘，計糧名八户。外旱地無。

一、打皷堰，州城西三十一里。在本村八甲高坎扎堰，流長二里許，溦水消入本河。前堰灌岩村一甲田二百七十六畝八分三厘三毫，計糧名三户。又灌岩村三甲田七百七十九畝四分九厘二毫，計糧名六户。又灌岩村四甲田九百二十九畝二厘七毫，計糧名六户。又灌岩村五甲田四百一畝四厘八毫，計糧名六户。附岩村一甲旱地二十一畝八分九厘六毫。又岩村三甲旱地一百五十畝七分二厘。又附岩村四甲旱地六畝，又岩村五甲旱地五十七畝一分二厘八毫，俱係阜林之地，無可引水作田。

一、母猪堰，州城西二十九里。在本村四甲高石礄下扎堰，流長半里，溦水消入蔴脚堰。前堰灌岩村四甲田一百畝，計糧名一户。附岩村四甲旱地二十四畝七分，俱係阜林之地，無可引水作田。

一、蔴脚堰，州城西二十八里。在本村四甲王家碾扎堰，流長半里，溦水消入石橋堰。前堰灌岩村四甲田四十五畝，計糧名一户。又灌岩村五甲田一百四十八畝八分，計糧名一户。外旱地無。

一、石橋堰，州城西二十七里。在本村四甲小石橋扎堰，流長半里，溦水消入白馬堰溝内。前堰灌岩村四甲田四百一十二畝八分，計糧名四户。附岩村四甲旱地六十七畝，俱係阜林地，無可引水作田。

一、韓家堰，州城西二十五里。在本村四甲臨水寺扎堰，流長數丈灌田，溦水消入小石河内。前堰灌岩村四甲田二百二十七畝四分七厘，計糧名一户。附岩村四甲旱地四十四畝三分九厘，俱係阜林地，無可引水作田。

一、白馬堰，州城西二十四里。在本村四甲陶家營扎堰，流長數丈灌田，溦水消入黄土堰溝内。前堰灌岩村三甲田二百四畝七分八厘，計糧名一户。附岩村三甲旱地七十畝七分，俱係阜林地，無可引水作田。

石亭江，源從什邡縣高景関，至漢州地金輪寺上會合綿竹縣發源

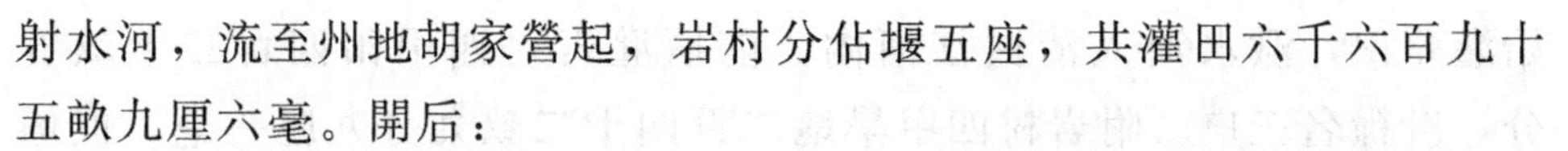

射水河，流至州地胡家營起，岩村分佔堰五座，共灌田六千六百九十五畝九厘六毫。開后：

一、綿花堰，州城西北二十五里。在鍾村一甲胡家營扎堰，流長六里，澈水消入石亭江。前堰灌岩村二甲田八百四十畝五分，計糧名七户。附岩村二甲旱地五百五十二畝四分四厘四毫，俱係河邊沙石，無可引水作田。

一、龍馬堰，州城北二十九里。在鍾村八甲蔣家營扎堰，流長六里，澈水消入菱角堰内。前堰灌岩村二甲田四千五十一畝七分六厘六毫，計糧名四十二户。附岩村二甲旱地四千四百一十三畝二分一厘一毫，俱係河邊沙石地，無可引水作田。

一、范堰，州城北三十里。在德陽縣毛家垻扎堰，流長二十五里始灌州田，澈水消入龍馬堰。前堰灌岩村二甲田五百四十九畝，計糧名五户。附岩村二甲旱地七百九十六畝八分一厘，俱係河邊沙石，無可引水作田。

一、野羊堰，州城北二十七里。在鍾村八甲梁居寺扎堰，流長三里，澈水消入龍馬堰溝内。前堰灌岩村二甲田八十五畝一分三厘，計糧名二户。附岩村二甲旱地三百二十一畝二分九厘，俱係河邊沙石，無可引水作田。

一、菱角堰，州城東二十五里。在本村二甲菱角塘修扎堰，仍在石亭江，未會白魚河之處。流長十里始灌田，澈水消入石亭江。前堰灌岩村二甲田一千一百六十八畝七分，計糧名十七户。附岩村二甲旱地四千零一十三畝九分七厘九毫，俱係河邊沙石，無可引水作田。

清白江，源從彭縣三郎鎮，流至崇寧縣界内，會合都江堰之水，至新繁界扎流水堰，入蔣家河，至彭縣劉家營起，漢州岩村分佔堰一十二座，共灌田一萬三千二十二畝五分四厘。開后：

一、馬悰堰，州城西四十五里。在彭縣界内劉家營扎堰，流長四里，澈水消入蔣家河内。前堰灌岩村四甲田四百二十畝五分，計糧名三户。附岩村四甲旱地四十一畝九分二厘七毫，俱係高阜林地，無可引水作田。

一、趙朋堰，州城西四十里。在彭縣界内茅草垻扎堰，流長十里

始灌州田，溉水消入清白江河内。前堰灌岩村四甲田四百二十畝五分，計糧名三户。附岩村四甲旱地二百四十二畝九分九厘一毫，俱係高阜林地，無可引水作田。

一、孟家堰，州城西三十五里。在彭縣界内許家營扎堰，流長一里餘始灌州田，溉水消入清白江。前堰灌岩村四甲田四百一十六畝二分二厘，計糧名四户。附岩村四甲旱地三十九畝三分九厘四毫，俱係河邊沙石地，無可引水作田。

一、嚴堰，州城南三十里。在本村四甲施金橋扎堰，流長二里許，灌田溉水消入粟米堰溝内。前堰灌岩村四甲田二百四十七畝，計糧名七户。附岩村四甲旱地二百一十八畝一分一厘四毫，俱係高阜林地，無可引水作田。

一、龔家堰，州城南西二十七里。在楼村三甲李施廟扎堰，流長三里灌田，溉水消入蔣家河内。前堰灌岩村四甲田四百五十六畝六分五厘二毫，計糧名四户。又灌岩村五甲田三百二十七畝四分四厘八毫，計糧名二户。附岩村四甲旱地二十九畝一分八厘三毫，又岩村五甲旱地九十四畝二厘一毫，俱係高阜林地，無可引水作田。

一、黄土堰，州城西二十里。在楼村五甲何家營扎堰，流長二里灌田，溉水消入蔣家河。前堰灌岩村六甲田一千一百八十八畝五厘一毫，計糧名十户。又灌岩村七甲田八百七十八畝五分二厘九毫，計糧名九户。附岩村六甲旱地十七畝八分八厘五毫，又岩村七甲旱地二百一十七畝三分五厘五毫，俱係高阜林地，無可引水作田。

一、三牌堰，州城西南十五里。在本村七甲李子藺扎堰，流長二里灌田，溉水消入蔣家河内。前堰灌岩村七甲田一百三畝八分，計糧名一户。附岩村七甲旱地二十八畝四分，俱係林地，無可引水作田。

一、漏鍾堰，州城西四十里。在新都縣界内扎堰，流長十五里始入州界灌田，溉水消入清白江河内。前堰灌岩村四甲田七百一十八畝四分，計糧名四户。附岩村四甲旱地一百一十畝二分九厘六毫，俱係河邊沙石地，無可引水作田。

一、粟米堰，州城西南三十里。在楼村三甲姜家營扎堰，流長三里灌田，溉水入蔣家河内。前堰灌岩村四甲田一千四百九十四畝四分

七厘二毫，計糧名十二户。又灌岩村七甲田一百五十一畝九分二厘八毫，計糧名二户。又灌岩村六甲田三千一百六十畝一分，計糧名三十一户。附岩村四甲旱地三百七十九畝八分六厘五毫，又岩村六甲旱地二千五十四畝五分三厘五毫，又岩村七甲旱地十四畝一分一厘二毫，係河邊沙石高阜林地，無可引水作田。

一、天生堰，州城西南二十里。在楼村七甲渡口下扎堰，流長二里許灌田，溅水消入清白江河内。前堰灌岩村六甲田九百三十八畝八分四厘二毫，計糧名六户。又灌岩村七甲田一千二百八十四畝一分五厘八毫，計糧名九户。附岩村六甲旱地二百八十二畝五分五厘五毫，又岩村七甲旱地三百六十四畝五分八厘四毫，俱係沙石林地，無可引水作田。

一、木皮堰，州城西三十五里。在彭縣界内扎堰，流長四里始灌州田，溅水消入蔣家河内。前堰灌岩村四甲田四百一十五畝九分四厘，計糧名五户。附岩村四甲旱地三百八十八畝一分九厘九毫，俱係高阜林地，無可引水作田。

一、秦楚堰，州城西三十里。在彭縣界内扎堰，流長五里始灌州田，溅水消入河須溝。前堰灌岩村五甲田四百畝，計糧名九户。附岩村五甲旱地一百五十畝，俱係高阜林地，無可引水作田。

一、白土河，源從彭縣界内白溪灘侵濟之河，至縣地堆子垻，漢州岩村民與縣民共扎堰一座，名陳家堰，其溅水消入河須溝。流長六里始灌岩村五甲田六百三十四畝六分，計糧名九户。附岩村五甲旱地一百七十九畝三分四毫，俱係高阜林地，無可引水作田。

一、濛陽河，源從彭縣，至縣地趙家碾，漢州岩村民與縣民共扎堰一座，名趙家堰，流長八里始灌岩村五甲田三百九十七畝六分，計糧名四户。前堰溅水消入本河。附岩村五甲旱地五百八畝九分三厘，俱係高阜林地，無可引水作田。

一、河須溝，源自彭縣，馬家營、山王廟数處侵水，自流長二里至漢州界内高墩寺，始灌岩村五甲田二百八十五畝四分四厘，計糧名四户。附岩村五甲旱地一百畝，俱係高阜林地，無可引水作田。前堰溅水消入本河。

已上三堰共灌田一千三百一十七畝六分四厘，俱在州城西三十里。外楊欽榮一户田四十七畝三分七厘，岩村二甲地名蓮山嶺上塘水灌溉。附岩村二甲旱地三百畝九分，俱係高山嶺地，無可引水作田。

已上岩村共堰四十三座，共灌田四萬二千五百五十七畝七分九厘五毫。外楊欽榮田四十七畝三分七厘，共計糧名四百六十五户。附岩村共旱地二萬二千七百四十四畝。

〔水村七甲分堰水源田地〕

計開水村七甲分堰水源田地細数：

清白江，源從彭縣三郎鎮，至崇寕縣界會合都江堰水，至新都縣界藍家店起，漢州水村分佔堰三座。開后：

一、下馬朋堰，州城西南二十五里。在楼村七甲近藍家店地方扎堰，流長十五里，潊水消入白龍堰。前堰灌水村三甲田三千七百七十六畝，計糧名二十二户。又灌水村四甲田七百三十七畝三分，計糧名一十四户。附水村三甲旱地七百六十七畝零，又水村四甲旱地一百九十二畝，俱係沙石之地，無可引水作田。

一、白龍堰，州城西南二十里。在岩村六甲包家嘴扎堰，流長五里，潊水消入清白江。前堰灌水村二甲田二千四百七十畝零八分，計糧名一十二户。附水村二甲旱地一千三百九十二畝零，係沙石之地，無可引水作田。

一、馮家堰，州城南十五里。在水村二甲朱家碾上首扎堰，流長二里，潊水消入興隆堰。前堰灌水村四甲田二千一百九十三畝，計糧名二十一户。又灌水村五甲田五百零七畝三分，計糧名六户。附水村四甲旱地一千六百一十六畝，水村五甲旱地二百六十六畝，俱係沙石之地，無可引水作田。

馬目河，源從彭縣三郎鎮，至漢州界内。

一、沙子，州城西五里。在楼村五甲石梯橋下扎堰，流長一里，潊水消入黑龍堰。前堰灌水村一甲田六百二十三畝，計糧名十户。又灌水村五甲田七百五十四畝九分，計糧名六户。附水村一甲旱地一千五百五十五畝，又水村五甲旱地六百八十五畝二分，係沙石之地，無可引水作田。

一、黑龍堰，州城南七里。在水村一甲猪蹄坎扎堰，流水四里，㵧水消入清白江。前堰灌水村四甲田一千零一十三畝四分，計糧名八户。又灌水村五甲田一千一百一十畝零，計糧名一十七户。附水村四甲旱地二百九十七畝八分，又水村五甲旱地八百九十二畝二分，俱係沙石之地，無可引水作田。

馬目河、清白江將會合處扎清白馬目兩河之水堰一座，金、漢兩邑共修。

一、清白堰，州城東南十五里。在水村二甲汪家庄扎堰，流長六里，㵧水消入清白江。除灌金邑外，前堰灌水村四甲田一千三百八十八畝零，計糧名一十九户。附水村四甲旱地二千零三十三畝，地高，無可引水作田。

清白江、馬目河合流處扎堰一座，漢、金兩邑共修。

一、興隆堰，州城東南十五里。在水村三甲三水関上手扎堰，流長三里，㵧水消入金堂河。除灌金堂外，前堰灌水村五甲田九十九畝。無地。計糧名二户。

牟羊河，源從彭縣，至漢州界内楼、水二村共修堰一座。

一、沙河堰，州城西十二里。在楼村五甲畲子營扎堰，流長八里，㵧水消入馬目河。除灌楼村外，前堰灌水村二甲田一千二百一十八畝零，計糧名一十一户。附水村二甲旱地九百四十一畝零，係沙石之地，無可引水作田。

蔣家河，源從彭縣界内清白江，流水堰分濠至漢州界内，楼、水二村共修堰一座，又水村堰一座。

一、姚景堰，州城西南十五里。在楼村七甲姚景橋扎堰，流長三里，㵧水消入本河。除灌楼村外，前堰灌水村二甲田一千四百八十八畝，計糧名一十一户。附水村二甲旱地五百二十八畝零，俱係砂石之地，無可引水作田。

一、翁家堰，州城南十里。在本村三甲假官亭扎堰，流長三里，㵧水消入清白江。前堰灌水村二甲田一千五百二十一畝零，計糧名九户。附水村二甲旱地一千八百二十四畝，此係沙石之地，無可引水作田。

鴨子河，源從什邡縣高景関，會合彭縣三郎鎮兩處之水，出什邡縣界至漢州建家坎，岩、楼、牟、水四村共修一座。

一、官堰，州城西二十里。在楼村一甲建家坎扎堰，流長一十五里，溦水消入馬目河，左消入鴨子河。上堰灌岩、楼、牟三村，前堰尾灌水村一甲田二千三百三十四畝，計糧名十三户。附水村一甲旱地九百四十一畝零，此係山地，無可引水作田。

一、獅子堰，州城西北五里。在水村一甲黄瓜灘扎堰，流長七里，溦水左消入鴨子河，流長十里，溦水右消入黑龍堰。前堰灌水村一甲田一千一百六十九畝二分，計糧名一十四户。又灌水村五甲田四千零二十畝，計糧名四十五户。附水村一甲旱地一千七百九十四畝八分，又灌五甲旱地二千一百五十六畝二分，此係山地，無可引水作田。

一、金堰，州城北半里。在水村一甲金雁橋下首扎堰，流長一里，溦水消入鴨子河。前堰灌水村一甲田三百七十八畝，計糧名三户。附水村一甲旱地五百三十二畝九分，俱係沙石之地，無可引水作田。

一、黄家堰，州城東三里。在水村七甲五顯廟扎堰，流長一里，溦水消入鴨子河。前堰灌水村七甲田一千二百八十三畝，計糧名五户。附水村七甲旱地二千三百一十三畝，此係沙石之地，無可引水作田。

一、牟子堰，州城東五里。在水村五甲高坎扎堰，流長十里，溦水消入茅泡堰。漢、金共修，除金堂縣灌外，前堰灌水村六甲田三千四百二十一畝，計糧名一十九户。附水村六甲旱地四千八百九十四畝，此係沙石之地，無可引水作田。

二龍江，源從什邡縣西山白石溝朱家碾，至漢州界内楊家營帽草垻扎堰一座，出平橋，與鴨子河兩江會合。

一、乾坤堰，州城北五里。在牟村三甲帽草垻扎堰，流長十里，溦水消入寶曇寺滃田。前堰灌水村七甲田五千五百八十七畝，計糧名三十九户。附水村七甲旱地四千七百零七畝六分，此係砂石之地，無可引水作田。

白魚河，源從什邡縣高景関，至漢州界内鍾村地名張家灣鍾、水二村扎堰一座，又鳳凰嘴扎堰一座，出白魚舖與石亭江會合。

一、波羅堰，州城東北十里。在鍾村二甲張家灣扎堰，流長三里，漱水消入鐵橋堰。前堰除灌鍾村外，又灌水村六甲田七百九十畝零，計糧名七户。附水村六甲旱地三百九十九畝四分，俱係砂石之地，無可引水作田。

一、鐵椿堰，州城東十一里。在鍾村二甲鳳凰嘴扎堰，流長五里，漱水消入實曇寺滄田。前堰灌水村六甲田二千一百六十六畝零，計糧名一十六户。附水村六甲旱地二千七百五十三畝零，俱係砂石之地，無可引水作田。

又乾坤、波羅、鐵椿三堰漱水，無有堰名，州城東二十里。在水村七甲實曇寺滄田，流長二里，漱水消入鴨子河。前堰灌水村七甲田二百五十九畝二分零，計糧名三户。附水村七甲旱地一千八百七十二畝二分六厘，俱係沙石之地，無可引水作田。以上三户係三堰漱水灌田，無實水也。

石亭江，源從什邡縣高景関，至漢州界内岩村四甲，所分小濠岩、水二村共修堰一座。

一、菱角堰，州城東二十五里。在岩村四甲渡舡口上扎堰，流長八里，漱水消入石亭江。前堰灌岩村外，又灌水村九甲田一百九十六畝，計糧名二户。附水村九甲旱地一千四百八十一畝一分，俱係沙石之地，無可引水作田。

綿羊河，源從綿竹縣綿羊口，出德陽縣界内扎堰二座，鍾、楼、水三村使水，使本村堰二座。

一、上柳稍堰，州城東北四十里。在德陽縣界内大栢林扎堰，流長十里至漢州，漱水入中柳稍堰。前堰灌鍾、楼二村外，又灌水村八甲田五百九十六畝，計糧名七户。附水村八甲旱地二百六十七畝一分，此係沙石之地，無可引水作田。

一、中柳稍堰，州城東北三十七里。在德陽縣八角井扎堰，流長五里，漱水消入下柳稍堰。前堰除灌楼村外，又灌水村八甲田四百六十五畝，計糧名四户。附水村八甲旱地九百二十三畝，俱係沙石之

地，無可引水作田。

一、下柳稍堰，州城東二十五里。在水村八甲瓦子營扎堰，流長五里，漱水消入本河。前堰灌水村八甲田一千七百八十九畝，計糧名二十二户。附水村八甲旱地二千八百八十二畝四分，俱係沙石之地，無可引水作田。

一、百户堰，州城東三十里。在水村九甲大灣扎堰，流長二里，漱水消入石亭江。漢、金共修。前堰除灌金堂外，又灌本村九甲田一千二百九十三畝，計糧名二十三户。附水村九甲旱地三千零七十五畝零，俱係沙石之地，無可引水作田。

一、後生堰，州城南二十里。在水村四甲趙家庵扎堰，係漱水滃田，無源流。前堰滃水村四甲田一百五十畝零，計糧名二户。無地。

一、石坡山，與金堂交界，州城南二十里，水塘二座，灌水村四甲田一百二十二畝，計糧名二户。附水村四甲旱地一百三十五畝三分，係山林，無可引水作田。

東山從此起，俱係水村九甲塘水灌溉。

一、東管壩，州城東三十里。塘水灌水村九甲高田四百九十七畝零，計糧名一十三户。附水村九甲旱地一千一百二十二畝零，此係山地，無可引水作田。

一、唐家堰，州城東三十三里。塘水灌水村九甲田二千零九十五畝零，計糧名二十四户。附水村九甲旱地三千零七十五畝零，此係山地，無可引水作田。

一、梅家堰，州城東三十四里。塘水灌水村九甲高田一千一百九十五畝零，計糧名一十七户。東山内六漕山田，州城五十里至中江縣界，塘水灌水村九甲山田一千零九十五畝零，計糧名二十五户。附水村九甲旱地三千二百零一畝二分，此係山地，無可引水作田。

一、湧泉，州城東三十里。車水灌水村九甲高田三百六十八畝零，計糧名五户。附水村九甲旱地七百二十畝五分，但係山地，無可引水作田。

水村共河水堰大小二十三座，灌田四萬三千一百七十七畝三分二厘，積水塘堰一十四座，唐、梅二堰乃古名，除二塘之外，有塘無

名。其山内六溝，溝頭高漕設塘積水，無有源流，而使水不久。但溝尾秖係濫泥之田，其有取得塘者各修理使水，而取不得塘者，止望天雨，並無混亂争論。共滄田七千四百九十二畝一分，共旱地五萬四千零五十八畝一分二厘，水堰共計四百一十户，塘堰共計八十六户。

漢水源委總略

二江惟漢州，漢州之域，東北攎石亭江，西南攎清白江，三水會同。

漢州之河，拾有肆而三水爲大。三水者，清白江、鴨子河、馬牧河是也。會同者，三水會於火盆山，而同入金堂峽也。

按：州城係辛脉行龍入首，自什、彭之間，岡麓蜿蜒成脊而來，其脊以南之馬牧河、清白江諸水，由州西境南行而東折入於峽，其脊以北之鴨子河，自州西北境東迤南行，合平橋河、石亭江、綿陽河諸水，亦同入於峽。故州之水分自西北，而去水則合於東南也。

石亭江會白魚、綿陽二河，入於鴨子河。

鴨子河，源由彭縣三郎鎮牛心山下小石河，四十里至紅岩子，會合什邡縣高景関下十里母豬沱河之水，又三十里至馬脚井，總名鴨子河，入州西北境牟村一甲地方，距治四十里即古雁江，又名沱水，遠州城北門外拾餘步，過金雁橋逶迤東南行，出金堂峽下趙家渡，達瀘州入岷江焉。

石亭江，源由什邡縣高景関，經德陽縣境，入州北界王村五甲地名趙家嘴，會綿竹縣射箭台發源之射水河，合流東行折而南至鳳凰嘴。白魚河自西入之，又南行至賴波灘，綿陽河自東入之，合流之南行至牟子堰，入鴨子河焉。

綿陽河，源由安縣，經綿竹縣綿陽口，出德陽縣境，入州東界之鍾村八甲皇庄地方，南行至瀨波灘，距治二十五里西，合石亭江。白魚河源由什邡縣高景関，八十里入州北界之王村五甲化平庄地方，東行折而南，西距治十里，至鳳凰嘴東入石亭江，入江則入鴨子河矣。

平橋河入於鴨子河。

平橋在州北一里，河以礄名，故曰平礄河。凡由什邡縣發源之上龍礄河、下龍礄河、黄土河及分水廟河、驢子堰下河，統會於一河，故總謂之平礄河，下流至州城東三里，入鴨子河焉。

按：上下龍礄二河，同發源什邡縣西山白石溝，朱家堰支分倒流，河由兩河口至穀花寺，出雙飛堰平樑分水，遂别爲上龍礄、下龍礄二河，並流入州西北境，經牟村八甲之賀家營、蔡家營地方，俗呼謂二龍江是也。

黄土河，源由什邡縣高景関，下十里母猪沱河分岔四十里，入州西北界之牟村七甲中福田地方，距治三十五里。

分水廟河，源由什邡縣高景関南陽寺始，河分兩岔，左河分流什邑吴家堰，右河流至分水廟，亦至吴家堰，由製口流滺州西北界之張家堰，係牟村二甲中興寺地方，距治三十五里。

驢子堰下河，源由什邡縣南陽寺，沿溪二十里至栢林堰，分岔二里入州西北界之牟村二甲黄田垻地方，距治三十八里。

以上五河下流俱會平礄。

小石河、泉水溝入於鴨子河。

泉水溝無源，由什邡縣浸濟之水，至州西界岩村一甲大田垻地方，入小石河。

小石河，源由彭縣三郎鎮，入州西界之岩村一甲梘漕溝地方，至大田垻，會泉水溝，至方家坎，入鴨子河。以上鴨子河所會之水，俱左旋而南，左抱州城以入於金堂峡者也。濛陽、黄土二河，入於馬牧河。

按：濛陽小河，源由彭縣三郎鎮，九十里入州西界之楼村二甲梓潼宫地方，距治二十五里，至枷担壪，會黄土河。

黄土河，源由彭縣，入州西界之牟村二甲王家營地方，距治二十二里，至枷担壪，會濛陽河，至奋子營，入馬牧河。

馬牧河，源由彭縣三郎鎮，入州西界之岩村一甲界牌地方，距治三十里，至奋子營，會黄土、濛陽二河，合流過治西五里石梯礄而南迤東，至三水関汪家庄，入清白江焉。

蔣家河復入於清白江。

江水出而復入者爲沱，蔣家河自清白江之流水堰而出者也，下流仍入於清白江，故曰復。

清白江，源由彭縣三郎鎮，出境八十里，下至崇寧縣境石垻子，會合都江堰，下三百洞，本趋錦水河，由垻分入之水抵州西南之楼村三甲楼家營地方，距治二十五里，東迤至三水関汪家庄，會馬牧河以入於金堂峽。

以上清白江、馬牧河所會之水，俱右旋而東，右環州城，會鴨子河左旋之水，同出峽趋瀘州者也。

使都江堰之水一。

清白江，本發源於彭縣，而石垻子分入之水則來自都江堰耳，不由都江堰之水十有三。

鴨子河、馬牧河、石亭江、綿陽河、白魚河、濛陽河、上龍礄河、下龍礄河、小石河二、黄土河以及分水廟下河、驢子堰下河，共一十三道。浸二，泉水溝、河須溝。

山塘積水二，東山之唐家堰、梅家堰，堰水既道，厥土墳壤。

漢之堰水，有流長数里者，有流長至二三十里者，有越溝架梘者，有筒車上水者，有手車取水者，因勢利道，水可灌注之處無不到也。漢之土脉墳起，而性柔易於生物，故凡可引水灌溉者無不田也。

高下之土皆爲旱地。

漢之域寡山而多川，然去山不遠，故兩川夾行之間，類多陵阜起伏以環擁州域，其凸起之土固不可以逆水灌溉，至於水涯之地遼闊卑窪、沙石相雜，冬春水消土見，夏秋水漲則没，止可藝小春而不可栽田者也。

雍正拾年捌月日署漢州新都縣知縣陳銛

蜀西都江堰工志

吴鴻仁　編

整理説明

《蜀西都江堰工志》，作者吴鴻仁，約生於光绪十一年（1885年），卒年不詳；四川省涪陵縣人，法政學堂畢業。自民國17年（1928年）始，吴鴻仁歷任民國四川省政府十數個縣的地方長官，如任資中縣、巫山縣、黔江縣、璧山縣、樂至縣等地縣長。

吴鴻仁爲官頗著循聲，據潘近仁《簡介民國時期樂至縣歷届知事、縣長》，吴氏擔任樂至縣縣長期間，“勤於政事，案無留牘。是時因奉令監修軍事碉堡，尚未苛擾百姓。改調灌縣縣長離開時，縣人餞行，吴爲淚下”。他的政績还包括及時視察災情、籌款鋪路、派员查勘水源、準備修堰引水等。吴鴻仁任職地方官員時，還主持纂修了兩部文献：一部爲《蜀西都江堰工志》，另一部爲《資中縣續修資州志》。《資中縣續修資州志》於民國10年（1921年）開始修撰，稿未成。民國17年（1928年）縣知事吴鴻仁“奉中央命令，索志參稽”，又繼修，次年十一月書成付印。

民國5年（1916年）都江堰重修，其后“連年失修，至河床瘀高”。民國25年（1936年）八月，吴鴻仁任灌縣縣長，正值秋洪暴漲，金馬河、黑石河沿岸田園廬墓大多衝毁，他親赴流域各地巡視後，“返縣派員分道詳勘，繪具圖説，呈請大修”，但是到當年十月二十三日霜降日，吴氏從水利局長邵從燊處得知，重修經費并無預算。他急赴温江拜見第一區行政督察專員陳懷先，又與陳懷先一道前往省城晋謁省秘書長鄧鳴階、民政廳長嵇述庾、建設廳長盧作孚，籌措款項。後由當時的省府主席劉湘“撥國幣伍萬元發給水利局辦理歲修事宜”，又“電召用水十四縣縣長、水利會長在温江專員公署開會，議決由用水十四縣墊欵十一萬元作特修經費”。此次工程至民國26年

(1937年）四月竣工，同月十二日舉行了開堰典禮。

《蜀西都江堰工志》即是民國26年（1937年）重修都江堰工程竣工後，應劉湘的要求，由吴鴻仁匯輯水利書、政議、碑志等有關都江堰的内容編纂而成的。全書分爲六個部分：都江堰分溉十四縣水道圖，附内江、外江分溉各縣河流暨各河本縣堰堤表；水利綜述；政議；碑志；雜記；論箸。這是一部歷代都江堰工程的資料匯編，在水利史上有着較高的文獻價值。

《蜀西都江堰工志》現存版本爲民國26年（1937年）的鉛字排印本，綫裝，全一册。今以此爲底本，進行了標點、校勘、分段等工作。

目　録

弁　言

中華民國二十五年八月，余奉命承乏灌篆。適秋洪暴漲，寶瓶口水則達二十四劃以上。因登崇德祠俗稱二王廟。後山，俯視都江堰内外江各河口，一片汪洋，幾無涯際。九月水退，親赴外江，爲流域巡視金馬河。係岷江正流。黑石河沿岸田園廬墓被水冲毁無算。揆厥原因，蓋由五年以後連年失修，致河床瘀高，横流泛濫所致。乃返縣派員分道詳勘，繪具圖説，呈請大修。至季秋霜降節，水利局長邵從燊來縣舉行截水典禮，始悉本年度尚無是項預算。余急赴温江謁第一區行政督察專員陳公懷先陳明情形，同赴省垣晋謁秘書長鄧公鳴階、民政廳長嵇公述庾、建設廳長盧公作孚，爲民請命。蒙省政府主席劉公軫念民瘼，立撥國幣伍萬元發給水利局辦理歲修事宜，一面電召用水十四縣縣長、水利會長在温江專員公署開會，議决由用水十四縣墊欵十一萬元作特修經費，在二十六年度省欵項下歸還。各縣縣修、民修堰工，仍照舊例征工修濬，比即分頭進行，至二十六年四月竣工，於是月十二日舉行開堰典禮。

主席劉公涖縣主祭，禮成之次，進鴻仁而言曰："都江堰爲本省偉大工程，中外人士來灌參觀堰工者，咸以不悉古人治水成績爲歉，盍詳記之，以餉來者。"鴻仁對曰："唯。"退而稽諸羅伯濟夫子纂修《縣志》，攷證已詳，無待贅述。爰録水利書及政議、碑記之有關係者，題曰《蜀西都江堰工志》，用備參考。又國民經濟委員會顧問、英人貝加爾前此來縣，參觀堰工，問都江堰開鑿了許多年？余答以二千多年。又問二千許多年？（夷）〔余〕考《史記·秦本記》云：周慎靚王五年（歲次乙巳），秦伐蜀，滅之。以公子通爲蜀侯，旋置郡。晋常璩《華陽國志》云：秦孝文王以冰爲蜀守。冰能知天文地理，壅江作堋，穿郫江、檢江，别支流，雙過郡下，以行舟船。岷江多梓、柏、大竹，頹隨水流，坐致材木，工省用饒。又溉灌三郡，開稻田，於是沃野千里，號爲陸海。旱則引水浸潤，雨則杜塞水門。故記曰：“水旱從人，不知饑饉，時無荒年，天下謂之‘天府’。”查秦孝文王即位於庚戌年，在位祗一年，是年距今二千一百一十六年，爲西曆紀元前二百五十年，特附及之，用志巔末如此。

涪陵吴鴻仁

〔都江堰分溉十四縣水道圖附圖表説明〕[1]

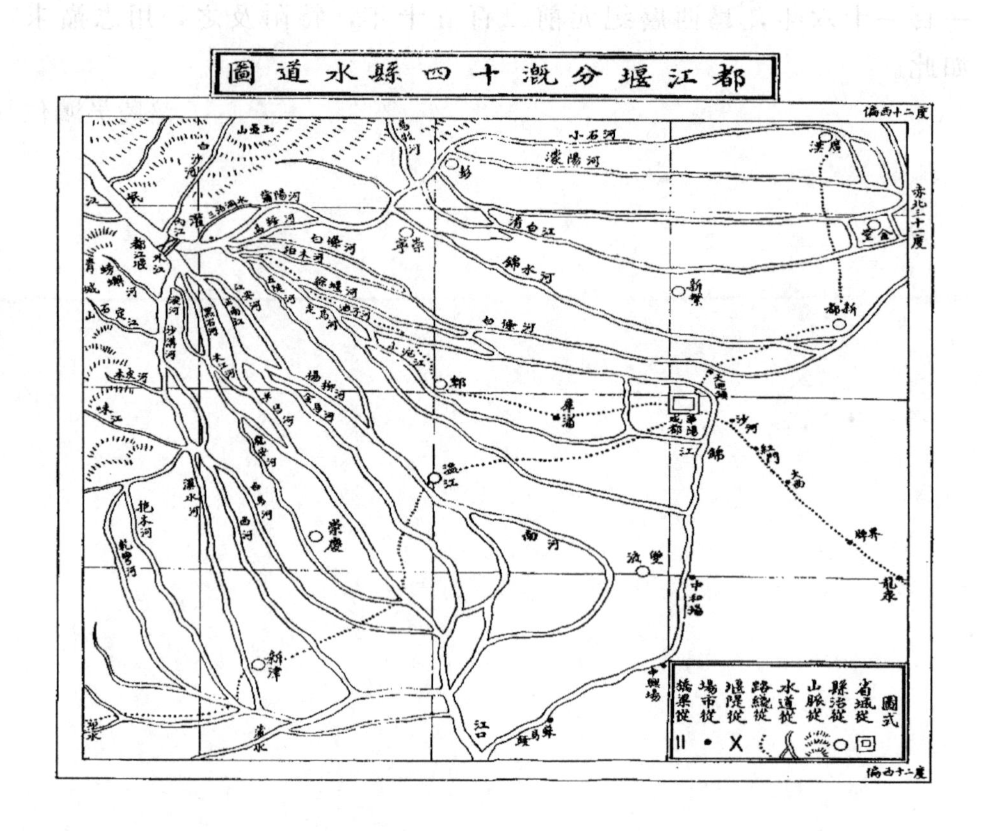

内江分溉各縣河流暨各河本縣堰隄表

蒲陽河　自内江太平橋下東北岸分水，流入彭縣。

玉帶堰縣東一里。大白堰縣東北三里。公安堰縣北十八里。馬坡堰縣北二十

---

❶ 此標題原無，據底本目録補。

里。獐子堰縣北二十四里。王家堰縣東北二十五里。鴨蛋堰縣北二十五里。長溝堰縣北二十八里。雙溝堰縣東北三十里。農光堰縣東北三十二里。

三泊洞　自内江北岸分水，穿城流入蒲陽河。

觀音堰城北。紙房堰城北。楊柳堰縣北四里。蒙茨堰縣北八里。乾河子堰縣北十二里。蒲陽堰縣北十五里。

柏條河　自内江太平橋下南岸分水，舊名府河，流入崇寧。

太平堰城東。三官堰縣東一里沙子河口。三升堰縣東一里。中溝堰縣東川里。黄金堰縣東四里。蓮花堰縣東四里。雙堰子縣東八里。馬鞍堰縣東十里，即馬鞍河口。青竹堰縣東十里。車家橋堰縣東二十八里。張家橋堰縣東三十里。任家橋堰縣東三十八里。

沙子河　自内江柏條河南岸分水，仍流入柏條河。

馬鞍河　自内江柏條河北岸分水，流入蒲陽河。

走馬河　自内江三泊洞下游西岸分水，流入郫縣。

飛沙堰在人字隄上游，内江之西岸。其堰水小則截入離堆東北行水，大則溢入正南江，故堰以飛沙名。舊《志》載入走馬河流域，今仍之。八角碾堰縣東南一里。上漏罐縣東南二里。曾家堰縣東南三里。三乂堰縣東南四里。五陡堰縣東南六里。何家堰縣東南十里。黄鶴堰縣東南十五里。紅塔堰縣東南二十二里。竇家堰縣東南二十五里。臘八堰縣東南三十六里。

五陡河　自内江走馬河西岸分水，流入温江縣。

金雞堰縣東南十五里。

柏木河　自内江走馬河東岸分水，流入崇寧。

朝天堰縣東二里即河口。翔鳳橋堰縣東三里。金馬堰縣東四（重）〔里〕，一名金沙堰。申家堰縣東四里。上椿椿堰縣東五里。董家堰縣東六里。廖家堰縣東七里。下椿椿堰縣東八里。雙分堰縣東九（重）〔里〕。黄泥堰縣東十一里。使人堰縣東十四里。天心堰縣東十五里。文家林堰縣東十六里。邱家河灣堰縣東二十里。豆沙堰縣東二十二里。泉水堰縣東二十二里。楊柳堰縣東二十二里。豆腐堰縣東二十三里。趙家堰縣東二十四里。駱家堰縣東二十五里。燒房溝堰縣東二十六里。徐家碾堰縣東二十七里。藍家碾堰縣東二十八里。大墳壩高堰縣東三十二里。朱家碾堰縣東三十三里。龍口堰縣東三十八里。

徐堰河　自内江走馬河東岸分水，流入崇寧。

洴水堰縣東二十里。和尚堰縣東二十一里。竇家堰縣東二十三里。石板堰縣東二十五里。廖家堰縣東二十六里。官家堰縣東三十里。平樂堰縣東四十里。

羊子河　自内江走馬河東岸分水，流入徐堰河。

羊子堰縣東十四里。張家堰縣東十八里。永定堰縣東二十里。宋家堰縣東二十里。荒林堰縣東二十一里。兩合水堰縣東二十四里。

游子河　自内江走馬河東岸分水，流入崇寧。

清水堰縣東二十四里。小洴水堰縣東二十六里。陳家堰縣東二十七里。曾家堰縣東三十里。天生堰縣東三十二里。方家堰縣東三十五里。

上列内江各河分溉小堰共八十五。

附内江各隄

人字隄，古爲都江下洴缺，清康熙間作隄三十八丈，今歲修，用竹簍石如人字形，故名。

千金隄，即人字隄原址。

太平隄，在走馬河口，清康熙間作隄八十丈。

玉帶隄，在城東北隅蒲陽河東岸，長三十餘丈。

外江分溉各縣河流暨各河本縣堰隄表

正南江　自外江東岸暨内江西岸之飛沙堰分水，流至下游臨江寺分羊馬、金馬二河。

羊馬河　自外江正南江西岸分水，流入崇慶縣。

金馬河　自外江正南江東岸分水，流入温江縣。

楊柳河　自外江金馬河東岸分水，流入温江縣。

沙溝河　自外江下游二里許分水，流入崇慶縣。

石牛堰縣南四里，即沙溝河分水處。漏沙堰即石牛堰之洴缺，在沙溝河東岸。嘴巴堰縣南八里。長流堰縣南十里，一名上官堰。同流堰縣南十二里，一名下官堰。西八字堰縣南二十里。東八字堰縣南二十里。蒲草堰縣南三十里。普陀堰縣南三十五里。馬金溝堰縣南四十里。百丈堰縣南四十一里，一名緊水河。新開堰縣南四十二里。黄竹堰縣南四十二里。金斗堰縣南四十四里。劉家堰縣南四十八里。焦家

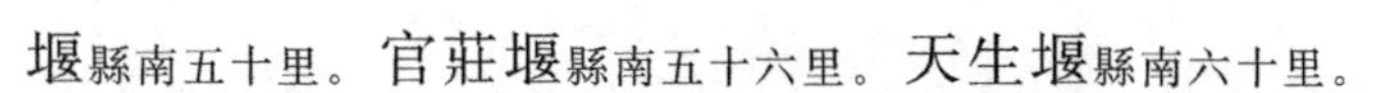

堰縣南五十里。官莊堰縣南五十六里。天生堰縣南六十里。

小徐堰　一名漩河，自外江沙溝河口分水，流入黑石河。

新堰縣南五里。琵琶堰縣南六里。馬蝗堰縣南六里。勒踏堰縣南七里。

泊江河　自外江沙溝河西岸清河西橋分水，流入崇慶縣。

楊柳堰縣南三十六里。郭泗堰縣南四十里。高墩堰縣南四十里。文家堰縣南四十二里。資壽堰縣南四十六里。東青龍堰縣南五十里。西青龍堰縣南五十里。搬家堰縣南五十一里。靈官堰縣南五十五里。崇古堰縣南五十里。三和堰縣南六十六里。

黑石河　自外江正南江西岸，及沙溝河東岸之漏沙堰分水，流入崇慶縣。

酸棗堰縣南十四里。高橋堰縣南十六里。岳家橋堰縣南二十里。布袋口堰縣南二十五里。仁和堰縣南三十五里。石板堰縣南三十六里。承天堰縣南四十里。周家堰縣南四十五里。架虹堰縣南五十六里。

木江河　自外江黑石河分水，流入羊馬河。

清水堰縣南三十二里。李子沱堰縣南四十里。

江安河　自外江正南江東岸分水，流入温江縣。

洞子口堰縣南二十二里。何家橋堰縣南二十四里。雙梘槽堰縣南三十二里。

龍安河　自外江黑石河西岸分水，流入崇慶縣。

木頭河　源出本縣普照菴山後，流入崇慶縣。

味江河　源出本縣熊耳山，流入崇慶縣。

上列外江各河分溉小堰共四十七。

附外江各隄

錢公隄，在安瀾繩橋下，外江東岸，長三百丈。清同治間邑令錢璋所修，以護下游柴家坎、湯家灣等處，遂以名隄。

岷江隄，在縣西南十五里，正南江西岸新渡口一帶，長一千餘丈，清同治甲戌年築。

張家灣隄，在縣南十四里，正南江東岸，民國十六年冲刷築隄堵截，歲有興作，迄今竟未收效。

灌西蕭士彬謹撰并繪

都江堰分溉水道圖表説明

堰跨岷江，在玉壘關外安瀾繩橋上，堰下二江分流。舊《志》載秦守李冰鑿離堆，引江水，循灌城東北注者爲北江，東南流者爲南江。又載自寶瓶口穿三泊洞北注者爲外江，入五陡口，東北注者爲内江。然河流變遷無常，今古名稱亦靡定，究水利者苦致搜求。今圖謹就堰下經離堆内分溉各流别爲内江，如：三泊、蒲陽、五陡、柏木、徐堰、油子、羊子、柏條、馬鞍。各河流是經離堆外分溉各流别爲外江，如正南、沙溝、黑石、小徐堰、泊江、木江、江安、羊馬、金馬、楊柳、龍安、木頭、味江。各河流是概用今名以便識别，且備載各河分堰，使究堰工者庶知我十四縣人共沾斯堰之水利也。

水利綜述

神州以農立國，大利歸農，實資於水。《書》言：决九川，濬畎澮。茫茫禹甸爲用，蓋私岷山導江，肇始神禹，顧僻在西，儕於要服，荒度土功，難言畫井。自秦併蜀，而郡縣之二江既穿，民乃粒食。其瀦防蓄洩之法，殆與地官所掌無異。是以馬述《河渠》、班志《溝洫》皆及李冰治水事，蜀稱天府，於此權輿，明德遠矣。徒以世風日變，吏之於民，貴賤若相懸，即憂樂不與共。循良間作，僅有其人而又或師心自用，弗循舊章，此利害所以相半也。後之來者留心民事，盡力規隨，酌古準今，庶其有豸❶。

江爲四瀆長，言水利者首及之。其源流既詳輿地書矣，自蜀守李冰穿江，厮渠經緯錯綜，具有條理，可得而述焉。《水經注》云：江自緜虒縣來，歷都安縣，李冰作大堰於此。壅江作堋，堋有左右口，謂之湔堋。江入郫江、檢江以行舟。其正流遂東，郫江之右也。《元和郡縣志》云：自禹導江，正源至石紐，出汶川而南，其北無水，李冰鑿離堆以分岷江之水，北折而東，灌溉蜀郡田疇以億萬計。都江口舊有石馬埋灘下，凡穿淘必以離堰石計爲準，號曰水則。其下灘深二丈二尺，而水則亦深七八尺。石渠水口，横一丈五尺，縱一百二十尺，深六尺。石洞水分爲三，曰灌田水口，横一丈，縱一百二十丈，深六尺；曰彭州水口，横三丈，又分爲二，其一縱十有五丈，深五尺，其一縱四十丈，深三尺；曰將軍橋水口，横二丈三尺，縱四十丈，深三尺。外應水口，横一丈五尺，(縫)〔縱〕一百三十丈，深四尺。倉門水口，横八尺，縱五十丈，深二尺。馬騎水口，横六尺，縱

---

❶ 有豸　有所解除。

二百九十丈，深二尺。鼓兜、石址水口，横二丈五尺，縱六十丈，深二尺。東穴水口，横三尺，縱一百五丈，深五尺。投龍水口，横五丈，縱八十丈，深三尺。北水口，横四丈，縱一百八十丈，深三尺。鐵溪水口，横一丈，縱六十丈，深三尺。徙水口，横三丈，縱六十丈，深一尺。歲以爲常，過與不足，其害立見。由漢以來數千百年，或因舊葺治，或因時疏築，而功實原於秦守冰。所謂馬騎水口者，東南六七里間有隄名上馬騎、下馬騎，各長二百餘步，世傳冰駐馬督工，後譌以騎爲隄也。《宋·河渠志》云：皂江支流，迤北曰都江口，置大堰，疏北流爲三，東曰外應口，溉導江、新繁、新都，達於金堂，是爲沱江；東北曰新石洞口，溉導江、崇寧、九隴、濛陽，達於漢之雒，是爲湔水；東南曰馬騎口，溉導江、崇寧、郫縣、温江、成都、華陽，是爲流江。《元·河渠志》云：李冰作堰以瀦洪流，至三石洞，釃爲二渠，所謂穿二江即此。以上諸説，《元和郡縣志》最詳，《宋·河渠志》較晰。惟湔水即沱江，今蒲陽河。沱江當作流江，今北條河❶。流江當作郫江。今走馬河。所謂新石洞者，蓋即三泊洞，外應口者，蓋即府河口，馬騎口者，蓋即走馬河口。名稱略變，而形勢不殊，以（令）〔今〕河系言之。岷江自西北來，蜿蜒數千里，容納百川，至灌益大，爲利始饒。東別爲沱，而南北江之名以著。一曰内外江。南即岷江正流，經崇慶、新津，東至彭山，與府河合，是爲江口。其自南江出者有沙溝、黑石、江安、羊馬、楊柳諸河，而金馬爲其正幹，至沙溝所分之漩河、泊江、緊水，黑石所分之木江、龍安諸河，則又其較小者。北即沱江，東北經崇寧、新繁、金、簡、資、内、富、瀘入江。其自北江出者，有三泊洞、走馬、北條諸河，而蒲陽爲其正幹，蒲陽河初在二泊洞起水，後專從太平隄起水。至走馬所分之柏木、五陡、羊子、徐（�）〔堰〕、油子，北條所分之沙子、馬鞍諸河，則又其較小者。他如會岷之水，以壽江、味江、白沙河爲大，而麻溪、古溪溝、螃蟹河、石定江、木頭、木皮河等次之。會沱之水則僅蒲陽河所納諸山澗，而麻柳林河、南溪河較著。大抵吾灌水利豐於東南，嗇

---

❶ 北條河　今柏條河。

於西北，蓋地勢使然。其浸溉範圍則十有四屬，合都江下游之眉山、彭山、青神，則十七屬。從灌口始而沱居强半，以故水量有四六之比例，夏至以前，南江流域既廣，需水必多，内六外四乃足用，嗣後水發，内不能容，則洩入南江，以外六内四爲度，俾得平衡，調劑葢有精意，此推諸百世而準者也。

都江堰屬河渠，既有統系，綱舉目張可得其要。北江分三支，一曰蒲陽河，浸溉灌縣、彭縣、新繁、新都、金堂、廣漢，其出北江而入蒲陽之三（洎）〔泊〕洞河，僅溉灌縣。二曰北條河，即府河，浸溉灌縣、崇寧、郫縣、新都、華陽、雙流，其支流曰沙子河、馬鞍河，均溉灌縣。三曰走馬河，浸溉灌縣、崇寧、郫縣、成都、華陽。其支流曰柏木河，浸溉灌縣、崇寧；曰五陡河，浸溉灌縣、郫縣、温江；曰羊子河、徐堰河、油子河，均溉灌縣、崇寧、郫縣、成都。按北條（古流江）、走馬（古郫江）即李冰所穿之二江也。湔水出緜虒縣玉壘山《漢書·地理志》。注入江，在都江上游，故都江堰亦名湔堰，蒲陽河由此分出，遂冒湔江名而流經新繁，史稱文翁穿湔江口，灌溉繁田千七百頃，《華陽國志》。蓋多引支渠擴充水利耳。近人謂白沙河即湔水，於地勢頗合，而苦無確證，或以彭縣清白江當之，則於湔堰之名不符矣。

南江分四支：一曰正南江，以金馬河當之，溉浸灌縣、温江、雙流、新津，次則羊馬河，浸溉灌縣、崇慶、新津；二曰沙溝河，其支流曰泊江河、漩河；一名小徐堰河。三曰黑石河，其支流曰木江河、龍安河，均浸溉灌縣、崇慶；四曰江安河，與自正南江出之楊柳河合，浸溉灌縣、郫縣、温江、雙流、華陽。此外入南江之水，自山谷趨平原，可資挹注，而其利微。惟清乾隆間所開之長同堰，自沙溝河起水，鑿崖通澗，緣青城山麓而南，由横山寺俗名横山堰。達太平埸，約二十餘里，溉田三萬餘畝，皆以民力成之，厥功偉矣。詳《文徵》。按：南江大於北江，在灌頗饒，水利越境則浸溉不廣，視北江有間焉。綜南北江釃渠所沃，共四百餘萬畝。

河渠

在昔蜀困於水，嘗决山以除其害。自離堆鑿而水利興，壅江作

堋，蒸民乃粒，遂爲都江堰。始李冰主張"深淘低作"，千古莫易，其作石犀、作石人。并詳《華陽國志》。勸神酒、化牛鬬，《風俗通》。殆難以常理推測。而堰其右，檢其左，正流遂東。《水經注》引《益州記》。至刻水則、在離堆山址。《元·河渠志》云：以尺晝，凡十有（二）〔一〕，水至九則足，過則害。按：《宋·河渠志》作：至十而止，水及六則，流始足用，過則（後）〔從〕侍郎堰洩歸於江。設象鼻、立指水、作釣魚護岸，舊蹟雖渺，遺則可尋。蓋冰深識水性，於緩急分合之勢，淺深高下之宜，用心既密，用力亦專，故南北江皆得其平。詳見《元和郡（國）〔縣〕志》。漢代秦興，聞見尚有所及，王延世治河用竹落《漢書·溝洫志》。盖仿冰之法也。《元和郡（國）〔縣〕志》：犍尾堰，李冰作，破竹爲籠，以石實中，累而壅水。諸葛亮以都江堰爲農本，調丁護之，主以堰官，《三國志》。未嘗別立新法。晉、宋、齊、梁、陳、隋，民食水利，無以堰法聞者。唐高士廉、白敏中皆致力於堰，而率由舊章。宋張詠爲之，據《河渠志》所載，亦惟云："以竹籠石爲大隄，凡七壘，如象鼻耳。"元人逞臆，堰乃不治。至元初，廉訪簽事吉當普惡歲修之煩，創鑄鐵龜，用石包砌爲門，以時啟閉。揭傒斯爲製《蜀堰碑》，詳《文徵》。於冰法頗有出入，然亦不過就旱則引水浸潤，雨則杜塞水門之意，略加變通而已，而其法終敝。明重水利，弘治初，循蜀漢置堰官故事，增設按察司水利僉事一員提督都江堰工，堰於是始有專司。時灌縣知縣胡光欲仿吉當普流，循其故址，甃之以石，貫以鐵錠鐵柱，固以油灰麻絲，工費二十五萬三千二百有奇，未幾，堰復壞。正德間，水利僉事盧翊懲毖前後，專意修濬，直抵鐵板，得秦人所書六字，揭諸觀瀾亭上，爲後世範。仍織竹絡石，以復歲修之舊，費廉而工省。又恐來者弗察，復主鐵柱鐵龜，背"深淘低作"之旨，得不償失，復自爲《灌縣治（永）〔水〕記》，陳述利害，其復古之心昭然若揭，望後有能繼者。嘉靖間，水利僉事阮朝東即主竹籠之說，以用鐵石爲非，有所撰《李公祠碑》，深以吉當普、胡光爲戒，恐後世復有變更，較盧記尤詳盡而用意正，同足爲圭臬。乃僉事施千祥遽更古法，創爲鐵牛鐵板以當堰口，仍以釣魚竹籠固隄根，當時頗韙之。學使陳鎏與侍郎高韶均有《鐵牛記》，以上并詳《文徵》。其堰雖固，而卒難持久。萬曆間，巡按御史郭莊命於鐵牛外層造鐵柱三十，安置

仙女洞、三泊洞、寶瓶口、五斗口、虎頭崖諸岸間，又樹柱以石，護岸以隄，有陳文燭《都江堰記》，詳《文徵》。言其厓略而終未能永逸者，蓋疏濬以深淘爲主，作堰以竹籠爲要，明堰之不大壞在深淘，猶存古法耳，豈鐵牛鐵柱之力哉？獻賊爲虐，民不聊生，疏濬久廢。清順治中，巡撫高民瞻與其屬僚捐金修築，粗具規模，佟鳳彩繼之，募民淘作，議復歲修而猶不時淤塞。康熙辛酉，杭愛擁節來蜀，請帑興工，務求舊渠遺蹟，果於榛莽中得之，於是水復故道，有所撰《復濬離堆碑》。詳《文徵》。康熙丙戌夏，山水泛溢，决壞諸堰，人字隄亦決，久之復，故今公園所鑿荷池地勢特卑，即前日水所氾也。巡撫能泰復築人字、三泊洞、三洞今衹存一。太平各隄。太平隄者，李冰所鑿二江之口也，朱載震有《修建太平隄記》。詳《文徵》。雍正八年，巡撫憲德疏請續修，其言不外深淘低作，織籠納石，於古法仍無敢易。詳《文徵》。乾隆間，水利同知滕兆棨、汪松承以離（推）〔堆〕水則剥落較的，重鐫古水則，旁復以河底臥鐵，立淘灘之準，按：今卧鐵處，即李冰埋石馬處，自明萬曆間鑄三十柱，施放江底，鳳棲窩、三泊洞均有之，後世遂但知鐵柱而不知石馬，然馬與柱其意一也，淘不及柱則河底高，而水患終不免。添設丁字鐵樁一，鐵柱一。踰年復加長鍊束柱於樁，使無移動，并立石鳳棲窩爲標記。是歲，總督阿爾泰以堰易淤塞，堅築石壩，於底加深三尺，沿山上游增築隄埂蓄水，以備春耕，民頗利賴。凡此皆數千年金石所垂，地志所載，古法昭然，遵之則利，變之則害，非可飾智矜能者。同治二年，水溢堰壞，成緜道何咸宜奉檄督修。越明年甲子，爲木商所愚，誤鑿鬥雞臺山趾，即三道崖，而堰遂不可救治。蓋江水急流必須緩受，自虎頭崖下山足一揞，水勢趨南，南岸魚嘴抵之向北，水勢遂趨鬭雞臺，臺下山足如雞距，激盪奔湍，使之南去，南隄魚嘴曲折緩受，復使之北，又有人字隄滎洄其勢，使正流直注象腹，灌入寶瓶口，象腹之北，復以象鼻瀦水，徐徐吐出，不使衝擊爲患，然後折而東薄城以下。是堰之增減，賴離堆山口以檢制之，離堆之障峙，賴三道崖以支護之，崖脚存則離堆可久，崖脚去則離堆則危，此所謂堰右檢左者。固李冰因地制宜之妙用，一張一弛，有如輔車相依，流俗惡得而知之。乃以木筏西來，轉柁稍遲，觸石輒不救，諸賈乞從吏白何，謂鑿之可已患。斧斤方運而

何遽不起，自是毀金隄，潰古堰，漂没田廬，頻歲爲災。而（本）〔木〕筏之壞亦愈多，非獨灌人首受其禍，且波及用水州縣，官民交困矣。蓋自甲子春鑿毀崖根，夏即損田萬餘畝，知縣楊若鯆請以濟穀賑救。同治六年，水利同知曾寅光依山址作新隄，以護離堆、殺水勢，日久，水失故道，爲患不止。光緒丁丑，總督丁寶楨親臨相度，疏請大修，檄成綿道丁士彬等督工，而責成於灌縣知縣陸葆德。陸則聽信家人，金石各販，遂得因緣爲奸，於是石壁鐵錠之謀進，沿河甃石爲隄，貫之以鐵，加石灰桐油，補苴罅漏，工亦堅實，而敗於垂成，復蹈元明覆轍。進太平魚嘴僅存，其所修白馬漕、平水漕則至今爲利，厥後勘修略有補救，幸不甚壞。然欲求洞悉情形，躬親指示如强望泰其人者，實不易得。清末，在事諸人，頗議甃石補三道崖，而慮水發即崩，終無成效，劉廷恕官水利時，撰有記，深惜其不能復舊云。詳《文徵》。

民國元年，改成都水利同知爲水利委員，逾年改水利知事，尋變名爲都江堰駐灌水利委員，職權過小，堰將不治。時邑人士以都江堰工自丁督大修後已越四十年，協懇省署電達中央，經財政部核准撥欸興作。規定三期大修，以三年冬爲第一屆，四年冬爲第二屆，五年冬爲第三屆。上游工少，下游工多，然亦未盡實行，彌縫其闕而已。民國八年，改委員爲成都水利知事，崇其職權，俾易措置。顧吾蜀經護國、護法、靖川諸役，防區制成，財政棼亂，庫貧如洗，取給無從。任斯職者，率皆視爲傳舍，循例敷衍，水災迭見，置若罔聞，所謂技正技術者，特備員耳。十四年當道委任邑紳官興文，受職以來，頗能振作，補鑄鉄樁以爲淘河準則，修復太平隄上魚嘴，改造三泊洞、將軍堰，皆自出新意，堅固異常，而將軍堰甃成石級，以時啓閉，城中不患水溢，制尤善焉。按：太平魚嘴舊用竹籠歲换，興文改用石條，力當其衝，旁植楗讓之，外衛以籠，遂無損壞。官氏又以都江堰苦於歲修，宜爲久遠計，力經營之。謂新工魚嘴爲岷沱分水第一關鍵，自鐵龜鐵牛後，清川督丁寶楨嘗大修，因基址不固，甫經夏汛即蕩然無遺。蓋昔日上游水經由南而北，今則更變由北而南，審度形勢，堰當下移二百尺以殺水勢，河基應深鑿至十七尺，密布地扶以堅其底，上用條石層級鈐之，總卅

三尺，分内外二層，用橢圓微鋭兩形，外層低九尺，以分平常倒冲之洪水，内層高九尺，以分汪洋傾注之洪水。面積長一百一十尺，以迎其要衝，後寬七十尺，以制其震撼，出江面十八尺，使巨浪不致泛毁後身。左側十八級，每級縮二寸，取微斜式，使洩力減輕，任其暢流無阻。右側十八級，每級縮五寸，取半斜式，使倒水遠射，免於撤底抽漕。魚嘴前置竹籠，長九十尺，寬四十尺，仍橢圓形，藉以劈分春水，内置梅花樁，以出籠五寸爲度，浮木漂擊之，患可除。兩旁並加護籠以固其基。復於後方堅作卵石翅埂二百五十尺，高度如前，以遏洄水。而繩橋横跨堰上，慮其擦傷魚嘴，更於上層分甃石墪，各高四尺，以防護之。别於魚嘴中心建石級甬道，篾繩若斷，以便往來救護。凡需欵一萬七千六百餘圓，中經蹉跌，閱四年而始成，監司五任皆力贊之，其規畫詳密如此，顧越年仍有所損，不易修復，議者頗非難之。邑人何治平具陳歲修與大修之利弊，繪圖綴説，引證明切，當道准備參考，而於興文之殫精竭慮，則未嘗没其勞也。詳官氏《復修都江堰新工魚嘴記》，何氏有《呈省政府文案》，存水利署。都江堰以下分渠寖多，時有水害，官氏於江安河之土橋林巷子、走馬河之楊家灣、正南江之張家灣等處皆相度地勢，築堤禦災。而北條河之馬鞍堰、青竹堰、黄璟俗名黄金。堰、萬壽橋、楊家灣一帶，堤圮輒數百丈，則經民工先後恢復。其支流曰馬鞍河，於光緒七年及卅二年兩次决口，用庫帑及捐欵數千兩，掘河三里，今得無患。蒲陽河流入崇寧之平闖口，有馮泉華三堰禦水大隄，頻年争水，纒訟爲平均之，民悦而尸祝焉。厥後在官者，率相規隨，而困於財力，水旱不時，災異迭見。十八年擬修張家灣、林巷子，郫、温、新、雙、崇、華六縣以爲無關利害，抗不籌款。明年大水壞田萬計，吾灌外江流域蕩析離居者，多至一千餘户，毁橋四十餘所，内江因平水槽、飛沙堰之限制，被害稍輕，惟府河黄金堰上下十里飽受沈溺耳。其故由正南江兩岸無隄，水不歸漕，右與黑石河，左與江安河密邇，東西衝突，三江幾成一片。而黑石决口尤鉅，下游諸縣亦多泛溢。省府始令用水十四屬派欵各千元，特修張家灣、林巷子、馬家渡、劉家塘、鯉魚沱、楊家灣、黄金堰等處，以前任縣長高凌霄督工。二十年六月諸堤復潰，惟馬家渡僅存，正南、黑石兩河不致混一，福星、永寧、永康三橋復相銜接。永寧旋折二洞。是年官水利者淘灘，未能如法，以致春耕乏水，民竊秧苗，多釀争鬥。益知秦守之法不可廢，而歷來當事諸人并足垂爲法戒也。

修濬

都江堰功經費，宋以前無徵。元至元間，李秉彝爲陝西按察副使，巡行灌州，故有李公堰，遇水漂悍輒壞，歲調民夫修完。揭傒斯《蜀堰碑》亦云：有司歲治隄防，役民兵多者萬餘人，少者千人，其下猶數百人。人七十日，事雖治，不得息。不役者，日三緡。詳《文徵》。是元世調夫修作，無夫出資，靡定額也。明初，凡用水州縣與軍屯衛所，共役人夫五千，竹木工料，計田均輸。成化間，巡撫都御史夏塤，以遠人赴役不便，將郫、灌雜派科差，均攤得水州縣，以備堰務工料。弘治四年，添設水利僉事，計畝派夫，分班更役。正德間，盧翊爲僉事，復啟蜀王歲助青竹四萬竿，是明初於人夫工料外，兼取竹矣。

清初，四川巡撫高民瞻暨屬員捐貲修築，尚無定章。順治十八年，巡撫佟鳳彩爲久遠計，題請用水州縣照糧派夫，其時民田未經丈量，計塊出夫，灌、温、郫、崇、金、成、華、新繁、新都，共八百八十三名。咸以用水多寡爲斷，法亦頗公。康熙四十八年，山水泛溢，衝決人字隄、三泊洞、府河口，城郭田廬漂没尤甚。巡撫能泰以修費不貲，每夫一名改折銀一兩，并捐俸以助。雍正八年，人字隄衝决壅塞，巡撫憲德因自雍正以來，修費用銀五六百兩，七八百兩不等，五六兩年費至千餘，非增益之不能善事。又以計塊出夫，大小不侔，必有畸重畸輕之弊。而用水州縣，亦有遲早多寡之不同，田既勘丈，宜改章以昭公允。計畝派銀共一千二百八十二兩二錢二分九釐，題請立爲定額，俾永遵循。詳《文徵》。並移水利同知駐縣垣，以專責成，設竹園檔於灌西，使民上竹免差徭。乾隆六年，巡撫碩色又以雍正十三年上諭“運河、隄岸、閘壩等工俱動正項銀糧，從前捐諭各項，自乾隆元年爲始，一概革除，都江堰所有計畝均攤，盡數豁免”。爾時石牛堰漏，

末入告復，請歸入都江堰工估支，豁免捐派，自是胥動庫欵不藉民力矣。嘉慶元年，總督蔣攸銛奏請將濟田租穀變價資撥。道光戊申，總督琦善奏請將剩積銀兩發商生息，足敷加工之欵，濟穀仍歸民間，雖經費無缺，而災變時聞。奉公竭蹶當事束手，自是於原額外，請加增六百六十四兩二錢七分一釐。咸豐間，復請增銀二千二百五十兩，用水州縣捐助竹價銀七百二十兩，都江大小各堰之款，又自是而增有定額矣。惟自甲子大修後，河流遷變，工役既多，用籠亦愈衆，頻年以來，山枯竹小，居民應役視爲畏途。同治二年，竹園户師策銜、王昌南等以官價折本太多，呈懇補助，總督吴棠允歲增銀一千兩，由用水州縣攤派。光緒六年，總督丁寶楨體恤民艱，免其攤派，别於運局提用，由縣具文交竹首赴成綿道署請領。舊例竹籠共一萬二千五百三十五條零十一丈五尺。光緒六年，總督丁寶楨添換一千二百七十八條，舊例每條銀一錢六分，添換籠銀每條一錢九分二厘，堰竹正加共三十九萬三千五百四十二竿，每籠四十竿，籠長三丈，徑一尺八寸，順篾寬四指，横篾寬三指，每條銀一錢六分，截水竹笆，照籠估計每條銀一錢九分二厘，若有外加，每條照民價三錢二分七厘二毫，然自是竹價益昂，檔首破産，甚或補銀送山，希圖免役。光緒三十二年知縣何廷璐、水利同知敬禧察民無力負重，會詳大府，撤銷竹園檔，由官備價採買以供用。此元明清歲修堰款之所從出，而大修不在此限。至於内江截水工料銀五百兩，廳縣平攤，外江截水工料銀二百二兩，水利廳專辦，新河口隄埂對岸護城隄，及二王廟外魚嘴歲工銀七百五十兩，由知縣請領修作，其淘河舊例，每淘一方，(功)〔工〕銀八分，新增則每淘一方，工銀八錢云。

清時堰工經費有定，而亦視情形爲變通，先由水利同知踏勘，詳成綿道署核實，八月領款，九月興工，在庫支取。民國肇興，尚仍舊貫。嗣經戰役，財匱而棼，八年始經省公署核定，歲修新增經費爲一萬六千餘元，攤派於用水十四縣，各一千一百七十餘元。而水利知事俸公暨勘堰旅費，則在灌縣征收局支取。旋因防區制成，駐軍預征，括盡契税，俸公無着。十一年又經省公署加派於十四縣，每縣一千七百元，由西川道財政廳會製票據，發各縣呈解道署。而道署又因政費

無着，挪用此項經費，各縣復有欠款，遂致堰工凋敝。十九年道尹裁撤所有水利工銀，均由建設廳主持，而拮据如故，函電交馳，亦猶曩日，幾有無米難炊之慨。至於灌縣，附加水錢，則專爲縣境民工之用焉。其歲修工程，清乾隆間早有規定，嗣後寖多，乃加新增一項，民國沿之八年，省公署派員勘審，指定歲修與新增。各地歲修，在外江者，爲外江河口、逼水壩、新工魚嘴、漏沙堰、沙溝河、梓潼堰、小徐堰河、黑石河、湯家灣、布袋口、老河口、大埂子、鯉魚沱等處。在内江者，爲百丈隄、金剛隄、平水漕、飛沙堰、人字隄、南橋沿岸、走馬河口、太平魚嘴、三泊洞、朝天堰、漏罐堰、柏木河、農壇灣、羊子堰、徐堰河、油子堰、丁公魚嘴、蒲陽河口、玉帶橋、易家灣、沙子河、三升堰、柏條河等處。此長此不移者也。新增多屬於外江，如江安堰、吴家埂、易家碾、姚家橋、黨家林、王家林、大湃缺、中湃缺、洞子口、觀音嘴、磨兒灘、鹽井灘、易家灣下游等處，此隨時補救者也。每歲施工，霜降節截斷外江，至立春前則外江開放而内江斷流，至清明節前又開放内江，工程分爲截閘、疏濬、砌埂、栽樁四種，砌埂復分竹籠、石甃二種，此皆相沿成法。近雖科學昌明，可以利用機械，無如財力既絀，水勢亦悍。所望當局顧念民依，實事求是，撙節糜費，加意深淘，爲吾民造福，豈必舍其舊而新是圖哉。《灌記》、前《志》新采。

經費

溝渠錯引，各北各歧，因時變通，導溉有屬，而隄堰尚焉。都江堰劈分江沱，在灌治西南二里，或稱都安堰、百丈堰、犍尾堰、湔堰、金隄，其實一也。石甃竹籠并用。堰之在南江者，下游以金馬河爲正幹，一名正南江。有白馬堰、在縣西韓家壩側起水，開於清乾隆間，溉田九百餘畝。小鑼堰、在安瀾橋下游起水，開於清同治間。鯉魚堰、在縣南三里由南江東岸起水，用石甃。興隆堰、在縣南十五里新渡口由南江東岸起水，用竹籠。揚武堰、即楊柳河口，在縣南二十九里，舊係温江民工修治，用竹籠。周家堰、在縣南三十里，用竹籠。上楊柳堰、在縣南四十里，用石甃。張家堰、徐家堰、蘇家堰、分水堰、石魚堰。歲修

皆民工，用竹籠，遇災則撥水，檔錢補助。

南江去都江堰三里，右分一支爲沙溝河，有石牛堰、即沙溝河口，舊在安瀾橋上游，因游廢移下二里許，有石横臥若牛，故名。專以漏沙堰爲湃缺，清乾隆二年始歸官工歲修。漏沙堰、即前石牛堰，用竹籠。梓潼堰、在縣南十里，由沙溝河東岸起水，用竹籠，溉田二千餘畝。小徐堰、與梓潼堰首合尾分，即漩口，用竹籠。河新堰、琵琶堰、小龍堰、馬黄堰、勒踏堰、均用竹籠。長流堰、一名上官堰，用竹籠，向無堰，沿山二十餘里，皆旱地，清乾隆十九年，總督黄廷彩奉朝命設法取水，邑人艾文星等自沙溝河西岸開渠，環山鑿石數百丈，始通水道。復截石定江度水，越七年乃成，溉田二萬餘畝，詳《文徵》。同流堰、一名下官堰，用竹籠，與長流堰相續，溉田一萬餘畝。嘴巴堰、在縣南十六里，由沙溝河東岸引水，用竹籠。黄家碾堰、用竹籠，溉田三千餘畝。東八字堰、用竹籠，流溉三十餘里。西八字堰、用竹籠，流溉二十餘里。蒲草堰、用竹籠，流溉三十餘里。普陀堰、用竹籠，流溉二十餘里。馬金溝堰、用石甃、竹籠，流溉二十餘里。八丈堰、一名百丈堰，用竹籠，即緊水河堰。新開堰、用竹籠，流溉十經里。黄竹堰、用竹籠，流溉八里。金斗堰、用竹籠，溉田七千餘畝，在縣南四十四里。劉家堰、用竹籠，在縣南四十八里，溉田四千餘畝。焦家堰、用竹籠，在縣南五十里，溉田二千餘畝。吴家碾堰、用竹籠。楊家碾堰、用竹籠，溉田七百餘畝。官莊堰、用竹籠，由沙溝河東岸起水，溉田一千餘畝，在縣南五十六里。蔡家碾堰、用竹籠，溉田一千餘畝。舒家堰、用竹籠，溉田□[1]千餘畝。天生堰。用竹籠，在縣南六十里，由沙溝東岸起水，溉田三千餘畝。沙溝河南越中興場八里，其支流右出爲泊江河，有靈官堰、用竹籠，在縣南二十五里。楊柳堰、用竹籠，在縣南三十六里，由泊江河西岸分溉。郭泗堰、用竹籠，在縣南四十里，下分三十餘堰，溉邑及崇慶縣田，歲修歸崇慶民工負責。高墩堰、與郭泗堰分籠合作，共溉田二萬餘畝。文家堰、用竹籠，在縣南四十二里，由泊江河東岸分溉。資壽堰、用竹籠，在縣南四十二里，由泊江河下及崇慶縣田東岸分溉。東青龍堰、用竹籠，在縣南五十里青龍塢後，由泊江河起水，溉田五千餘畝。西青龍堰、所溉田多瀕水，常被衝壞，與東堰同，惟賴立水檔培修之。搬家堰、用竹籠，溉邑及崇慶縣田。湯家碾堰、用竹籠。崇古堰、用竹籠，在安龍場下，溉田四千餘畝。三和堰、用竹籠，在縣南六十里，溉田二千餘畝。高橋堰、用竹籠。崇盛堰。用竹籠，入崇慶縣界，溉田三千餘畝。

南江去都江堰五里，右分一支爲黑石河，有酸棗堰、用竹籠，在縣南

---

[1] □ 原文漫漶不清，疑爲“二”字。

十四里。高橋堰、用竹籠，在縣南十六里。臨江堰、一名岳家橋堰，用竹籠，在縣南二十里。布袋口堰、在縣二十五里，用竹籠，官工歲修，最關利害。仁和堰、在縣南三十五里，由黑石河東岸分溉，用竹籠。石板堰、在縣南三十六里，由黑石河西岸分溉。承天堰、在縣南四十里，用竹籠，由黑石河東岸分溉。周家堰、在縣南四十五里，用竹籠，由黑石河東岸分溉。架虹堰、在縣南五十六里，用竹籠，由黑石河東岸分水，溉田四千餘畝。順天堰、用竹籠，溉田二千餘畝。鵝項堰、在黑石河大悲寺側，用竹籠，溉及崇慶縣北。大沙溝堰、在黑石河萬善橋上游，用竹籠，溉及崇慶縣北。小沙溝堰、在黑石河飛龍橋下游，用竹籠。資溝堰。在黑石河萬善橋下起水，用竹籠，溉及崇慶縣北。黑石河南越布袋口，其支流左出爲木江河，有清水堰、在縣南三十二里，俗名賴子堰，用竹籠。李子沱堰。在縣南四十里，用竹籠，截水爲黃家溝，沿溝有堰，下分二支，均入羊馬河。黑石河南越雙鳳橋，其支流右出爲龍安河，有高家溝堰、在登龍橋下，用竹籠，灌溉頗廣。簸箕堰、用竹籠，溉及崇慶縣北。楊柳堰、在柳街場後，用竹籠。黃土堰。在柳街場下，用竹籠。

南江去都江十三里，地名馬耳墩。分左一支爲江安河，即江安堰河。有中關堰、用石甃。漏罐堰、用石甃。漏洞堰、用石甃。洞子口堰、在縣南二十二里，分溉最廣，洴缺最多，一不堅實，温、郫、新、雙、成、華皆受其害。梘槽堰、用石甃。何家橋堰、在縣南二十四里，其堰一東一西。陡底堰、用石甃。雙梘槽堰。在縣南三十二里。

南江去都江堰二十八里，右分一支爲羊馬河，有臨江堰、在中興鄉臨江寺東偏，即金馬、羊馬分水處，崇慶縣民工歲修，立有專案，用竹（溉）〔籠〕兼石甃。韓家堰、在官地河，用竹籠。下楊柳堰、在田家灣，用竹籠。魏家堰、在野牛濠，用石甃。宣家堰、在宣家渡，用竹籠。桐梓堰、在雙義渡上游，用石甃。梓橦堰、在雙義渡下游，用竹籠。烏龍堰、在蔡家船，用石甃。板槽堰。在廖家船，下爲清洋河口，崇慶縣撥欵歲修，用竹籠。以上各堰均在羊馬河東岸起水。

堰之在北江者，有侍郎堰、按：侍二音近，疑即二郎堰，在都江堰下，竹籠兼石甃，爲北江屏障。飛沙堰、在都江堰下，竹籠兼石甃，爲北江洩水處，又東有三減水河，其效用亦同。金隄堰、穿人字隄而出，清光緒間，自飛沙堰上游移此。太平堰。在縣城東南，民國十五年，新甃石魚嘴護以木樁竹籠，頗堅實。其右有溝，順南岸東下溉田。

北江去都江堰三里，在太平堰上魚嘴分爲二支，其右支曰走馬河，有八角碾堰、在走馬河口西岸分溉，用竹籠，一名新堰。上漏罐堰、在縣東南二里，用石甃。曾家堰、在縣東南三里，用石甃。三乂堰、在縣東南四里，由走馬河南

岸分溉，用石甃。陳家碾堰、用竹籠。何家堰、在縣東南十里，由走馬河東岸分溉，用竹籠。黄鶴堰、在縣東南十五里，由走馬河南岸分溉，用石甃。紅塔堰、在縣東南二十一里，由走馬河南岸分溉，用石甃。竇家堰、在縣東南二十五里，由走馬河東岸分溉，用竹籠。楊家灣堰、用石甃。臘八堰。在縣東南三十六里，俗名臘邃堰，用石甃。走馬河東經翔鳳橋西，其支流左出爲柏木河，有朝天堰、在（總）〔縣〕東二里，即柏石河口，竹籠石甃并用，溉田數千畝。翔鳳堰、在翔鳳橋，竹籠石甃并用，由柏木河南岸分溉。金馬堰、一名金沙堰，石甃，在縣東四里，由柏木河北岸起水，分溉其多。申家堰、在縣東四里，石甃，由柏木河北岸分溉。上椿椿堰、在縣東五里，石甃，由柏木河南岸分溉。董家堰、在縣東六里，石甃，由柏木河北岸分溉。廖家堰、在縣東七里，石甃，由柏木河北岸分溉。下椿椿堰、在縣東八里，石甃，由柏木河南岸分溉。雙分堰、在縣東九里，石甃，由柏木河南岸分溉，一南一北。黄泥堰、在縣東十一里，即黄牛堰，由柏木河南岸出溉。使人堰、在縣東十四里，石甃，由柏木河南岸分水，溉田三千餘畝。天心堰、在縣東十五里，由柏木河東岸分溉。紅砂堰、石甃。文家林堰、在縣東十六里，由柏木河東岸分溉。邱家灣堰、在縣東二十里，由柏木河南岸分溉。梘槽堰、石甃。豆沙堰、俗謌豆渣堰，在縣東二十二里，由柏木河南岸分溉。泉水堰、在縣東，即泉水河。楊柳堰、在縣東，即楊柳河。斗伏堰、俗謌豆腐堰，在縣東二十三里，由柏木河南岸分溉。趙家堰、在縣東二十四里，竹籠，由柏木河東岸分溉。龍神岡堰、石甃。駱家堰、在縣東二十五里，由柏木河東岸分溉。燒房溝堰、在縣東二十七里，用石甃，由柏木河南岸分溉。徐家碾堰、在縣東二十七里，由柏木（可）〔河〕東岸分溉。藍家碾堰、在縣二十八里，由柏木河南岸分溉。牟家灘堰、在縣東二十里，石甃。大墳壩高堰、在縣東三十二里，由柏木河南岸分溉。朱家碾堰、在縣東三十三里，由柏木河東岸分溉。龍口堰。在縣東三十八里，抵崇寧縣界。走馬河東南至五陡口，其支流右出爲五陡河，下入江安河。有五陡堰、在走馬河南岸分水，距縣城六里，用石甃，下分小堰甚多，歲由灌、温、郫三縣民工分修。金雞堰。在縣東南十五里，由五陡河南岸分溉。走馬河東南至羊灌田，其支流左出爲羊子河，有羊子堰、在縣東南十四里，四堰相續，石甃兼竹籠，即羊子河口。張家堰、在縣東十八里，用竹籠，由羊子河南岸分溉。永定堰、在縣東十九里，用竹籠，由羊子河東岸分溉。宋家堰、在縣東二十里，用竹籠，由羊子河東岸分溉。荒林堰、在縣東二十一里，用竹籠，由羊子河東岸分溉。兩合水堰。在縣東二十四里，由此入徐堰河。走馬河東至聚源場，其支流左出爲徐堰河，有湃水堰、在縣東二十里，

用竹籠，由徐堰河南岸分溉。和尚堰、在縣東二十一里，由徐堰河南岸分溉。竇家堰、在縣二十三里，用竹籠，由徐堰河南岸分溉。石板堰、在縣東二十五里，用石甃，由徐堰河南岸分溉。廖家堰、在縣東二十六里，用石甃，由徐堰河東岸分溉。官家堰、在縣東三十里，石甃兼竹籠，由徐堰河南岸分溉。田家堰、在縣東三十一里，爲徐堰河分派之官家碾溝，别名茨梨堰，其下有石灰堰。平樂堰。在縣東三十八里，用竹籠，抵崇慶縣界。走馬河東至導江鋪下，其支流左出爲油子河，有清石堰、在縣東南二十四里，自油子河東岸分溉，用石甃。小湃水堰、在縣東南二十六里，自油子河南岸分溉，用竹籠。陳家堰、在縣東南二十七里，自油子河東岸分溉，用竹籠。曾家堰、在縣東南三十里，自油子河南岸分溉，用竹籠。天生堰、在縣東兩三十二里，自油子河東岸分溉，用竹籠。方家堰。在縣東南三十五里，抵崇慶縣界，用竹籠。

北江既分爲二支，其左支曰北條河，即府河。有太平堰、在城東府河口西岸分水，溉田數千畝，石甃兼竹籠，即此堰下魚嘴。三官堰、即柏橋堰，在縣東二里，由府河西岸分溉，石甃兼竹籠。三升堰、在縣東四里，接連三堰，用竹籠。中溝堰、在縣東八里，用竹籠。蓮花堰、在縣東六里，用竹籠，由府河南岸分溉。黄璟堰、在縣東十二里，俗謌黄金堰，舊堰崩壞無定所，在府河南岸起水，石甃兼竹籠，與馬鞍堰相對。雙堰子、在縣東十三里，用石甃，一名雙水堰。苟家堰、用竹籠。通天堰、石甃兼竹籠。寧壽堰、在縣東二十六里，石甃兼竹籠，由府河北岸楊家灣下分溉，合青竹堰水，仍入府河。車家橋堰、在縣東二十八里，石甃兼竹籠。張家橋堰、在縣東三十里，石甃兼竹籠。任家橋堰。在縣東三十八里，石甃兼竹籠。北條河東至三官堰，即沙子河口。其支流右出爲沙子河，下仍合府河。有臘八堰、在縣東，用竹籠。乾溝堰、在縣東，用竹籠。平和堰、用石甃。以上舊屬城廂。鄭家灣堰、在縣東，用石甃。何家堰、在縣東，用竹籠。夏家碾堰。在縣東，用石甃，以上舊屬金馬鄉。北條河東至高橋，其支流左出爲馬鞍河，下入蒲陽河。有馬鞍堰、在縣東十里，用羊圈起水，護以楿槎竹籠。青竹堰。在縣東十一里，用羊圈起水，助以楇乂竹籠，下仍合府河，屬金馬鄉。

北江去都江堰三里餘狂太平堰下魚嘴，與北條河分而左者爲蒲陽河，有王帶堰、在縣東一里，石甃兼竹籠，由蒲陽河南岸分溉。大白堰、在縣東北三里，用竹籠，由蒲陽河南岸分溉。公安堰、在縣東北十八里，用石甃，由蒲陽河南岸分溉。馬坡堰、俗名馬棚堰，在縣東北二十里，由蒲陽河北岸分溉，用石甃。獐子堰、在縣東北二十四里，用石甃，由蒲陽河北岸分溉。王家堰、在縣東二十五里，用石甃，由蒲陽河南岸分溉。鴨蛋堰、在縣東北二十六里，亦名押斷堰，用石甃，由蒲陽河北岸分

溉。長溝堰、在縣東北二十八里，石甃兼竹籠，由蒲陽河北岸分溉。雙溝堰、在縣東北三十里，石甃兼竹籠，由蒲陽河南岸分溉。農光堰。在縣東北三十二里，用竹籠，由蒲陽河北岸分溉。其注入蒲陽河者，南溪有南溪堰，山谿有烏龜堰。均石甃。

北江去都江堰三里，至灌城東南，左分一支爲三泊洞河，下流納諸山澗入蒲陽河。有將軍堰、在城脚三泊洞口，用石甃。觀音堰、在縣城北分溉，用竹籠。紙房堰、在縣城北分溉，用竹籠。楊柳堰、在縣北四里，用竹籠，由三泊洞河東岸分溉。蒙茨堰、在縣北八里，用竹籠，由三泊洞河東岸分溉。乾河子堰、在縣北十二里，石甃兼竹籠，由三泊洞河東岸分溉。蒲陽堰。在縣北十五里，用竹籠，由蒲陽河東岸分溉。

隄所以護堰，屬於南江系者有錢公隄、清同治丁卯，南江水溢，損壞綦衆，邑人陳炳魁謀於知縣錢璋，列狀上請，會同崇慶州籌修。自安瀾橋逮新渡口不下五六百丈，璋往督工，載酒慰勞，隄成而湯家灣□家坎等處保固滋多，邑人因以名隄。岷江隄、清同治甲戌，新渡口西上下漂没，陳炳魁復請於知縣黄毓奎籌修，一千餘丈費五千餘金。光緒乙亥，知縣胡圻復捐俸，增築四十餘丈。百丈隄、清光緒辛丑，水利知事吴濤督修，在縣西毗盧寺下。金剛隄、在都江堰繩橋下，石甃兼竹籠。劉家塘隄、用竹籠，在正南江。學地壩隄、用石甃，在正南江。丁文誠公隄、用石甃，在學地壩下。深溪坎隄、用石甃，斜對丁公隄。九角籠隄、石甃兼竹籠，在正江。張家灣隄、在縣南十四里，正南江東岸。民國十八年冲决，築隄堵截，歲修，訖鮮成效。馬家渡隄、在正南江，民國十九年决口，入黑石河，因築隄以塞之。沙溝當隄、在南江支流沙溝河岸三王宫側，用竹籠。中興場隄、在沙溝河岸觀音堂側，用石甃。惠濟當隄、在南江支流黑石河岸，用石甃。定江橋隄、在注入沙溝河之石定江，用石甃。林巷子隄。在南江支流江安河，民國十八年决五十餘丈，築（提）〔隄〕防堵。屬於北江系者，有人字隄、即人字堰，古爲都江堰下湃缺，清康熙間於此作隄三十五丈，後毁，今歲修，用竹簍石，鱗次而上，形如人字，故名。千金隄、在舊人字隄側，清同治丁卯，水利同知曾寅光築，長三十餘丈。太平隄、即太平堰，在城東南走馬河口，清康熙間築，長八十三丈，川督丁寶楨加修。羨農隄、在北江支流走馬河農壇灣，長二百餘丈，清同治庚午，知縣柳宗芳詳請修築。玉帶隄、在北江支流蒲陽河東岸，水利同知曾寅光築，長三十餘丈。徐堰河隄、在北江重分支流徐堰河，縣東十七里聚源場外。馬鞍河隄。在北江支流馬鞍河，清光緒間兩次决口，幾成澤國，由縣群大府發帑淘修，助以民力，掘河數里，沙百山積，餘銀置田以供歲修用，勒有碑記。

内外各江堤自江水泛溢，沿岸居民多被災。清光緒間，川督丁寶楨奏修都江堰，遞

及内外各江，徹底深淘，隨處築隄，民賴以安。綜南北江各隄堰，其歲修之費不能盡出於官，而籠之多寡，有地正加，有額尤在，斟酌損益，因時制宜，斷難拘守常法，致水爲災。計都江大堰人字隄、魚嘴，籠二千九百條。寶瓶口至太平橋，籠八百二十條。伏龍觀崖脚加籠三百九十條。人字隄、新漩隄埂加籠三百二十四條。虎頭崖對岸加籠四百九十七條。三泊洞上口加籠九十條零二丈。東口至太平橋加籠二百一十三條零一丈。太平堰魚嘴，籠一百七十六條零二丈。堰南岸加籠二百七十一條零二丈。鎖龍橋、新河口，籠一百八十條。太平堰、柏橋堰，籠二百八十五條。柏橋堰加籠五百廿三條零一丈。柏橋堰之沙子河口，籠五十四條。玉帶橋新增籠六百五十條。下漏灌籠一百六十九條，加貼邊籠五十條，對岸貼邊加籠一百零八條。上漏灌籠一百零五條。羊子堰籠一百八十三條。徐堰河魚嘴籠廿二條，隄埂加籠三百廿條，北岸貼邊加籠六十條。油子堰籠一百條。江安堰籠一千一百四十四條零一丈五尺。河口加籠二百六十五條零一丈，河口下北岸申家埂子加籠七十二條。唐家濠加籠一百二十六條。金沙堰籠十二條。舊石牛堰籠一百五十條。新石牛堰籠四百四十條。河口加籠一百七十九條零一丈。漏沙堰籠三百四十五條。下漏沙堰加籠二百二十四條。黑石堰籠三百一十二條。河口加籠一百零八條。湯家灣加籠一百四十條。鵝項頸加籠一百八十條。黑石堰上湃缺籠五百七十條，中湃缺籠五百七十六條，下湃缺籠七十二條。布袋口籠一百八十條，加籠一百一十二條。凡舊例竹籠八千七百九十五條零三丈五尺，照官價估計，新增竹籠四千九百四十八條零八丈，用民價採買，共一萬三千七百四十三條零十一丈五尺。此皆竹籠有定，歲修有常者，若千金、玉帶、錢公、岷江等隄，隨時增築與歲修，諸堰形勢殊而利賴同焉。向例歲需竹卅九萬三千五百四十二竿，民國以來歲運竹一百餘筏，每筏二百組，每組五十竿，約需百萬餘竿。而堰不加治又況江流遷徙，不能預測，是在當事者弗恤勞怨，察其形勢，權其輕重，辨其緩急，盡其籌畫，毋累民生而已。《灌記》、前《志》新采。

隄堰

吾灌西北多山，堰不能溉，惟恃泉澗、陂塘略資挹注，可得而紀

焉。其泉澗之在城厢者，今爲第一區。靈岩山溝水，注入三泊洞河。溉田三十餘畝。大小萬張溝水，舊爲萬、張兩姓所居地，俗謁萬丈溝，注入三泊洞河。溉田二百餘畝。童馬溝水，（萬）〔舊〕爲童、馬二姓所居地，俗謁桐麻溝，注入三泊洞河。溉田二百餘畝。紙房溝水，注入三泊洞河。溉田二十餘畝。蘆茅山溝水，溉田二十餘畝。注入三泊洞河。在蒲陽鄉者，今爲第二區。白果溝合蟠龍、磨刀各山溪，爲麻柳林河，注入蒲陽河。沿岸均有所溉。白沙河流域之上、中、下三坪，各有田百餘畝，皆資山泉以溉。南溪納山王頂以南，鏨子岩以西諸澗水，經石碑岡南流入蒲陽河，山田多爲所溉。白臘溝下流爲皇墳溝，注入蒲陽河。所經頗溉。及由石磧溝，自普通寺，流十餘里入蒲陽河，溉田二百餘畝。火燒山以東，諸谿水曲折東流，入彭縣土橋河，亦有所溉。白沙河上游納小梁河、自汶川縣來，流八十餘里，至和尚橋，注白沙河。大梁河、自茂縣來，流百餘里，至和尚橋，注白沙河。銀洞子河、自彭縣來，流五十餘里，至和尚橋，注白沙河。牛圈溝、自彭縣來，流四十五里，注白沙河。黑石溝、關防溝、一名關鳳溝。深溪溝、後深堂溝、響水溝、龍洞子溝，則所溉有無、多寡不等。在□口鄉者，今爲第十區。古溪溝、發源於蟠龍寺，納小麻溪，東注岷江。粉灘溝、入岷江。蕭水溝、孟家溝、溝以村得名。千金溝、牛眠溝、均入壽江。魚子溪、入岷江。小麻溪，分溉清正塲勝因寺一帶農田，約有數百畝。舊屬□口鄉第一關。蟠龍溪發源蟠龍山，合牛塘溝、草鞋坪溝注入壽江，分溉興仁塲附近平疇數十畝。新溝發源鹿頂山，注入壽江，溉老人村田百餘畝。白石溝發源鹿頂山，上游爲鼕東洞。注入壽江，溉大白石一帶山田。龍洞子溝發源猫坪山麓，注入壽江，溉獠澤關一帶山田。壽江俗名水磨溝。源出木坪土司屬今已改縣。之大雪塘，經瓦寺入縣境東北，流入岷江，納諸山溪，頗饒灌溉。舊屬□口鄉第二關。麻溪源出大面山西北隅冒水洞，東北流入岷江，其支流爲紙廠溝、蒲家溝，以及附近山泉，分溉青雲營、猴子坡、麻溪塲一帶田，約四五百畝。石橋溝源出白果坪，注入岷江，溉古墓岡一帶山田百餘畝。灰窑溝源出大佛阿，溉韓家壩田數百畝。龍潭溝源出老君岩，後注入岷江，溉張家灣非正南江之張家灣。田數百畝。白水溪，在麻溪下。水西關溝則少有所溉。在中興鄉者，今爲第六區。韓家溝、源出老君岩側，東流入沙溝河。湯家溝、翁家溝、均源出臥牛山，注入螃蟹河。金井溝、納自

卧牛山，出之裴家溝、申家溝，南流合石定江。通靈溝、源出大面山右側，東流合石定江。螃蟹河、石定江，均源出大面山麓，東流入沙溝河。所經平土輒引以溉。在三陽鎮西部者，今爲第九區。味江挾洪水河南流入崇慶縣，合岷江，沿岸民田略資灌溉。元通寺附近山田十餘畝，薛家壩山田二十餘畝，濫泥壩有田五十餘畝，均溉以泉水。其陂塘之在城厢者，紫柏寺側有塘四，溉田一百九十餘畝，吾神廟側有塘九，溉田二百餘畝，均引萬張溝水。卓家菴側有塘十二，溉田三百餘畝，引童馬溝水。在蒲陽鄉者，北山有龍王塘、山溪名。五桂塘、興隆寺側。至子塘、夏家塘、鍋底塘、均在長河壩。大堰塘，舊屬蒲四團。溉田各有差。在金馬鄉者，七條山有袁家塘、官刀塘、三鬼塘、長塘，各溉田數十畝。在漩口鄉者，古溪溝有清水塘，頗能溉田。在中興鄉者，黄家礄及禹王廟一帶，其山塘無定名，或一姓一塘，或數姓一塘，所溉數畝至數十畝，共約千畝有餘。新采。

泉塘

凡邱陵原隰之土，泉塘有所不逮，則以人力濟之。在城厢者，緣北山麓高埂子有田二十餘畝，由筒車挹小三泊洞河以溉。川主廟附近有山田二十餘畝，或用手搬龍骨車，或轉以牛車，或戽以竹蓬致溉。在蒲陽鄉者，馬坡溝有筒車五，溉田百餘畝。在金馬鄉者，車家橋碾溝有筒車一，溉田數十畝。在崇義鄉者，官家碾溝有筒車一，俗崇義場外粟了橋。溉田十餘畝。鐵砧山俗名横山子。西麓有筒車四，溉田各四十餘畝。在中興鄉者，玉堂場外沙溝河堰水有筒車二，青山寺附近之堰溝有筒車二，各溉田數十畝。大興場下有筒車取木江河水，上元宫側有筒車取長流堰水，小徐堰下有筒車取漩河水，溉田數十畝至百畝。在三陽鎮者，柳街場沿河地高，亦用筒車吸水，灌溉頗廣。其窮於人力者，則專恃雨澤，如中興鄉鳳皇山瓦窑四周之田，以及城厢、蒲陽、漩口、三陽所轄山地，隨處有之，豐嗇皆以雨爲斷，俗稱天花水云。新采。

車水

贊曰：蜀之啟宇，自昔重農，形於歌詠，比美“豳風”，而陸海著稱。自秦則以二江之始穿也，李冰循吏，功德及民，綰轂江沱，賴有湔堰，經緯原隰，流澤孔長，低作深淘，義至精確，畇畇萬井，概屬恩波百世，以俟聖人而不惑者矣。顧沃野千里，黄僅一隅，而灌居上游，經始河渠，尤爲關鍵所在。自宋以前，不愆不忘，率循軌轍，元明改作，持久實難，有清規（晝）〔畫〕特詳，民國承流，財殫力絀，患不免焉。隄堰爲民食所依，具詳前《志》，其泉塘車水亦復以人力補天工，爲利爲害，與隄堰同，因類載之，以告留心民事者。

政議

修濬都江堰疏　佟鳳采

四川巡撫佟鳳采題，爲詳興水農之政，以足民食事。案照順治十八年六月二十三日，據左布政使揚思聖呈稱：奉前巡撫高民瞻案驗，順治十七年八月十七日，准工部都水清吏司案，呈奉本部送工科抄出，該本部覆工科右給事中薛鼎臣題前事等因，移咨到院，備行到司。奉此，隨經備移水利守，巡各道查議移報去後，今准守西道移稱，據成都府申，據郫灌二縣回稱，查得當日水利舊有都江大堰，開鑿於秦時郡守李冰，灌溉十一州縣，值張逆變後，所餘人民止就隅曲之水，以灌偏僻之田，苟且延生，（朱）〔未〕遑修理。順治十六年，蒙監軍道詳請三院、司道府，遠近文武捐金二千有奇，雇募淘鑿，即今開墾漸廣，但疏濬之水道，易爲沙石滯塞，欲爲永久計，必行令用水州縣照糧派夫，每歲淘鑿，庶民不憂旱而國賦漸增矣等因移司。准此，又准巡北道移據保、潼二屬州縣回稱，查得各屬州縣所轄百姓住居高岡四野，且地勢狹隘淺薄，非平川可比，並無新舊水利當興等因到司，又准守巡東南各道移覆相同各等因移覆到司，准此，相應呈報到臣，該臣查看，得蜀省川東、川南、川北皆崇山峻嶺，並無應修應築之塘堰，惟成都爲省會平川之地，舊有都江大堰在灌縣，灌溉成屬州縣，自遭兵燹之後，堰堤崩頹，通渠壅淤。至十六年，文武各官捐助修築疏通，水道目前暫資灌溉。已於本年閏七月内，備咨工部，去後至八月，臣復將都江大堰修濬事宜，於條議疏内列欵入告，迨九月十五日，准部各内稱，此案應當提覆，復行到臣，該臣覆查前情無異，理合具題。

都江堰酌派夫價疏 憲德

四川巡撫憲德題，爲敬陳管見，仰祈睿鑒事。成都一郡，地處高阜，所屬田畝，惟藉引水灌溉。查灌縣都江大堰，自秦時蜀守李冰鑿離堆以導江之支流，當時大書“深淘灘，低作堰”六字刻於石壁，以爲千古治堰之要訣。後人因之，創爲竹籠、竹堤之法，以竹編籠，納石於內，築人字堤之資捍禦，每歲淘築，遂爲成例。人字堤之下又有太平堰、三泊洞、柏橋堰、上下漏礶堰、羊子堰、徐堰河、導江堰、牛子堰等處分流，而郫、灌、温、江及崇寧、新繁、新都、金堂、成都、華陽等九縣，俱引水溉田，由來久矣。其歲修之費，從前用水民户照田塊派夫，灌縣出夫六十九名，温江出夫十一名，郫縣與崇寧共出夫四百八名，新繁出夫九十名，新都出夫三十六名，金堂出夫九十名，成都出夫九十名，華陽出夫九十名。以上九縣共出夫八百八十三名，每夫一名折銀一兩，共折銀八百八十三兩。雍正元年以來，每年修築之費，或五六百兩或七八百兩不等。自雍正六年，因人字堤衝决壅塞，五六兩年費至一千二百餘兩不等。通算每年須派銀一千二三百兩，方可有備無患。但從前照田派夫，因川省田地向來不知畝數，惟有計塊出夫，自今丈量已竣，畝數可稽，若仍以田塊較算，不無大小懸殊之別，實屬不均。臣愚應請計畝均攤，方無畸重畸輕之弊。查九邑田畝，惟灌、郫、崇三處得水最近，獲利最普。其温江、新繁、新都、金堂、成都、華陽離都江大堰一百餘里者，其用水之處不無遲早多寡之殊，則出銀之處宜略爲區別。如郫、灌、崇三處，每畝派銀二釐，温江、新繁、新都、金堂、成都、華陽，每畝派銀一釐五毫。又華陽縣内有用水略少之田，每畝銀一釐，庶得平均。今按：九邑丈量清册，實在用水田畝，灌縣田一十一萬六千一百九十八畝，每畝派銀二釐，該銀二百三十二兩三錢九分六釐。郫、崇兩縣田一十九萬一千六百二十五畝，每畝二釐，該銀三百八十三兩二錢五分。温江縣田一千二百九十四畝，每畝一釐五毫，該銀一兩九錢四分一厘。新繁田四萬六千七百五十三畝，每畝一釐五毫，該銀七十兩一錢二分九釐五

毫。新都田七萬六千九百七十一畝，每畝一釐五毫，該銀一百一十五兩四錢五分六釐。金堂縣田五萬五千三百五十七畝，每畝一釐五毫，該銀八十三兩三分五釐。成都縣田一十九萬二千七百二十六畝，每畝一釐五毫，該銀二百八十九兩八分九釐。華陽縣田五萬四千六百三十九畝，每畝一釐五毫，該銀八十一兩九錢五分八釐。又水不敷田二萬四千九百七十五畝，每畝一釐，該銀二十四兩九錢七分五釐。以上共田七十六萬五百三十九畝零，通用派銀一千二百八十二兩二錢三分九釐，每年令各縣照數徵收，竟解水利同知衙門，該同知預將估修數目造册報明，俟修完之日，再造册報銷。所有餘剩銀兩，仍貯同知衙門，以備夏秋水發衝塌之費。務令深淘堅築，使各處田畝俱資灌溉，如草率從事，即行查參。從前民自修堰，其派夫銀兩，俱係里甲經手，不無支少派多，致歸中飽情弊，請嗣後各縣鄉村用水田畝，派銀數目，刊刻木榜通行曉諭，照依江南河工歲夫折銀之例，官徵官解，給以由票。此項折夫銀兩，不加火耗，永爲定例，庶幾國計民生大有裨益，實小民萬世之利。理合具題，伏乞皇上勅部議覆施行。

覆奏秦蜀郡守李冰父子封爵疏　憲德

四川巡撫憲德題。爲聖明在上，川嶽効靈，懇請賜封，以光盛典事。雍正五年十一月十一日，准禮部咨，祠祭清吏司案呈，禮科抄出本部題，前事内開，該臣等議得四川巡撫憲德疏稱：成都府灌縣都江堰口廟祀李二郎，自秦以來，尚未受封號。查都江堰水源發岷山，禹導江後，沫水尚爲民患，秦蜀守李冰使其子二郎除水怪、鑿離堆、穿内外二江，灌溉成都等州縣稻田，使沃野千里。康熙四十七年，孟洞水決至灌口，忽得木石闌欄，水洩外江，保全成都等縣。近四十五年間，江水安瀾，灌口不乾不溢，修堰之需，比前費半功倍。自皇上御極以來，五穀豐登，萬民樂業，捍禦保障，爲功不淺。相應題請勅賜封號。等因前來，查雍正二年，詹事府少詹事錢以塏奏稱，江海之神，請恩褒爵秩一疏，臣部以沿海地方廟祀諸神，果有捍禦保障之功，應請封爵者，令該督撫查明彙題等因。議覆。奉旨：依議，欽遵

在案。今該撫既稱李二郎鑿山導江，有功蜀地。康熙四十七年，孟洞水決，獨至灌口，忽洩外江，保全成都等縣。自皇上御極以來，五穀豐登，萬民樂業，江水安瀾不乾不溢，捍禦保障，爲功不淺等語。理合勅賜封號以昭盛典，但查司馬遷《史記》，班固《漢書》，專載蜀守李冰鑿離堆，穿二江功績，歷歷可考。惟《灌縣志》書内有“使其子二郎鑿山穿江”之語。是二郎雖能成父之績，李冰實主治水之功。又查王圻《續文獻通考》内，元至順元年，封秦蜀郡守李冰爲聖德英惠王，二郎神爲英烈昭惠靈顯仁佑王，兹逢聖朝，累洽重熙，屢彰顯應。康熙四十七年，既有保障之功，近四五年間更覩安瀾之慶。理宜並崇祀典，用答神庥。今該撫祇請封李二郎而不及李冰，似未妥協，或照該撫所請，專封李二郎，或將李冰並給封號之處，恭候欽定。俟命下之日，其封號字樣交與内閣撰擬，進呈御鑒，行令該撫，轉飭該地方官，製造神牌，安設致祭。每歲春秋二季，仍照致祭可也。等因，雍正五年九月初六日題。本月初十日奉旨：李冰李二郎俱著給與封號，餘依議，欽此。隨行文内閣去後，今准内閣撰出李冰封號，欽定“敷澤興濟通佑王”，李二郎封號，欽定“承績廣惠顯英王”等因到部，相應移咨該撫，遵照施行可也等因。理合覆奏遵行。

覆議四川巡撫碩色奏請石牛堰，沙溝、黑石二河動帑興修疏

清户部

户部奏爲遵旨密議事。乾隆六年七月十六日，内閣抄出四川巡撫碩色奏稱：竊照蜀省山多田少，全賴都江大堰分水灌溉，遂至沃野千里，民食豐裕。而一切堰堤工程必須每歲修淘，從前都江等堰修築公費，均係用水農民按畝捐派，未免艱難。仰蒙皇上廑念民依，洞悉利弊，御極之日，沛降恩綸：令行文各省，將捐輸各項，自乾隆元年爲始，一概革除，毋得私行徵派，以爲民困。其挑挖工程需用銀兩，於公項内酌量動用報銷。欽此。欽遵，隨將灌縣之都江堰，及以下之新金、江安、通濟等堰，并淘挖城河各工程，按年估請，動用公項銀兩修築在案。去秋雨水過多，堤堰冲坍，修築工程較多於往年。是以臣

於今春工竣之時奏明，親履查勘，駐宿江干，乃知都江堰雖皆動項估修，而都江以上，相去二三里之石牛等堰水利工程，乃係崇慶州與灌縣之民照畝捐派。經臣行查去後，玆據崇、灌二州縣詳稱：都江堰上流二里許，有石牛堰引水分流灌溉民田，其流有二，一名沙溝河，由灌邑入崇；一名黑石河，在都江堰對岸引水入崇。因俱在都江上游，是以仍係崇、灌二州縣用水。農民捐派修淘，每年約共費銀六百八十餘兩，貧富不同，難免拮据。等情前來，臣思皇恩溥被，自應一視同仁，均係堰工，豈可事同例異。況都江以下之工程，每年需費數千金，既皆動用公項，免其派捐，而都江以上之石牛等堰，相隔僅有二里許，歲需不過數百金，仍聽小民派捐，非所以仰體皇仁也。可否仰邀皇上特降諭旨，敕令將石牛等堰歲修工程歸入都江等堰，一併估支公項，永免派捐之處。伏祈皇上睿鑒。乾隆六年七月十四日，奉硃批：該部密議具奏，欽此。欽遵，抄出到部。查石牛等堰去都江僅有一二里，歲修工料銀兩既係照畝捐派，從前因何並未同都江等堰一併聲明？及至欽奉上諭，革除官派民捐以後，因何又不同都江等堰一併咨請動用公項銀兩修築？且石牛等堰現在歲修，作何派捐？或係官派民捐，或係民人情願公同出費興修，每畝派銀若干，是否一堰，抑或數堰，並屬官屬民之處，摺内均未聲明。臣部又無案可查，難以懸議。應令該撫碩色逐一查明，斟酌妥協，具題到日，再議可也。於本月二十二日奏，本日奉硃批：着照該撫所請行。欽此。

奏請成都水利同知專駐灌縣疏　何紹基

四川學政何紹基奏：查成都水利同知駐劄灌縣，專管堰工。前任同知强望泰在任十餘年，於淘灘築堰，身親勞苦，蓄洩得宜，至今口碑載道。以後居是任者，多住省垣，別圖差事，以至衙署漸就坍塌。應請飭下嗣後成都水利同知不得逗遛省垣，以專責成而重職守。合並附陳，奉硃批：該部議奏。欽此。

請爲漢蜀郡守文翁建祠稟　强望泰

敬稟者：竊卑職職司成都水利，除歷年委署他缺外，前後辦理堰工六載有餘，恪遵成法，幸無隕越。謹案都江堰，開自秦蜀守李冰，至漢蜀守文翁，穿湔江以溉繁田，蜀民世享其利，至今懷允不忘。伏查蜀守李冰，已於雍正五年勅賜封祭，現在灌口地方旅楹松桷，廟貌維新，居民奔走祠下者，香火甚盛。惟文翁未列祀典，灌邑亦無專祠。考《漢書·循吏傳》：文翁教民成俗，蜀地學於京師者可比齊魯。翁之治績雖不僅在治水，而治水之功，實足爲李冰之亞。自西漢以迄我朝，惠澤永著，禋祀無聞，不似足以申祈報而愜民隱。卑職未敢遽行，仰懇憲臺奏請廟祀，擬於灌口剏建一祠，上以廣聖朝崇德報功之典，下以慰蜀民沐膏詠勤之懷，於例無礙，於禮亦宜。現於東門外太平街擇得官地一段，用作祠基，自願捐俸建修，不敢以一瓦一木派累民間。又另購田畝，歲收地租以資香火。合先稟請憲臺俯賜批示，以便祇遵。爲此具稟須至稟者。

濬黑石河稟採自《崇慶州志》　葉炯

竊照卑州所屬羊馬、沙溝、徐堰、黑石四河，皆發源於灌邑之都江堰。溯計二百年來，率皆分流自若。奈今春夏之間，霪雨過多，諸河並漲，而四河分注之水，又因都江來源洶湧，澎湃横流，堤口率被冲崩，砂石又多淤塞，以致徐堰與沙溝各河之水流不歸原，盡奔注於羊馬、黑石兩河之内。但羊馬河水勢雖洶，河面尚寬，被害猶淺。獨黑石河一帶，泛濫異常，近河兩岸糧田，或滙爲池沼，或堆積泥沙。灌邑固然，卑屬受害之處，亦復不少。因念本年已被其災，倘再因循不理，來春水漲，爲患尤甚，豈不更難措手。卑職朝夕圖維，不勝焦慮，因集紳耆商酌，竊思受害必有其言，詳細履勘，探明源委。如灌邑所屬之鯉魚沱、柴家坎、新埂子、黑石蕩、湯家灣等處，與崇屬各河均有關係。而其距較近關係較大者，則又以湯家灣爲最要。惟受害

根源，既在隔屬處所，自應會議妥辦。適署灌縣錢令，亦因各河漲没，受害較深，官紳酌議，趁冬令水涸之時，同時並舉，以免來春之患。但需費較多，撙節估計非七八千金不能蕆事。雖經彼邑紳糧酌量捐派，恐難敷用，函囑卑州斟酌派助，以濟要公。等由，伏查崇、灌各河，彼此原有脣齒之依，若徒於崇邑受害處修築濬淘，則來源未經修理，終屬無濟於事。自應籌費會修，方爲正辦。所需經費，照田畝、堰碾多寡分别攤派，除受害最深、赤貧無力、田畝成河者，酌于免派，其餘凡受黑石河之利與未受害者，每畝派錢一百文。沙泥可種者，每畝減半。又每碾每派座錢二千文，油碾每座派錢六千文，約計可得錢三千釧之譜。將來合銀寄助，足可濟用。俾大功於年内告竣，實屬兩有裨益，惟此役工程較大，時日又促，故籌助十成中之二三，此後隔屬倘歲需修築，不得援以爲例。卑州紳糧等稟懇轉詳立案前來，除飭幹練紳糧迅速前往經理外，理合具稟云云。後於十二月工畢，具詳委員勘驗立案，將來永以爲例。

協修深溪坎等處堰工稟清光緒三十年十月，時申轔什崇慶州知州　喇世俊

敬稟者：竊照本年夏間外江盛漲，黑石、羊馬兩河均被水患，崇、灌等處堰堤多被冲决。前蒙飭勘議修，昨經卑職等隨同道府兩憲詳細勘明，親奉憲諭，飭將深溪坎、九角籠、陳家林、蔣家埂、八角塲五處工程，約估銀二千五百兩，由省發銀一千二百兩，飭由崇慶州、灌縣協同修理，崇慶州再派籌銀七百兩，灌縣派籌銀六百兩等因。奉此，本應即遵照辦，繼思深溪坎、九角籠、陳家林、蔣家埂四處，皆有關於黑石河水旱，黑石河爲崇慶州各堰水源，自應由卑職轔督修。至八角塲之水，係羊馬河上游，此段工程與黑石河毫不相涉，應請即由卑職世俊督修。如此分别辦理，庶可各專成責。卑職等隨於二十四後，復會同水利同知莊丞裕筠，詳加履勘，估計各工。計深溪坎約需銀二百三十兩，九角籠約需銀九百餘兩，陳家林、蔣家埂二處，查照莊丞原估，亦需銀六百餘兩。四處共計實需銀一千七百餘兩。八角塲之工，前經卑職轔會同莊丞勘估，亦需銀一千餘兩。除發

銀一千二百兩并派籌之數，如有不敷仍由卑職等自行籌畫，不敢再煩憲廑。惟乞將所發銀兩即行批明，每屬各發銀六百兩，俾免兩屬紳民，以同此工程派數，復有各别之議。是否可行，伏乞衡奪。再卑職轔距工所約八十餘里，勢難隨時理料，卑職世俊雖距工稍近，刻值冬防，不時赴鄉巡緝，亦難在工常加監視。委之於紳，又慮各懷私見，貽誤匪輕。查有試用藩經歷、周鏞琦，明白耐勞，堪以委用。懇請即委督修，藉資臂助。仍乞飭由莊丞隨時指示，以期迅速，而免遲誤。委員薪水即由卑職等自行籌給，不開支公欵分毫，如蒙允准，奉批之後，所有應領銀兩，卑職等即當照數分領，各籌各款。所有議修緣由，理合會稟憲台，俯賜察核，批示飭遵，須至稟者。

上吴制軍留任胡明府書　陳炳魁

爲懇准留任保障地方事。緣灌邑壤接汶、茂，省垣賴其藩籬，江别湔、沱，成屬資其灌溉。邊防水利，實關至要，賴有賢能之吏，久任而振飭之，乃悉有備而無患。去夏，邑之西南隅，山匪蠢動，一炬横飛，兩河震恐，禍釀荒僻，伏莽孔多，變起須臾，束手無策。邑之情勢幾如累卵，幸蒙憲台檄委縣主署理，會同將領濟以和衷，激勵紳團，曉以大義，不旬日間，兵團協力，（掃）〔埽〕穴搶渠，立報戡靖。由是日坐堂皇，判積案者數百，密鋤稂莠，破刼案者數十，息民争即以和民氣，治盜首即以警盜從。下一紙行一令，事事悉中機宜，故涖任未及一月，而四境帖然，且邑北關外，沿城義塚纍纍。十數年來，番夷視爲牧塲，驅放牛馬，蹂躪骨骸，傷心慘目，莫敢誰何。縣主一示嚴禁，番夷莫不斂迹。誠綏定地力之良吏，亦彈壓邊陲之幹員也。近者梭磨諸夷互相仇殺，訛言浮動，人心恐惶，咸冀縣主留任，則邑境之盜匪無由潛滋，而番地之傳聞倍深讐服。内固元氣，外樹風聲，其有助邊防者，當非淺鮮矣。

邑自同治三年，三道崖下鑿去石脚支水，離崖山脚遂疊次崩塌。而都江堰人字堤亦連年衝决，用水各州縣，彼不傷旱，此即傷澇。去冬，縣主通稟各憲，培修離崖，保固灌口。治水之源，誠爲要務，更

勘屢年所壞田畝，不忍數萬膏腴之地，竟爲一片沙礫之塲。添堤七百餘丈，淘河五千餘方，栽柳二千餘株，冒雪衝霜親爲勸課，籌款設局備極經營，而内外各河民工，亦幾大備。今正内江斷流，縣主詣河道，勘堰工，復審鑿壞之處，乃諭離崔局士曰：堰水未進寶瓶口，北岸三道崖下，插脚如雞距，支水而緩其湍悍也。南堰指水堤下，作堤如人字，讓水而使其灤洄也。當中離崔山下，穿孔如象鼻，瀦水而免其衝激也。堰水增減之宜，賴離崔山口以檢制之，離崔障峙之久，賴三道崖脚以支護之，此因山治水，李王所以特創奇功也。今培補離崔，必修復三道崖，始爲永遠完善之策。邑人隨即具呈懇修，旋蒙面諭：春耕已邇，堰水將開，時既孔迫，工難猝興，而修復遂以不果。士民等竊見縣主莅任以來，賑火災，濟水患，以蘇困窮；聯保甲，練勇丁，以備守望；葺城垣，修街道，以壯觀瞻；培文廟，增考棚，以崇教化；升奎閣，建字庫，以補風脈；購山地，施義塜，以惠葬埋。數月之内，凡事之有利士民者，靡不捐廉倡首，竭力盡心而爲之。况此補崖脚以保離崔，關係十四州縣之水利乎？

且李王築堰分江，鑿山引水，二千餘載矣。淘作深淺之規，盈歉蓄洩之準，類多備誌而詳言之。至三道崖石脚支水，存則離崔可保，去則離崔可危，從未有道及於斯者。今縣主諄諭修復，則是巧述之精心，直契智創之妙用也。倘蒙久任斯土，填石補崖，形仍斜障，吞流吐水，勢不直衝，奚致治水之不若古耶？士民等回首燎揚，幸蘇時雨，驚心蕩析，冀挽狂瀾。官長去留之柄，操之上憲，固不敢越例而妄干，地方利病之端，受之小民，遂不禁瀝情而籲請。是以具呈，協懇憲台垂憐愚誠，賞准留任。内地愈安，則邊防以固。古蹟可復，則水利以均。是縣主之功懋保障，實憲台之澤沛安全，士民等世世頂祝無盡矣。

上吴制軍懇撥捐輸呈詞　陳炳魁

爲叩懇恩恤，俾成要工，以弭旱（捞）〔潦〕事。緣邑去歲水决都江堰，内江之水滚歸外江，至新渡口、深溪坎、張家碾等處，衝没

新河當籠堤。南面新決一河口，寬二百餘丈，逼近黑石河，壞田二萬餘畝，下入宣家渡。西面新決一河口，寬二十餘丈，滚歸黑石河，壞田八百餘畝，下衝布袋口。縣主以決處關係甚大，若不興工保固，則春夏江水一發，仍然滚歸決處，黑石河必成大江。邑之西南數十里，及崇慶州東北百餘里，固遭水溢之患，而温、雙等邑，亦將紛紛以水乏告矣。是以據情通稟，蒙憲台批飭，籌款興修，委員錢主會同崇慶州李主、縣主履勘外江新河當，及黑石河、新埂子等處，估計工費銀五六千兩，札飭兩治籌辦。崇慶州僅認培修，同治六年所辦黑石河湯家灣一處，邑遂獨辦新河當、新埂子等工。

舉人等奉縣主札飭經理，准撥社濟倉閒欵銀三百二十兩，及外借銀八百兩，以作河工墊欵。上自新渡口，下至王家船，開故道以順直流之性。上自陳家渡，下至駱家船，作新堤以杜横決之漸。又於新埂子東，濬柴家坎，開湃缺以殺泛漲之勢。淘河則二萬七千六百零五方，築堤則七百三十丈，及裝長籠一千三百二十條，尖籠八百二十箇，共計工價銀四千五百九十二兩九錢五分。二月二十三日，道憲臨縣開水，舉人等具呈粘單叩懇，蒙准親勘。嗣於開水之後，細察水勢，稟明縣主，又於深溪坎、張家碾、及新渡口、新埂子上下等處，添修堤埂六百七十丈，工價銀八百一十兩零六錢。前後河工，共計需銀五千四百零三兩五錢五分。粘單附電（慘）〔參〕：邑外江居民，數年以來，疊被水災，半傷元氣。去歲又新決兩河，蕩囓墳廬，漂没禾稼，沿河上下幾無以生。一聞憲台飭籌工款，修理河道；壅石作堤，則狂瀾可挽；淤沙成地，則失業可還，莫不欣然，遂有起色。（千）〔前〕蒙道憲親勘河工，飭催經費，即有刁劣阻撓之徒，亦皆懔然生畏，幡然知悔，而頌惠我田疇。無如瀕（何）〔河〕一帶地方，概皆瘠土，率多窮民，屈指上户，百無一二，約計中户十僅三四。縣主所以體恤輿情，酌定工款，除貧户豁免外，既量力而議派之，又分局以勸繳之。迄今四月有餘，始收銀二千二百餘兩，即更挨門逐户，酌派靡遺，朝騖夕馳，催繳徧至。而沿河西南，地狹且短，不過再收銀七八百兩，勉湊三千餘兩之數，民力已覺悉竭，工欵更無可籌。萬難收足五千四百餘兩，使要工得以及時告成。舉人等計此初夏之時，積雪

已消，大雨將降，前蒙道憲賞勘之功，雖次第畢完，而後稟縣主准添之工，尚支絀未就。倘河水突然泛漲，一堤偶缺，則衆堤徒勞，後功稍疎，則前功盡棄，何以保農田而均水利。伏見同治八年，前任柳主簿辦走馬河、農壇灣、易家橋民工，共收花户銀一千四百兩，稟請前任藩憲准撥本邑損輸銀一千四百三十六兩，始將河工告竣。況此次所辦河工，備築旁溢之河口，使外江之水，不至斜滾黑石河，而入木江河、龍安河，固爲崇、灌杜其泛濫，深濬淤塞之河心，使外江之水得以直下金馬河，而分楊柳河、玉石河，更爲温、雙溥其灌溉。則是灌邑一隅之河工，實關成屬數縣之田業。

是以叩懇憲台，格外垂憐，查照前案，即擇勞之善政，施撫恤之厚恩，准撥本邑備捐款銀二千餘兩，給發夫徒工價，俾要工得以一一完竣，則此不傷澇，彼不傷旱，邑與崇慶、温、雙數州縣，共沐治水之功德於無窮矣。謹呈。

請設水當稟

爲懇請立案設水當以永保固事。緣黑石河冲没糧田，蒙恩通稟各憲以撫恤銀五百一十四兩移作河工，并札飭沿河（揖）〔捐〕助。自索橋及柴家坎、新埂子、黑石當、蘇家橋興工，各要地寔用銀五千六百三十八兩九錢二分，用錢九百四十二千文。恩臺不憚風霜，親爲勸課，成此非常之功，使水復歸故道，士民等沾感何窮。第兩年以來，黑石河良田冲没成河，實有四萬餘畝，受災最爲慘苦，今又湊此鉅款，捐助備極艱難。倘河工每年不能培補，恐堤籠一有損壞，田存者終歸蕩囓，田壞者萬難墾復，兩岸居民益就窮困，又何以下安生業，而上供國課。士民等竊以同治五年，楊主稟請撫邺，奏達宸聰，恩臺又請免捐輸七千兩，無非爲黑石河水災而請。即兩年，通稟委勘衝没成河之田，亦寔載糧一百，餘糧及一百六十餘兩。是以協懇恩臺，賞准沿河被災捐助河工花户，撥糧四百兩，立案編爲惠濟水當，通稟各憲，豁免捐輸及雜派差徭，俾按糧派捐水錢，逐年培補堤籠。則已成之功，得以永遠保護，而既没之田，亦以漸次淤復。兩岸花户不終有

糧無田，難以安耕鑿而奉貢賦，恩臺之仁心仁政，永垂不朽矣。

四川總督部堂趙札文附原詳按：川督爲趙爾巽、布政使爲王人文

爲札飭事。據布政使司呈詳：署成都水利知事錢茂，請將有功水利先哲，建祠立主，會縣祭祀。查該原摺開列人名，頗有疏漏。擬飭詳加搜考，並查（該）〔核〕諸公仕履、年貫、事蹟，分製小傳，刻訂成書，藉作堰功掌故。一案，據此，當經本部堂批：據詳甚是，候檄飭水利同知遵照辦理，先後任均不得互相推諉，以襄盛舉。錢署丞係發起人員，未離任所，尤應悉心搜考移交，並登報宣布，凡有可補遺者，無論何人，許即録送該廳，俾資參證。此檄除批印廻外，合就札行。爲此札，仰該同知即便遵照辦理。此札。

布政使司王詳爲詳請事。案奉憲臺批：據署成都水利同知錢茂，詳請將有功水利先哲，建祠立主，會縣祭祀一案，遵即録批，分别移行，並據該署丞開摺具詳到司，各在案。惟查摺開有功江堰立主祠龕者，自禹以下三十一人，大致粗具而疏漏者頗多。李唐三百年，名臣宦蜀，史不絶書，何至留心隄堰闃無其人，然此猶時代較遠也。有明去今尚近，其時官吏尤能注意堰工，就《通志》所載，如成化九年，巡撫夏塤以遠人赴役不便，將郫、灌雜派科差均攤得水州縣，專備工料以供堰務。弘治九年，添設僉事專督堰工，時灌縣知縣胡光伐石治金，即舊址甃砌爲防，貫以鐵錠、柱三使當湍勢，石隄中貫鐵處，固以油灰。正德間，盧翊均役作籠，即因其成績，今既列盧翊，不應獨遺夏塤、胡光。又嘉靖間，成都守蔣宗魯，欲修秦守之政，具事以請。憲副施君檄崇寧尹劉守德、灌尹王來聘，謀鑄鐵牛，晝夜勤事，絶流浚沙，鑿江底，及牛成，迎水之衝，懽聲震山谷。同事通判張仁度，亦與有勞。萬曆乙亥，江溢隄圮，成都知府徐元鼎、灌縣知縣蕭奇熊列狀修復，巡撫御史郭莊，慮益深長，增以鐵柱，命尋牛趾而濬之。諸岸間植三十鐵柱，又樹柱以石，護岸以隄。水利僉事杜詩，亦相與悉心區畫。凡此皆與胡子祺、吕翀後先輝映，或功業更居其右，皆應分别補入者。逮乎國朝經獻逆亂後，隄堰盡决，沙石填淤。順治

十六年，巡撫高民瞻、監軍道程翊鳳，倡首捐集銀二千有奇，緣李冰舊制修築淘鑿，以開民利。十八年，巡撫佟鳳彩繼之，今有佟公而無高程兩公，亦殊未允。至乾隆間，布政使林儁初守成都，修都江各堰，通濟農田。布政使姚令儀先在成都府任，修葺江堰，亦卓越有聲。兩藩司政績載入志乘，彰彰在人耳目間，似均未可聽其湮没者。本司役心簿領，無暇旁搜，尚能得其一二。則此外散見於古籍雅記及府縣志者，當更不乏其人，該署丞官處閑曹，責司水利，既能發起此舉，必須略求完備，庶食德服疇者，不至數典而忘祖，而興利除害者，皆獲崇德而報功。合無仰懇憲恩，據詳檄飭錢署丞茂，按照所指諸先哲，補主入祠，一面諮訪紳耆，搜考傳記，凡屬有功於堰，皆應附祀於龕，毋濫毋遺，必求翔實，並悉心查取諸公仕履、年貫、事蹟，分製小傳，刻訂成書。非徒發潛德之幽光，兼可作堰工之掌故，甚盛事也。再滿蒙人員多不著姓氏，以名首一字行，然既書木主，宜正姓名，如巡撫憲德姓西魯特氏，當冠以西魯特公某，巡撫碩色姓烏雅氏，當冠以烏雅公某，今稱憲公德、碩公色是分折其名矣。他可類推。又文翁名黑，係盧江舒人，諸公皆列名，不應文翁獨缺，亦須補填。至先後位置，既以時序，則強望泰係道光時任，名業卓然，見有強公祠在城外，蜀人稱到於今，應列在同治間之錢璋以上，凡若此類均請飭令，一併詳覈更正，免貽後人訾議。是否有當，理合具文詳請憲臺，俯賜察覈，批示飭遵。爲此具由，呈乞照詳施行。宣統二年十月□日。

覆都江堰大修難緩請及早興工議民國四年　王昌齡

蜀西都江堰工程，不特爲西川農田水利攸關，實全川大利大害所在。自秦守開鑿以來，漢蜀列屯江上，歲歲濬淘，護田修堰，大利在農，諸葛以一隅養兵三十萬，而餽運不缺，職是故也。自漢而後，代設專官以董歲修，或二十年，或三十年而又一大修。自某等所及見者，前川督駱文忠公大修之後，越二十年，有丁文誠公之大修。自丁公後抑又三十年，民間積望久矣。去歲大修之令始布，農人轉相告

語，若逢大慶，徒以禀准太遲，工期太促，當事者矢慎矢謙，不肯草率從事，乃有三年分修之議。去冬特試辦耳，今冬始爲正辦，乃驟聞緩修之説，是援溺以登而忽斷其繩，哺饑到口而又奪之食，衆情惶駭，罔知所由。在大府固存禹稷之心，即某等敢不獻其狂瞽之説，尚煩體究。約分四端：一曰水災不可長；二曰堰水不可乏；三曰天幸不可常；四曰前功不可棄。

何謂水災不可長？江水出萬山中，曲折行數千里，以達平地，其奔騰觸突之勢，决非民功所能攖。論者謂江自灌縣而下，與黄河自龍門而下其勢正同。近年水患頻仍，纇有詳報，即以去歲數月之中，本邑數十里間，衝去農田幾萬畝，合以沿河之温、崇、雙、新等縣，其數不知幾何。坐致良沃平疇，化爲泱漭大澤，既民貧盗起之堪虞，而連年無着濫糧，若悉派入平户，復田少賦重之可憫，濱江之民困，即未濱江之民亦困。彌望白茅，將成盗藪，誅之復起，得情可矜。雖良吏恩威迭用，權定一時，而赤子飢凍綦多，何能支久？一也。

何謂堰水不可乏？曩者丁文誠公督川，當堰失修之時，民間争水，則相毆相殺之案，層見疊出。鬧水則荷鋤荷鍤之衆，蟻聚蜂屯。近則鬧水利廳，遠則鬧川西道署，甚至赴督署擊堂鼓。敗禾殘稼，揚播塞庭，兵卒衛呵，捶曳幾死，訩訩讙呌，變在須臾。及大修之後，溝水暢行，此風不禁自息。則知農非好亂，憤激致然也。惟丁公以休休之度，成烈烈之功，俎豆謳思，至今未歇。近年以來，堰水漸行缺乏，去歲近城争水之案，由堰工研究所平章了息者，無慮數十百起，村落又當若何，此鬧水之先幾也。及今不圖，水不足以供田，則其象又將復見，無以弭之，何以莅之。二也。

何謂天幸不可常？前此十年，錫良公督川時，微有旱象，成都附郭之農，已赴督轅要水，乃命知府高增爵親至灌縣察看，於時江中之水盈溢，而兩岸之民交愬，無水不已。知府不解其故，詳問本地紳士，乃知歲久失修，故大江患水多，堰河患水少。其時已故紳士馬繼華等，已有協懇大修條陳，繪圖貼説，語皆諳切，知府據情詳覆，錫督爲之動容。將來大修入告，適遇僉壬貪功，媚上罔下，敷衍而止。而此十年中，適有天幸，雨澤從未愆期，禱雨無不立應，農田既不專

恃堰水爲灌溉，亦遂相安於不覺。往聞天文家言，歲星入於井鬼分野，吾屬將有十年豐穰之象，斯其驗矣。然歲星終有出井之時，請雨或不如人意，一遇大旱，其害必烈，憂來始圖，嗟何及矣。然愚民豈知遠慮，預防端在仁賢。三也。

何謂前功不可棄？都江堰要緊工程，純在上游及堰工左右，往歲大修，全力皆注意於此，譬之絜領而裘自順，振綱而目自張。秦守以來，如鐵樁、水則、石人、犀牛之類，在在寓有精心。今即"深淘灘，低作堰"之六字銘，外六内四分水之標準，各堰河口受水量之多寡，亦皆臆説紛紛，迄無定義，必得精能水工，深思熟察，乃能還秦守之舊規，使吾民食水之利，而不被水之害。去歲動工已遲，加以技師麤疏未遑討究，仿醫家急則治標之法，僅於下游支河受災較重之區，爲之淘去河心沙石，趣使作隄防護，而於都江堰一帶，則劃歸水利廳歲修。界内雖亦爲之加工加籠，要是皮膚之補救，而擘畫獨有未周也。當於今歲開工，悉心營度，如使忽焉停罷，是修如未修，即灾民亦不知感激。何者？已淘之河心而沙石又淤之，未竣之隄垣而刷盪且盡矣。揮金十萬，徒聞太息之聲，用力一場，不覩告成之績，勞人草草，轉速謗言，哀（找）〔我〕元元，末由仰訴，勢難復請，咎將安歸。四也。

謹舉四端，以備攷察，怨咨之苦，莫罄形容。伏冀政府顧念民瘼，廣延哲算，毋收已布之令，致負久望之心，捍大患於將來，守國信而勿失。應請一面電達中央，一面飛咨財政廳，劃成發欵，尅日興工，毋使理水之材，得以短暑自謝。昔汲黯發河内之粟，陳湯起城郭之兵，見義赴機，不俟奏報，是皆大府所洞達，何待下士之瀆陳貪獻，不覺覼縷，伏乞裁察。

碑　志

移建離堆山伏龍觀刻石文　馮伉

夏書《禹貢》：導江瀆以出岷山。秦史《河渠》：鑿離堆以洩沫水。懷襄昏墊之憂平之於前，夏后錫圭而鑄鼎，豬洳澒洞之患濬之於後，李公鬬牛而沉犀，惠我無疆，奕世載德。以視夫鄭國分渠於渭上，西門引漳於河朔，功相萬也。左思曰："指渠口以爲雲門，灑滮池而爲陸澤。"如李公者，不其然乎。非夫有道之士，智仁勇三者足備者與。且驅風雲、運神化、翦妖厲，輝照竹帛，亨祀豐潔。其在神仙之品，得非漢天師、許旌陽之徒與。離堆山伏龍觀者，俗傳李公，誅邪壓怪之所，腴田沃野之會也。今其雲壁高拆，霜濤中注，靈阜嶙峋以磅礴，沖淵澎湃而瀺灂。硠硠灘滸，清振林谷，有若長蛟斷於陽羨，支祈鏁於淮泗，無復害矣。每歲孟春，役徒萬億。太倉爲之給粟，長吏爲之督工。築之、繩之、決之、防之。乘時以興，比月而息。支分派散，環繞糺錯，連州越郡，膏沐千里。雖密雲霔霿，愆陽蘊隆，而厚野是濡，倉箱是粒。與書所云"岷嶓既藝，沱潛既道"者，有同功焉。爰建福地，聿崇仙館，旌哲人之餘烈，慰生民之報德，固其宜矣。伉嘗覽舊史，燦然神述，式將王命，躬率�功，歷載維三。周視其間，堂廡湫隘，命芟草以廣其址，積石以增其注。遷舊宇之翳薈，即孤山之顯敞。洪流壁轉，例❶峰屏合。東臨江口之關，故靈基立其左，崇功之義也；西瞻寳室之穴，故僊亭峙其右，思道之旨也。正居太上之殿，中築朝真之壇。喬木蔽乎陽岑，奔流激乎陰

❶ 例　應爲"列"。

甃。石頭虎踞之壯，蓬邱鼇觀之奇。吕梁懸仞之儉[1]，吴濤逆奔之勢。羅列在目，殆非人世之景象與。且猛虎嘯於谷風，元鶴鳴於浦月。白雲生坐，上拂仙香；彩霧依巖，下傳天樂。氣象萬千，更僕難盡焉。方今聖上凝命穹昊，躋人福壽。訪道以清中夏，軒轅氏之理也。望秩以徧群神，有虞氏之勤也。兹地也，名山周映，靈跡孤標，僉移集身之宫，尊爲逆鼇之府。事非改作，功無用勞，不革舊名，惟崇新宇。經構輪奂之狀，助揚穆清之化。真風奇蹟，等天地久，不亦盛乎！不亦永乎！拂石刻銘於彼山趾，其辭曰：李公英英，日貫其誠，奇功美利，於今有靈，仙凫屹峙，元都景明，壇殿新製，門閾舊名。江沱泚泚，揚漣玉清；岷山峨峨，回風雪零。桂菌朝蔚，漪瀾夜渟，乘雲嘯歌，浮邱赤城。

蜀堰碑　揭奚斯

江水出蜀西南徼外，東至於岷山，而禹導之。秦孝文王時，蜀郡守李冰鑿離堆，分其江以灌川蜀，川蜀以饒。自秦歷千數百年，所在衝薄蕩齧，大爲民害。有司歲治堤防，百三十二所，(股)〔役〕兵民多者萬餘人，少者千人，其下猶數百人，每人七十日，不及七十日，雖事治，不得休息，其不役者，日三緡。富屈於貲，貧屈於力，上下交病，會其歲費不下七萬緡，毫髮出於民，十九耗於吏，概其所入，不足以更費。今上皇帝即位之明年，僉四川廉訪司事吉當普，巡行周視，得要害之處三十有二，餘悉罷之。且召灌州判官張宏計曰："若甃之石，則役可罷，民蘇弊除，何憚而莫之爲?"宏曰："公慮及此，生民之福，國家之幸，萬世之利也。"宏遂請出私錢，試以小堰，堰成水暴漲，堰不動，乃具文書，會行省及邊軍七翼之長，郡縣守宰，鄉遂之老，各陳便宜。皆曰：便。復禱於冰祠，與神約，昔鑿離堆以富川蜀，建萬世之神功也。今水失其道，民失其利，吏乘其弊，若此而神弗之救，是神之惠弗終也，神克相予於治弗予相，請與神從事。

---

[1] 儉　應爲"險"。

卜之吉，於是徵功發徒，以至元改元十有一月朔，肇事於都江堰。

都江即禹所鑿之處，分水之源也。鹽井關據其西，南江南北皆東行，北舊無江，冰鑿以避沫水之害。中爲都江堰，少東爲大小釣魚磯，又東跨二江爲石門，以節北江之水，又東爲利民臺，臺之東南爲侍郎、楊柳二堰，其水自離堆分流，入於南江，南江東至鹿角，又東至金馬口，又東過大安橋，入於成都，俗稱大皂江，江之正源也。北江少東爲虎頭山，爲鬥雞臺，臺有水則，尺爲之畫，凡十有一，水及其九則民喜，過則憂，没其則則困。乃書"深淘灘，低作堰"六言於其旁，爲治水之法，皆冰所爲也。又東爲離堆，又東過淩雲步二橋，又東至三泊洞，釃爲二渠，其一自白馬騎東流，過郫縣，入於成都，謂之内江，今府江是也；其一自三泊洞北流，過將軍橋，又北過四石洞，折而東流，過新繁，入於成都，謂之外江，即冰所穿二江也。南江自利民臺有支流東南出萬工堰，又東爲駱駝，又東爲碓石，繞青城而東。鹿角之北涯有渠曰"馬壩"，東流至成都，入於南江，渠東行二十餘里，水決其南涯四十有九，歲疲民力以塞之，乃自其北涯，鑿二渠與楊柳渠合，東行數十里，復與馬壩渠會，而渠始安流。自金馬口之西，鑿二渠合金馬渠，東南入新津、罷藍淀、黄水、千金、白水、新興至三利十二堰。北江三泊洞之東爲外應、顏上、五斗諸堰，外應、顏上之水皆東北流入於外江，五斗之水南入於馬壩渠，皆内江一支流也。外江東至崇甯，亦爲萬工堰，堰之支流自北而東，爲三十六洞，過清白堰，東入於彭漢之間，而清白堰水潰於南涯，延袤二里餘，有司因潰以爲堰壞，乃疏其北涯舊渠，直流而東，罷其堰及三十六洞之役。嘉定之青神有堰曰"鴻化"，則授成於長吏，使底其功，應期而畢，若成都之九里堤，崇甯之萬工堰，彭之堋口、豐潤、千江、石洞、濟民、羅江、馬脚諸堰，工未施者，亦責長吏農隙爲之。諸堰都江及利民臺之役最大，侍郎、楊柳、外應、顏上、五陡次之，鹿角、萬工、駱駝、碓石、三利又次之。而都江又居大江中流，故以鉄萬六千觔鑄爲大龜，貫以鉄柱，而鎮其源，以捍其浮槎，然後即工。諸堰皆甃以山石，範鉄以關其中，取桐實之油，刀麻爲絲，和石之灰，以苴罅漏，禦水潦岸善崩者，密築江石以護之，上植楊柳，旁

種蔓荊，櫛比鱗次，賴以爲固。蓋以數百萬計所至，或疏舊渠而導其流以節民力，或鑿新渠而殺其勢以益民用。遇水之會，則爲石門以時啓閉，而蓄洩之，凡智力所及，無不爲也。先是郡縣及兵家共掌都江之政，延祐七年，其兵官奏請獨任郡縣，乃以其民分治下流諸堰，廣其增修，而大其役，民苦之至，是復合焉。常歲蓄水之用，僅數月，堰輒壞。今雖緣渠所置碓磑紡績之處以千萬數，四時流轉而無窮，甚便。都江水深，廣莫可測，忽有一大洲湧出其西南，方可數里，人得用事其間，入山伐石，崩石以滿，隨取而足用，所在皆然。蜀故多雨雪，自初役至功畢無雨雪，故力省而功倍，民不知勞，若有相之者，亦其忠誠所感如此。致使天子賜酒之使相望於道，臺省觀工之檄不絶於使，所溉六州十二縣之民咸歌舞焉。而下自郡縣，上自藩部，惡其害己，且疾且怨，或决三洞之水以灌其坎，或毁都江之石以壞其成，撓之百計，不拔益固。甫五越月，大功告成，百一恒費，民永休享，古未有也。而吉當普會以監察御史召，省臺上其功，詔臣傒斯記之於碑。臣聞水先五行，食首八政九疇之叙，其次可觀矣。夫水者衣食之源，然所以爲利，亦所以爲害，在善導之而已。禹平水土猶己溺之，后稷播種猶己飢之，萬世有稱焉。是故爲政不本於農，不先於水，是爲不知務，是謂冥行之臣。李冰一鑿離堆，民受其賜，吉當普一修其業，神且不違，彼失其利而欲廢之，不亦悲乎？惟吉當普才大而德敏，愛深而知遠，不枉其道，不屈其志，臨難忘身，爲國忘家，安於命而勇於義，而知所先務，故事可立而功可建。其在四川請罷鹽運司，正鹽井之法，以去奸利。置安撫司以撫四方流寓之民，使安其耕鑿，及居臺端，知無不言，言無不合，誠國之寶也。判官張宏，殫智竭慮，終始克相其志，雖百折而不悔，亦今之賢有司乎。

是役也，石工、金工皆七百人，水工二百五十三人，徒三千九百人，而邊軍居其二，工糧爲石千有奇，石之材取於山者，百萬有奇，石之灰以觔計六萬有奇，油半之，鉄六萬五千觔，麻五千撮。其工之值物之價，以緡計四萬九千有奇，皆出於民之所積，而在官者，餘二十萬一千八百緡，責灌守以貸於民，歲取其息以備祭祀。若淘灘修堰之供，仍蠲灌之兵民常所繇役，以專其堰事。嗚呼，後之涖此土者，

尚永監於斯，勿怠其政墮其事，以爲民病，以爲國家憂。臣拜手稽首而作頌曰：天一濬靈，多源於西，岷山導江，禹績可稽。民生之初，惟水利賴，夫既利之，胡忍貽害。運有推遷，事有因革，保制安危，神實任責。於穆英惠，藩屏坤維，於赫仁祐，駿烈四馳。自秦徂漢，祼以千計，維王父子，蜀境是庇。江源自蜀，王鑿其阻，蜀溉餘波，厥施乃溥。江趨而東，勢通蜀山，春夏暴漲，橫潰是閑。既遏其衝，又決其支，以漫以灌，惟堰是資。昔王受命，司我芻牧，爲兹惠利，以阜我蜀。今我蜀民，作堰歲勞，殫智疲力，以捍江濤。僉憲有謀，將息斯患，王實誘之，旨遺以艱。吏籲於王，願受指教。王繇之詞，繼導之珓。詢謀允孚，百役以興。厥志無二，惟王之憑。象鼻之漲，茫無津涯，湧爲淺瀨，有礫有沙。匠陟彼巘，言鑿其堅。山夜發洪，穴不得穿，匠取彼石，既磊既砢，揮椎運斤，惟右惟左。蜀山不雲，蜀日旦出，陟冬届春，民就愛日。彼榩彼菑，昔木今石。其崇言言，永固爾壖。民聽鼛鼓，追思往年。富民醵錢，耕者廢田。今兹永逸，孰究我圖。顯允二神，作我蜀郛，聖神在御，懷柔百神。封章屢上，亟命司臣。錫以徽稱，華以欽命。以旌王功，以致皇敬。涣號於庭，揭虔於祠。帝命不褻，神惟顯思。登瀛有臣，復請詠賜。俞旨自天，寵命薦至。嗟彼嬴氏，百郡列署。惟兹蜀守，勳烈昭著。異趨殊歸，惟德與力。王初庇民，顧盡乃職。豈謂異世，獨濯厥靈。俾王初志，炳乎丹青。王不恃力，務德是勤。有偉斯績，益光前聞。詞臣作歌，守吏眡刻。江流沄沄，昭彼無極。

新作蜀守李公祠碑 阮朝東

嘉靖十有二年冬，蜀府新作秦守李公祠於灌，崇明祀報功也。按：志公守蜀殫心民事，時沫水爲災，乃與厥子二郎鑿離堆以泄之；治都江諸堰，導水以溉郡邑田疇，民無水災，亦不憂旱，迄今千七百餘年，遺法猶存，而惠澤甚溥，蜀人所以世祀也。祠昉於隋，至元始封王，以示褒崇，舊祠壞，民圖新之，將歛財。灌令張紀聞之曰："嗟！兹祀也，吾有司所宜圖也，未可以勞我疲民。以告觀察於彥杲，

彦杲重其役，因屬左史高鵬、右史張玠，以告於王。”王曰：“嗟！兹祀也，吾有國所宜圖也，未可以遺洋有司，夫有司不忍勞民，予焉忍勞之。矧咸秩無文，實我聖天子彝典，惟李公冰有懋功於蜀，兹祀弗新，無以報功，亦非所以祇奉德意也，其新之。”乃命中貴陶宣暨甯儀、周琦、張璐圖興役，以張繁、張鑑督工。其祠宇以間計，正殿五，寢殿三，群祀堂一十有二，左右廊二十有八，碑亭二，祠後有臺，祠前左右有坊，殿制高廣且深，輪焉奂焉，壯麗倍昔。是年冬十有一月哉生明經始，十三年夏月朔落成。初工之興也，人咸難之，謂匪期月可成，繼而人樂趨事，未幾工畢，人咸異之，曰：“是何成功之易耶？”人謀厥藏而神實相之也，不然何若是易，紀告於東，且請記，東曰：“嗟！聖王之制祀也，能禦災捍患則祀之，夫祀以報功，以昭勸也，李公功允懋矣，兹祀之新也，固宜。”書曰：“岷山導江。”惟兹岷江，實惟禹績，禹之澤在天下，冰之澤在蜀，蜀人思冰，不異於思禹也，自是厥後，治蜀者能如冰焉，人其不思乎？抑予聞智者作法，愚者因之，李公之遺法曰：“深淘灘，低作堰。”善矣，人恒因焉，世世利也。夫濬其灘以導水，勿使不足，低其坊以洩水，勿使有餘，其坊也，基以巨石，其上暨傍簍石而聯砌之，石取諸灘，歲一修治，民不告勞而自獲其利。後世乃有好事者，謂歲一修治之煩，始廢竹簍，更砌巨石以爲坊，所費不貲，春夏波濤衝擊，浮木震撼，不二三年輙隳焉，則費而患不免。元之吉當普、建文時胡光，往轍可鑑已。夫巨石不易致也，即可恃焉爲固，亦不免歲一濬灘，况不足恃乎？乃若簍石，其相聯多則力重，且能泄水，不與水敵，誠固而可恃。而彼以石易簍者，可謂智乎？吾懼夫好事者，猶執前説以勞民傷財，故併及之，以告來者。

復濬離堆碑　杭愛

國以民爲本，民以食爲天，古誌之矣。故重農乃爲政之首務，力耕寔兆庶之良謀。漢之文景，躋斯民於仁壽，由此道也。但勤惰之事存乎人，豐歉之數繫乎天，或旱亢之靡常，雨暘之弗若，桑林徬徨，

大聖且不能與造化争衡，則水利之以人事奪天工，其術甚神，而其德誠厚耳。益州古稱沃野千里，自禹導岷江，人得平土，而塘堰未開，至秦蜀守李公冰者，命其子二郎鑿離堆山，剏渠引水，灌溉十一州縣之田疇，名都江堰，爲萬世利，厥功不在禹下。是後則有元至元間，廉訪僉事吉當普，建白用石包砌諸堰，爲石門以時啓閉。前明成化間，巡撫都御史夏公塤，規畫均役，修堰之法始備。迄弘治間，灌令胡光伐石治金，即舊址甃石砌，貫以鐵柱，克障水决。正德間，水利僉事盧翊躬督疏濬，直抵鐵板，得秦人所書六字訣，曰："深淘灘，低作堰"。大書觀瀾亭，用昭永鑒，載在輿志，班班可考，皆踵事而增功者也。大清康熙二十載歲辛酉，余欽承簡命，撫綏全蜀，值吴逆變亂之後，大師進勦之時，貔貅數十萬，餱糧於斯取給，經營籌畫，日無甯晷。且伊時伏莽未靖，備禦時嚴，而余念切痌瘝，問民疾苦，採察利弊，首以都江堰爲急務。蓋錦官爲省會之地，商賈輻輳，軍旅交馳，食指浩繁，咸取足於閭閻之胼胝，食重則農重，農重則水利重，水利重則堰重，誠不敢因軍興旁午之際，而緩視根本之圖也。爰檄藩司劉君顯第、臬司胡君昇猷先事商度，諮諏計慮，俱有同心，聞此堰廢馳已久，往歲脩築，僅以草率應事，故有歷三春而水不至田，農人懸耒太息者，遂於是歲孟春，發帑金四百，遴委通判劉用瑞、遊擊鍾聲，往求離堆古蹟，而疏濬之。比至，果於榛莽中得離堆舊渠，砂石壅淤久矣，蓋歷年堰水惟從寳瓶口旁出，非離堆故道也。禹之治水，行所無事，李冰豈獨不然？違其道而治之，毋怪乎用力艱而决防屢告耳。今仍循古蹟，事半而功倍，仲春之初，水澤盈畦，决裂無聞，民得耕稼以有秋，官吏相與慶於庭，士農相與歌於野，咸曰："一勞永逸，吾人其無阻飢之患矣。"而余則藉二三子之力，庶幾俯愜輿情，仰答天眷，盈百室而甯婦子，慰余惓惓重農之意也。稽經祀典，記曰：法施於民，則祀之，能禦大災捍大患則祀之。李公誠其人，祀不可以不崇，是用遣官致祭以報功德，仍勒石以記其事，俾後之君子知民事之不可緩，而此堰之疏濬在法古而毋忽，斯民其永賴乎。

修建太平堤碑　朱載震

成都府灌縣之都江堰，其水源來自松潘之上流，其利於民也。成、郫等九邑咸（賓）〔資〕灌溉，昔人所稱陸海者也。雖有歲修例要，皆視爲故事，塗飾一時。康熙丙戌夏五月，淫雨彌旬，山水泛溢，人字堤、三泊洞、府河口盡被衝决，諸邑沿河之城郭、廬舍、田畝漂没者災傷見告矣。大中丞熊公惻然深念，立捐俸貲，委員詳驗，多方撫恤，無使失所，繼又歎息言曰："是特一時權宜事耳，不可不爲一勞永逸計。"冬十月躬行相度，計程三百里，不殫勞瘁，一日往返，乃與僚屬從容商榷，某處當修，某處當濬，瞭如指掌，惟是工費繁多，非千數百金不足以濟，而民力民財又不可以重累也。公於是首捐清俸，以及藩臬兩司，成都府屬用水九邑皆與焉。復遴委別駕標員，協力鳩工。自一陽始生，至次年春仲，凡三閲月，築人字堤長三十八丈，高八尺，又於府河口、三泊洞築新堤，長八十三丈，高八尺，厚五丈，支分條析，水得復尋故道，灌溉無遺，民將世世食其利，豈特一時慶安瀾已哉。以故九邑之食租而衣税者，咸拜首而頌曰："公之樂於創始，孰如公仁？公之洞悉源流，孰如公智？公之倡導捐輸，孰如公義？公之先時集事，孰如公信？"嗟乎！公撫蜀僅三年耳，凡此十郡六州之人，前所謂不便，及今所願欲而不得者，公皆爲之除弊而興利焉。春生秋肅，陽開陰閉，令修於庭户數日之間，而人自得於河山千里之外。今又軫念九邑黔黎，遺樂利於無窮者如此，公之功與流水同長矣。是役也，勞在社稷，不可以不書。

重建蜀郡守李公廟碑清同治六年　崇實

秦蜀郡守李公冰，與其子二郎，鑿離堆以避沫水之害，又穿内外二江，厮渠引水，灌溉田疇，遂成沃野。既殁，蜀人祀之爲神。至今作堰淘灘猶師其法，歷代皆有褒贈。然積久失實，民俗沿譌，今都江堰之祠，專祀二郎，而祔祀公於後殿。國朝雍正間，四川巡撫西魯特

公憲德疏請加封二郎，部臣曰："二郎雖有佐父之積，李冰實主治水之功，今但封二郎而不及冰，於義未協。"奉旨封冰爲"敷澤興濟通佑王"，封二郎爲"承積廣惠顯英王"。顧封號雖頒，而祀典訖未釐正，且附會小説，並二郎之蹟，亦寖失其旨。咸豐間，學使何君紹基疏請更正，格於部議，寢其事。夫子雖齊聖，不先父食，況以公之賢，又有功於蜀，其施力程能，固無待乎其子。今乃數典忘祖，子掩其父，得毋紊歟？小民失而弗察，猶可諉之曰愚，賢士大夫知而不復諟正，是誣也。愛惜經費，憚於更張，是慢也。使神失其倫序，不歆其祀，將何以蔭國而受福乎？余謂雍正間，既奉有諭旨，其事昭然，可無再請。爰於乙丑之春，成緜龍茂道鍾君峻將赴灌視堰工，屬令相度形勢，用謀改作，鍾君視伏龍觀前地勢宏廠，遂就原圮山門基址起建通祐王專祠，而以二郎配享其後殿，所祀諸神，則仍其舊。檄灌縣李令天植、楊令若黼、錢令璋、水利廳吴丞賓林、曾丞寅光，暨縣之紳耆蒲鑫賢、彭洵、戴嵩、申于�、劉璞、張暉陽、張學海等董其事。命工勘估，計費將近萬緡，稟飭成都府屬需水州縣，按照水册量力捐貲，隨即鳩工庀材。經始於同治五年二月，閲明年三月廟貌告成，蠲吉迎通佑王神，供俸正殿，用以脩廢典而答神庥。既將事畢，鍾君請爲之記。予惟《易》言："精氣爲物，遊魂爲變，是故知鬼神之情狀。"夫鬼神豈以情狀示人？特神道依人而立，揆之人心而安，即揆之神心而亦安耳。然則是役也，察倫物，舉廢墜，通幽明，妥享祀，一舉而四善備焉，鍾君之力也。爰爲之記，以告來兹。

崇德祠刻石文清光緒三十二年。按：光緒元年邑令胡圻所得，詞意略同　文焕

深淘灘，低作堰。六字旨，千秋鑒。挖河沙，堆堤岸。砌魚嘴，安羊圈。立拜闕，留漏罐。籠編密，石裝健。分四六，平潦暵。水畫符，鐵樁見。歲勤修，預防患。遵舊制，毋擅變。

都江堰復籠工碑清光緒十六年　佚名

古者自都坰及郊疆，立官師，主興役。駟見火覿，期諸司里。平

津塗，敘井賨，障陂澤，成津梁，無不便於民。故着夏令志其時，儆明受事之職，爲政之要也。灌縣成都西北邑，岷山導江，至是中分，洪流浩奔，勢截灌口。秦李冰鑿離崖，鎮以石犀，立磧畫水，引溉郡田，沃潤千里。厥後盧翊籠竹實石，因時立制，用以宣洩水勢，簍石緪貫，湍暴平夷，天彭劃張，玉壘坦涉，歲食其利，千暮百朝，繹繹兟兟，罔有潰越。光緒二年，平遠丁公來督是邦，楗石築隄，實期久遠，泛漲潰圮，漸至豁崩，黔首荷鉏，徘徊望洋，墮石崿岞，横錞江流。十有二年，諾絡承公厚，以宗伯連公次子，忠節明公之弟贊襄比部，觀察成綿，巡視屬邑，用增憫惻，咨訪父老，議復舊規。迺請於制府廬江劉公秉璋，敕工度財，伐竹籠石，謀鞏固之利，圖永底之業，勤官分之務，復百姓之便。於是衝波怒輪，騰潮激鱷，豁淙谷湍，衆滙瀦洩，磪鬬低平，駢陸密緻，蜿虹孤綳，離離遥合。爰田安灌溉於上，悍溯殺蕩突於下，緜緜利澤，鮮遺阻艱。邑之人樂蹈曩利，言於郡丞朱君錫瑩、令尹龍君錫恩，刻石紀銘，不没其事。銘曰：公來其初，其績有序。巡視咨嗟，憫民疾痡。民之皇矣，田廬浸漚。水勢方驕，沈竈漂血。公度以舊，無洑無俌。湍湺之厄，平其倍岨。伐竹青城，輂絡編簍。興於衆力，沓沓滸滸。時釐爾成，群用憮詡。在昔秦守，洪波是主。兀睆石牛，蒼茫犀浦。秩秩扈扈，列刻碣围。后有廬公，克紹前矩。千載祀薦，曖閬舞鼓。迺易舊制，頓失其所。儽偞紛靡，或礫或掊。匪公之力，疇克支柱。涬滈既潛，師翼庭伍。立石頌功，昭垂萬古。

丁公祠碑　陸法言

蜀守文翁，尚有千秋石室；杜陵詩老，猶存百代草堂。况川督丁公之纘禹績而恢秦緒者乎！公自莅蜀以來，周咨得失，備考廢興，賴此離堆，患分沫水，蔚成沃野，利在都江。恪守六（家）〔字〕之心傳，可作中流之砥柱。爰乃爲民請命，利害敷陳，發帑興工，遵循舊則。公惟存禹稷之心，願溥膏澤；而民協風雨之好，思薦馨香。故當户户買絲，家家畫扇矣。於是選勝地，屬羽流。小築樓臺，宛對神仙

窟宅；大名宇宙，直同丞相祠堂。修葺捐資，守祝有費。慶初度於嶽降，頌協岡陵；歷不改之歲寒，齡延松柏。以是知立功立德，成當時不朽之基；既溥既長，遺後世無疆之福。若彼碧雞金馬之祀，語多不經，更未可方駕也已。

新開長同堰暨建祠碑清光緒二十一年　王澤霖

事創難，而守亦非易。乾隆初，吾灌自玉堂場抵太平場，沿山皆旱地，人苦於事倍功半。十九年，大府黃諭民致水，予高順[1]天順公暨艾文星、劉玉相、張全信諸先達，具呈郡守張飭邑令秦侯規畫，各倡捐數百金開堰，與王來通等五人相度地勢，仿李王劈離堆意，於橫山寺鑿岩。越三年，石工乃畢，由是並山而南，達石崩江，置閘引水，分三段焉。嗣經宋侯指示，堰務始成，命曰“長流”。水勢沛然，終經嘉侯履勘，謂可開至太平場下，則於長生宮後，析堰爲二，更號“同流”，而以長同合名之，墾田復增二千餘畝。蓋是役起於乾隆二十三年，訖於二十九年，共成四區，每區附堰田六百餘畝，其灌溉所及不下一萬餘畝，利於溥哉！嘉慶庚午年，文公哲嗣正榮、孫溁，豎開堰碑，誠善繼善述者已。而山溪障塞，水不足用，溁思（租）〔祖〕德，而以利衆爲懷。道光初，捐金通修，人咸稱之，及道咸間，金廠肆開，炒落堰塞，田轉旱者殆及千畝，爲害大矣。艾公曾孫秉乾，不忍前功遽没。同治癸亥年，命其姪四人，約王張二公之孫五人，同堰者若干人，協墾通修，王侯勘審，命加石梘二尺，並增神仙洞與濠子堰石梘，永禁唐姓修碾，僅留一磨。至李侯，乃息訟，條示朗存，所費約七百金。後因筒車涉争，晁候斷令小滿前五日下滿[2]，自此水復暢流，上下齊插，而堰有中興之象焉。澤霖以舊碑漫漶不能垂久，爰綜厓略壽之石，前二碑仍存，别以小碑，勒規條告示，姓名無失，特念諸先達，功在一鄉，堰雖載入縣志，而未蒙議叙，食其德者，每勸王、艾、劉、張之後裔，爲四翁建祠，歲於開堰、報堰時致祭，令後

---

[1] 順　1933年版《灌志文徵》卷三《碑志》作“祖”。

[2] 滿　1933年版《灌志文徵》卷三《碑志》作“溝”。

人見之飲水思源，矜重堰務，庶不至忘其本始。古所謂鄉先生没而可祭於社者，其在斯人乎？小子敢不誌之。頌曰：農以水興，利賴千古。首善有人，堰功斯溥。深省發予，晨鐘暮鼓。同事同方，神應有主。無私非公，祈報得所。竟委窮源，馨香不朽。

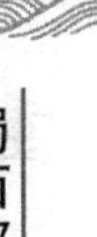

雜記

鐵牛記（一） 陳鎏

粵稽古導江，自岷山掠成都之南而東下，成都之北，水不及焉。《河渠書》曰：蜀守冰，鑿離堆以避沫水之害，引其水益用，溉田疇之渠以億萬計。蓋至是始分江通北道，堰之始也。沫，蓋江之源云。冰姓李，仕秦，有功於蜀，民德之，所在血食，號曰川主。其作堰之善，遠不可考，崖下有古刻曰“深淘灘，低作堰”，蓋治水法云，至漢唐尚因之。宋以後，或失其法，堰遂壞。至元間，有僉事吉當普者，聚鐵石大舉繕治，民亦利之，然不能如李之舊，不百年復崩。我朝自弘治以來，當事者百計修復，隨築隨圮，有司歲伐竹木，歲役人夫，費不下鉅萬，民甚病焉。嘉靖間，太守蔣君憫其民，思欲修秦守之政，乃具其事以請憲副周君相。度地勢，求故址，得堰之最要者九，欲盡甃之石，其都江堰當水之衝，則石之外再護之鐵，議者韙之，計所費不貲。會君隨赴任江西參政，事遂寢。憲副施君繼董其事，曰：“事貴有序，功貴因時，鑄鐵之功，易於甃石，且要焉，盍先之，徐謀其後。”乃檄崇寧尹劉守德、灌尹王來聘謀鑄鐵牛，其費則議出公儲之應修堰者，經畫處置甚悉。蜀王聞而賢之，命所司助鐵萬觔，銀百兩。時巡撫李公，巡按鄢公皆急於民，多所因革，執施君議，深以爲然，咸刻期勗之。議既成時，庚戌二月矣，春水始發，急切不能興功，衆懼焉，施君曰：“今即不及事，不可以爲來歲計乎。”毅然爲之，於是劉崇寧以君意，晝夜勸事，絶流浚沙，鑿江底，凡厥所需，不數日咸集。以是月二十四日入冶，一晝夜牛成，牛凡二，各長丈餘，首合尾分，如人字狀，以其鋭迎水之衝，高與堰嘴等。坯冶

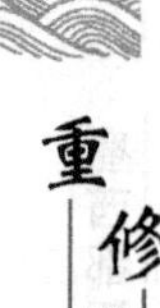

之日，蜀府差長史李鈞齎幣帛羊酒，勞諸從事者。民環而觀之者億萬，歡聲震山谷間，其父老皆合掌曰："此吾子孫百世利也。"計鐵七萬觔，及工費共用銀七百兩。時各州縣多堰工舊逋，君下令，民樂之，不數日，輸既充實有贏。水次居民，杙急湍爲磨碓，以規水利，吾弗以例禁，薄税之，復歲得八百金。故事修堰，需舟車之類，盡取諸民間，至是皆有備，不勞民力，不費公帑矣。僉事陳鎏以督學入灌口，牛方落成，往觀之，曰："物與水激，其重必克，數十萬之石，可致而不可合，數十萬之鐵，可冶而合也，合則其重并無尚矣。水遇重不勝，則洄而支，支則力分而弱，及其弱也，竹木砂礫或可以當之，故堰莫急於衝，莫要於鐵。嗣是而後，若再甃之石，如蔣君之所議者，以歲舉焉，其百世之利也。李守故智，要不出此。"時劉崇寧及通判張仁度尚有事堰上，曰："此正古人用鐵之意，而未之發明也，乃今知之，請紀其事。"遂書之牛背，後系之銘，銘曰：岷嶓既藝，民之攸（暨）〔塈〕。惟蜀之利，岷江之陰。陵谷變易，亦有原隰。惟禹之慼，乃啟後賢。曰李冰氏，乃鑿離堆，乃堰江涛，乃拯昏墊，乃沃千里。顧兹積石，月囓歲蝕。代有吏勤，屢興屢踣。蜀民謷謷，勞此洚水。畚鍤靡止，百室罄只。明嘉靖間，守令則賢。亦有憲副，憫此下瘵。謀用大作，維力則艱。施君繼之，相時事事。弗顧弗忌，冰心是思。乃砥洪流，言鑄之鐵。神人胥悦，二丑崢嶸。天一迸裂，馮夷駭驚。蛟龍怒咽，犇突既定。江沱既釃，溉此萬畦。豈惟生民，籩豆餴饎。郡邑十二，惟堰之資。匪堰之力，繄人之力。嗣冰之功，纘禹之跡。爰有同心，視此牛勒。後千百年，其永勿泐。

鐵牛記（二） 高韶

灌有都江堰，自秦蜀守李公冰命其子二郎鑿離堆山剏築之，以障二江之水。爰作三石人、五石犀，以鎮江水，以壓水怪，以灌溉川西南十數州邑之田，爲利溥矣。堰下里許，有鬥雞臺，畫石爲水則者，十有一尺，及九爲利，過則憂没則患，復刻"深淘灘，低作堰"六字於傍石，垂法於後。歷漢而唐而宋，相沿修輯，率循其法，久之湮

没，至於元，堰乃不治。歲役兵民萬餘，所費鉅萬，民以重困。時四川肅政廉訪司僉事吉公當普，達觀要害，乃召灌州判官張宏，謀鑄鐵龜六萬觔，貫以鐵柱，壘石其上，鎔鐵汁雜桐實油灰麻，以苴其罅，水利復興。詔翰林待制揭公傒斯作記，以表其功。至於我朝，舊功漸就圮毀，有司歲令得水州邑役夫輸費修葺。成化初，巡撫都御史夏公塤，以地遠者疲於奔赴，令專供工料，乃蠲郫、灌二縣雜泛科差，專事力役。弘治四年，添設按察司僉事一員提督都江堰，并各府州縣水利，自是職有專任，時輯屢省，堰以不壞。正德間，水利僉事盧公翊督工修濬，深及鉄版，乃得李公前所刻六字，置疏江亭，用昭永鑑。計糧派夫，分班更役，復啟蜀王，得歲助青竹四萬竿，以給盛石篗籠之用。嘉靖壬寅夏，二江瀑漲，金堂、簡、資、内江一帶水勢瀰漫，駕出舊痕幾十餘丈，浸淫四五日始漸以落。丁未之夏復然，江兩岸田地，冲决見在，民居漂洗，靡遺寸椽，盖百年來所未見之災也。適副都御史嚴公時泰重臨巡撫，見之惻然。過内江訪余，問故，余答以都江堰久失淘築之宜，公頷之。入省即檄帶管水利按察司副使周公相洎，成都府知府孫公宗魯，選委成都府通判湯拱崇，甯縣知縣劉守德督理堰工。明年夏，江漲及舊痕而止，不復爲患，余乃作書爲鄉人謝大惠，公復云此有司勤事之力，時泰何與焉。適周副憲遷秩去蜀，每歲修葺，類應一時之宜耳。逮今庚戌春，提督水利按察司僉事施公千祥，慮公費之徒耗，肆圖經久之計。爰集劉崇甯同灌縣知縣王來聘，議欲復鐵龜之制，因言上年增立鐵樁三株，貫石以砌魚嘴，今水籠損其半，而省費已二千餘金。請制鐵牛以護石嘴，計當益省歲費而工可久也。白之巡撫副都御史李公香，巡按四川監察御史鄢公懋卿，二公撫綏激揚，安養全蜀生靈之澤，以溥而興利遠害。凡可以加惠斯人者，尤惓惓焉。乃咸嘉其愛人，節用之誼，即日報可。乃於堰口上三丈許，製竹兜竹笆以欄江流，乃淘江及底，密植柏樁三百餘株，實築以土，與樁平衡，鋪柏木於樁，乃漫石板，石皆長幾丈，厚幾二尺，復鎔鐵爲錠，以鈐聯之，乃鑄鐵版爲底，作牛模其上。施公躬率，順慶府通判張仁度洎劉守德等，誓告於江瀆之神，李公之祠，命鑄工若干人分據大爐一十一座，鼓鞴於牛模旁，旋築土臺之上，化鐵

而瀉於槽，以注於模内，更用大鍋五十餘口，陸續鎔鐵添澆以滿乎模。凡用鐵六萬七千觔，而二牛成，屹然堰口中流，以當二江洶湧之勢，復立鐵樁三株於牛之下流，以固魚嘴之石。嘴下照常仍置竹籠竹捲護持之，都江以固，諸堰攸同。初未即工前三日，大雨不休，鑄之日，天忽開霽，牛成而復雨。時觀者如堵，歡聲如雷，咸謂神之祐之相之也。蜀府遣左長史李公鈞，持綵緞羊酒，以勸施公，而張通判、劉知縣，以次諸執事若干員，下逮石工、金工，稿賞有差。

是役也，鑄工凡百二十人，爐夫凡千二百餘人，鐵爲觔者七萬二千五百有奇，炭爲觔者一十三萬，柏木用價白金爲兩者二十五，柴木用價白金爲兩者一十，約共費金七百二十一兩。惟蜀府助金一百兩，餘悉出布政司，原備修堰之物，爲費不甚多，而利可久。堰堆既瀦，啟導以時，不旱不（撈）〔澇〕，非惟遠邑別免憂患，而諸州縣瀕水稻田乃咸獲利，民固樂其成，衆咸嘉其績之偉，施公、蔣公冀後之人有所於考也。復請於兩臺遣吏揖余記其事，竊惟諸公修堰之舉，凡以利民，遠師李公父子之意，然循吉公舊築規，石以固土木，鐵以固石，加意益深，而爲謀益遠，所以甦民之頻勞，而將以佚之於悠久也。嗚呼盛哉！抑雖天造地設之隘，固然且有時遷變，矧石可轉而泐，金可蝕而鏤，詎知數百載之下，牛能巋然中流而不移乎？無已則存乎人焉耳。俾自是而後，有事兹土者，果能心諸公愛民之心，切溺飢由己之念，纘斯成績，無怠無荒，雖萬年一日也，其爲水利，尚有何終極哉？是固諸公屬記之意也。

都江堰記　陳文燭

灌縣都江堰，蓋江之會也。禹導江自岷山，西入大渡河，南通於汶，歷於灌。堰在江中流爲二，有南河者，會新津。有寶坪口，分流爲三，至於漢，至於崇寧，至於華陽。灌口堰外低而寬，堰内高而狹，水勢也。作堰灌田，始於秦李冰。司馬遷著《河渠書》，瞻蜀之岷山，大李公之功，且云渠可舟行，民饗其利，蜀人廟祀焉。漢唐以及宋元，堰法漸壞，至元間，僉事吉當普鑄鉄龜，民利之。昭代以

來，屢修屢圮，嘉靖間，復鑄鉄牛，詳在僉事陳公鎣記中。其銘曰：“問堰口，準牛首。問堰底，尋牛趾。堰堤廣狹順牛尾，水没角端諸堰豐，須稱高低修減水。”真名言也。萬曆乙亥，江大溢，堰盡壞，成都知府徐元氣、灌縣知府蕭奇熊列狀修復，巡撫都御史曾公、羅公慨然允行，後先軫念，巡按御史郭公慮亦深長，增以鉄柱，令尋牛趾而濬之。自堰之下，如仙女、三泊洞、寶瓶、五陡口、虎頭諸崖間，植三十鐵柱，每柱長丈餘，共用鐵三萬餘觔。又樹柱以石，護崖以堤，水遇重則力分，安流則堰固，大都倣古云。水利僉事杜公詩悉心區畫，始萬曆三年十一月，越四年三月工成，費金三百，灌溉千里，民咸歌頌。御史公適還朝，復按兹土。左布政使袁公隨，右布政使潘公允端，按察使劉公庠，參政蔡公汝賢、秦公淦，副使王公原相，僉事甄公敬，共觀厥成。燭聞而嘆曰：“蜀稱天府，號陸海，豈謂沃野不在人耶。”秦法作渠，與井田並，太史公論，禹分二渠以引河，其來舊矣。如西門豹引漳水，鄭當時引渭水，是利於國，中原變遷，間殫爲河，法多湮滅，惟李公之堰幸存於蜀，乃二三公修之，俾古人之遺意千載如斯，尚永賴哉。今天下鑿者創新論，怠者失故道，及其不支則曰天也，没璧負薪何益焉。假令人皆師古，則隨山刊木之勳至今存耳，甯獨一堰哉。余益歎二三公經世之智云。

灌縣治水記　盧翊

蜀守李公冰鑿離堆以利蜀，刻“深淘灘，低作堰”六言於石，立萬世治水者法。所以制水出入，爲旱澇計者至矣。其用功緩急疏密之序，意自較然。漢晋以來，率用是法。永嘉間，李公嬴深踵之，唐宋相承，世享其利，元始肆力於堰，無復深淘之意無乃公言不足法歟。假令沙石湧磧，水不得東，則雖鎔金連障，高數百尺，牢不可拔，亦何取於堰哉？矧所謂鐵龜鐵柱，糜費幾千萬緡者，曾未幾何，輒震蕩湮没，茫無可賴。方諸籠石廉省，古今稱便者孰得？比來民受其困，宜坐諸此，予竊少之，乃檄有司，置鑱钁鉅藁，役夫三千，從事灘磧以導其流，堰則仍民之便而已。顧工多日少，群力告瘁，未能勉其所欲

爲，究其所當止，如公法云者恥也。舊刻相傳在虎頭山門鷄臺，水則立其旁，歲久剥落，索弗獲，後之君子將無考焉，因磨石重鐫碑則云。

兩修都江堰工程紀略　强望泰

《書》云：弗慮胡獲。《記》云：慮而后能得。此在一身一家之事，猶宜措置周詳，矧都江堰千支萬派，溉十四州縣之田，活億萬黎民之命，是烏可不熟思審處，蘄盡有司之職哉。余荷先忠烈公餘廕，欽賜科第，由翰林改中書，奉職十年，深以析薪弗克負荷爲愳，矢勤矢慎，幸而無愆。道光丁亥仲春，選授成都水利同知，孟冬蒞任，周歷各堰。至索橋上，内外江分水魚嘴處，見江口寬四十餘丈，江身自舊河口起，至寶瓶口訖，僅寬四五丈，十一、十二丈不等。江岸一帶，積沙石踰數丈，江中爲沙石淤塞更甚，各堰籠堤亦冲刷損壞者過半。因延訪紳耆，披閲志乘，細繹深思，求所以治之之法，覺稍有會於深淘灘，低作堰之本義。堰之作也，始於秦守李冰，鑿離崔，開二渠，其關鍵曰都安堰，而内外以分。堰在今灌縣治西也，其云深淘灘者，所以防順流之沙石，不使淤入内江也。低作堰者，所以使有餘之渠水，便於洩入外江也。推明其義，因於是冬興工，即多加河防，廣作埂籠，深去江底之磧石，低砌籠埂之層數。戊子春夏，察看水勢，六字之法，覺果有驗，旋於各堰一律如法修治。竊冀數年後，可復古制，一勞永逸，不意兩修後，余即有懋功之行也。

夫天下事，好奇者矜新法，耽逸者隳先型，堰工不遵六字修理歷有年所矣。余不敢自作聰明，無事不師於古，爰將兩次承修各工，紀略於左，以誌千慮之一得，後之覽者，或有取焉。

一、七年，淘挖内江江口，長八九十丈，寬十五丈，均深五尺餘寸。八年，察看江底，較七年約深二尺餘寸，是年復加挖一尺餘寸，今年底較上年添約深三尺餘寸。

一、挖去古江内沙堆，約深三尺，寬十五丈，長一百餘丈，使水可引入古江，新開江口，將來可以漸次淤塞。

一、鎮夷關脚下，七年挖深五尺，現一石與山連，圍圓約一丈

許，詢之胥役，僉云：每年若見此石，即不淘挖。余諦審其言不確，乃命石工鑿去一尺餘寸，使與江底平。八年，江底較鑿去石又低一尺，因又鑿去二尺五寸，使與新河底平。

一、緊對臥鐵碑下江底，七年，淘深二尺，現出木樁與江底平。八年，江底較木樁低一尺五寸，命將木樁鑿去一尺五寸，使與江底平。察省志此處有明時豎立鐵樁數根，余淘覓數十日不見，因亦豎鐵樁一根於江中，南去岸五丈二尺，北去岸四丈六尺，顛與（洵）〔淘〕深之江底平，豎處亦與臥鐵碑相對。

一、鬥雞臺下，向有淤沙一堆，高丈餘，周圍約六丈許，余命挖與水面平，但其旁係深潭，七年淘挖時，恐人夫將沙石棄潭內，被水冲復起，仍成淤集，因逐日親往督工，命擔棄遠岸，役夫中有老而黠者，跪余前云："伊在堰淘挖三十餘年，此處沙石歷來盡棄潭中。"余知其譎，即昏夜微服諮訪，未聞有云頻棄潭中者，但察實時，已傾潭中大半矣，以致八年此沙復堆淤，寬六丈高五尺，余仍照七年督挖去盡，不令棄片石於潭中。是年，此處江底較七年挖低二尺餘寸，因於北岸石上"深淘灘，低作堰"六字旁，添刻水則十畫，初畫令與河底平，俾農民便察此處之深淺也。

一、內外江各堰沙石淘汔，均須傾棄遠岸，水漲時庶不致冲流，仍集江內。

一、寶瓶口江身舊寬十二丈，七年，察量僅寬七丈餘，余於是年展寬一丈，長二十餘丈，深約五丈，八年又展寬三丈，長四十丈，深五六丈不等。仍復古制，使水出口勢得舒暢，並將所挖沙石置北岸城脚下，堆砌成坎，上坎約高一丈餘寸，寬三丈，長三十餘丈，下坎約高四尺，寬一丈三尺。

一、走馬河鎖龍橋下本係有工處所，聞堰長云：數年來並未淘挖。余於八年仍添挖七百餘方，又上漏罐逼水灞南岸，向無挖工，余見此處沙淤甚高，亦添挖四百餘方，又有漏罐轉灣處，余見江身淤窄，亦展寬一丈許。以上七則均遵深淘灘法也。

一、自鎮夷關起，至人字堤止，江身展寬一丈五尺。

一、飛沙堰係歷來古江，七年，此處橫鋪籠，裝至十數層，又加

裝以篊子籠，因江底高，籠亦作高。夏間水漲，余親往察，見水不能洩入外江，當即割籠二層，使洩餘水。八年，江底挖深，因此籠亦低作，較上年矮去數層，此遵低作堰法也。

一、人字堤邊漩坑，向來用籠滚填，填齊水面，方用横鋪填心籠二三層裝砌，上又用搭包順籠蓋面。七年，余見所作甚不得法。八年，余令堰長夫頭用篾繩繫籠頭、中、尾三處，籠入水時，令人將繩扯緊，使籠至坑内，不致倒臥懸栽，亦不致溜入潭内。龍離水面約三尺，即（今）〔令〕泅夫下水，用竹篾將籠連環密縫，出水面時，仍照水籠裝鋪順籠六層，又裝鋪横籠一層，上始用搭包順籠蓋面。親督九日，而工始畢，較之上年，似更堅固。

一、内外江各魚嘴籠，盡以竹篾穿繫，夏水可免冲刷。至内江大小各堰籠工，因地制宜，俱略有更换處。

一、内江各小堰，察江身向來寬敞，均與江口等，今江口寬而江身窄，盡係居民侵佔所致，極應恢復古制，一時勢有不能。

一、太平橋魚嘴上，沙石積高數丈，走馬河南岸，沙石亦淤堆數丈，鎖龍橋上下，沙石俱積滿。兩岸盡是居民田舍，察訪俱是向來河灘也。

一、伏龍觀南岸，察係舊日考武童箭道，因乾隆間人字堤開口，此處被水冲刷，箭道遂移東郊，余於是處植柳八十二株，欲爲將來辦工界限也。

一、鬥雞臺對岸有大沙堆，余於八年工竣後，捐廉雇夫將沙挑至人字堤下，與籠基平集，約寬二十丈，長十六丈，深三五尺不等。竊謂沙堆一去，洩水入外江，隄工可以永固也。

一、自鎮夷關對岸沙堆起，至現挖之沙堆止，共約長數百餘丈，盡擁隄後，堰雖低作，恐仍無益。余以有志未逮而去，所望繼余而來之賢執事，將每年新淘沙石盡傾遠岸低處，將舊堆沙石量力漸挖使低，堰仍低作，方合昔人低作堰之法。

以上各條皆體量情形，盡心辦工之法，余固知糠粃在前，珠玉在後，毋煩行者之灌灌，而杞人之憂，有欲已而不能已者，凡以效矇瞍之誦也。若謂慮遠説長，則吾豈敢。道光二十年二月，在三泊洞上游

挖出鐵樁一根，長一丈，徑五寸，上書“永鎮普濟之柱，明萬曆四年造”。字三寸，即移緊對臥鐵碑，於此豎鐵樁一根，將此鐵樁鍊合一處，以壓河底，俾後之淘挖者知其淺深云爾。

離堆伏龍觀題壁記　黄雲鵠

同治十年四月，久旱禱雨，弗應人言。離堆下有伏龍，祀之可得雨，乃單騎馳請，齋宿觀中，累日臨崖盼雨，因得遍覽内外江諸勝與。象鼻、魚嘴、湃缺、人字堤，水勢衝截渟洑，分張迴合之所以然，慨然歎李太守真神人，宜血食千載，其神明所照，功力所及，亦實足千載，後人率而循之，終古無弊可也。離堆對崖曰虎頭崖，舊有石捶江心，同治初，某觀察以桴行不利，决計剷去，離堆益當江衝，桴滋多損，嗟乎！前人“深淘灘，低築堰”六言之微旨，雖合内外江通言之，其樞機實握於此，向若可去，李公何悋舉手之勞，今去之，他日必重受其累。但願吾言不驗，則益州之福也。因題六言壁上，曰：“川西第一奇功。”用申景仰，且附記數言志恨，以儆後之私智自用，敢於壞古人成法以厲民者。

千金堤記　彭洵

導江始神禹而無堰，秦守李公鑿山穿江，千里沃野，六字垂經，蜀堰始特。聞漢唐因之，宋稍壞，遞元益以鐵龜石門，明增鑄牛與柱，皆倣李法，留意離堆。我朝仍舊歲修，都江名大著，而堰遂益重。堰固東面崇岡，西背沙渚，中廣不逾百步，江水迤邐而下，必三折乃東。每西徼雪消，洪流噴激，電疾雷轟，江上諸峰蹴土欲動。堤間舊設三閘以殺水勢，恒泛溢不能容。丙寅夏，江内外災，閘左口决，奔濤迸下，經數里始匯諸江。居民田盧坵墓，蕩析綦多，邑侯備上諸大府，觀察鍾公仲山，以今司馬曾公賢言於當事，檄公至。既至之明年，例修諸堰，咸較前有加，巡視離堆，慮患不可已，作新堤山趾，以當閘口。寬廣綿亘，若小山側出，江際水至，一折而西。堤脊

作亭三楹，以瞰江流消長。刻犀其左，右表以柱，隄曰千金，亭曰望澤，柱曰廻瀾，大都仍李公遺制而參伍之耳。工既訖，召洵誌顛末，辭不獲。嗟夫！有官守者，貴得其職，公主水衡，勤民事，以捍患禦災爲念，弗計升斗。其不忍狂瀾之倒，而有障水之慮乎？其令吾鄉之父老子弟，慨江河日下，而思砥柱之功乎？後之言水政者，將有所則矣，是烏容不記。

錢公隄記　李芳

吾灌西接松、茂，東達省垣，有建瓴之勢，爲江水所經，江出岷山，神禹所導。秦既併蜀，郡守李冰始分水溉田，蜀因以裕，其上游曰都江堰，屹峙江中，幹流疏入南江，最南有石牛堰，黑石河所由始。溉及崇慶、新津，堰係民工，乾隆六年，四川巡撫碩色奏歸官工，部議未允。同治六年，錢公攝邑篆，淫雨彌旬，溢逾水則，百川俱決，而黑石河淹没糧田二萬餘畝，泛亦如之。紳耆陳炳魁等慮復横流，請公爲防壅計。公曰：禦災捍患，有司之責也。於是親勘水道，夜宿江干，集士民商築隄，躬親督役，講明深淘低作之義。自索橋西起，袤一百四十餘丈，高九尺，寬一丈二尺。更從迤南江口冲决處起，繼續至下游蘇家橋，共挖河二萬四百餘方，用竹籠一千五百餘條，添築護堤數百丈，堤外植柳數百株，藉資蟠固。又勸崇慶州民於灌境分受江水之湯家灣，築堤一百餘丈，挖河二千餘方，以暢其流。是役也，經始於同治丁卯冬，落成於戊辰仲春，不百日而堰蕆。事約費二千餘金，維時庶民子來踴躍輸將，非公之勤勞所感哉！堤從西岸一帶捍禦，淺見者專以爲黑石河之工，實則沙溝、柏江兩河，均蒙其蔭。公又慮後日水災，通稟立案彌補，蓋力竭於一時，而心存於千載矣。夫蜀中治水者，惟李王父子能繼禹績，厥後元之吉當普，明之夏塡、胡光、盧翊皆著有勞，公今疏築，殆可與前人頡頏，然不自以爲功，每語人曰："此皆衆力，我何與焉？"及公去任，猶戀戀河工，恐其泛溢，迄今夏秋水漲，澎湃不減於昔年，而水歸故道，晏然無事，以此卜其後之安瀾也。公名璋，字少松，安徽懷寧縣人。

論　箸

李冰鑿離堆論　郭維藩

秦蜀郡守李冰鑿離堆事，自漢司馬遷《史記·河渠書》及班固《漢書·（地理）〔溝洫〕志》皆言之。而元揭傒斯《蜀堰碑》，明陳鎏《鐵牛記》，與國朝《四川通志》《灌縣志》，載之尤詳。竊以爲疏則有之，鑿恐未也。《禹貢》稱“沱潛既導”。蔡傳謂：“沱水，地志云‘蜀郡郫縣’，又云‘蜀郡汶江縣’。”今永康軍導江縣，以《地理今釋》證之，即灌縣也。《禹貢》又稱“岷山導江，東别爲沱”。蔡傳謂：“沱，江之别流於梁者。”註略與前同，是離堆之水，神禹已先鑿之矣，奚俟冰哉？又按：四川輿圖，自離堆所别之水，東歷崇、彭、繁、金，會緜、雒諸水，出金堂，折而南數百里，至瀘州，而復與江合者，皆名沱水。參之《禹貢九州圖》及志乘各圖皆然，即《禹貢集説》陸氏深所謂“江别流而復合者皆曰沱”是也。以今所目覩者證之，自離堆别流而外，更無所謂沱，亦他無可别也。必謂創自李冰，則《禹貢》“沱潛既導，東别爲沱”二語，不幾贅乎？且冰爲秦昭襄王時人，或孝文王時人，論者咸以沃野千里之利歸之，按“沃野千里，蓄積饒多”，蘇秦説秦惠王語也。考之《秦策》，其時爲惠王初年，惠王立二十八年，其子武王立四年，昭襄王爲武王母弟，去惠王之初約三十餘年，若孝文王則更後矣。而西蜀早擅沃野千里之利，惡乎其待李冰也。夫蜀之所以稱沃饒者，大抵水與田適均，雖荒山磽确，莫不有自然之水。就其犖犖大者言之，大江之南則有大渡、平羌諸水，至嘉定而會於江；金沙、馬湖諸水，至叙州而會於江；酉陽、黔彭諸水，逆流至涪州而會於江；其北則緜、雒諸水，

納沱水至瀘州而會於江；嘉陵江納潼、涪、渠諸水，過合州，至重慶而會於江。他若内江、中江支分派别，蜿蜒灌溉於全川者，何止千百。即如彭州爲丹山所阻，曾不得分離堆之餘浸，而濛水發源於九峰環繞間，不百里，至彭門，達七河，竟若佐岷山所導之功，而爲之補其缺者，此其明效大驗也。其中有甚與江近，而勢有所不及者，特灌、郫、崇、繁之十餘州縣耳。使必待冰創爲開鑿，無論秦以前二千年，棄沃壤於無用，必無是理也。縱令有之，彼禹之治水不已疎乎？然則史何以稱李冰，蓋鑿離堆者，禹也，而疏離堆者，冰也。鑿之既久，安知其不復淤於其淤，而復疏之。上繼八年之勞，下開百代之利，雖謂冰與禹同功可也，奚必壞前聖之陳績，而獨專之於冰哉。迄今巉巖峭壁間，所鐫“深淘灘，低作堰”六字則，確爲冰千古不磨之定論，蓋冰審形度勢，思復大禹之舊，以垂利無窮。其身試於治水之道，不知幾經困心衡慮，始得此秘，而宣之以公天下後世也。不然則既鑿之而其心瘁矣，其力竭矣，即其事亦畢矣，成功者退，繼此姑俟之後人，豈能逆料數十百年後之必復淤，而（攤）〔灘〕必淘，（洶）〔淘〕必深，堰必作，作必低乎？抑既鑿之，而心猶未瘁，力猶未竭，其事猶以爲未畢，復歷試諸艱，於數十百年後，親見其復淤，而灘不得不淘，淘不得不深，堰不得不作，作不得不低，更爲此善後之遠謀乎？即此以思，蓋可以知冰之述而不作矣。後世不察必欲舉全功而畀之，以神其説。初不爲禹地，且並不爲冰地，而唱於前者曰鑿，和於後者亦曰鑿。其愛冰敬冰非不至，然以愛斯民如冰，紹往聖如冰，聰明正直如冰，蒙難堅貞如冰，能捍大災、興大利如冰。豈其悦踰分之揄揚，享過情之聲譽者，吾恐愛之深而知之轉淺，敬之至而誣之實多，非所以信萬世也。嘗讀《蜀堰碑》《鐵牛記》及省縣志諸碑版文字，莫不上溯神禹導江，自岷之源，至離堆而突歸功於冰。竊怪其將“東别爲沱”四字竟不之及，其意若皆爲冰諱，抑知諱之，實誣之，非冰之素志也。夫質諸經，考諸史，參諸形勝時事，彼所諱者，皆冰之所不諱，且甚望有不爲之諱者，歷證其謬，一雪前此曲爲諱者之誣，而獨存其真，是則冰之志也。

論三道巖不可復修　劉廷恕

從來興舉廢墜，必須慮始圖終，苟一時籌度未宜，雖百世仍爲之病。考都江堰三道崖脚，向有尖石横於水際，激湍至此，得以瀠洄。同治甲子春，司事者誤聽人言，鑿去一角，遂致洪濤直射，有謂離雈將遭齧蝕，宜補修三道崖，以復舊制者，余竊惑焉。計鑿石迄今已十有六載，離雈屹峙如故，既廢天生之石，復欲以人力補之，人果勝天耶？縱使補甃功成，勢必衝擊輒壞，耗金無益，智者不爲，况基石爲防，尤不足恃。余以前車可鑑，特進一解，浼諸貞珉，以釋惑於補修者之説云。

岷江上源攷[1]　陳炳魁

岷山起自臨洮木塔山，在隴之南首，名曰瀆山，曰汶阜，曰沃焦，曰鴻冢，南支羊膊嶺，一名鎮豹嶺，又名哈嗎鼻浪架嶺、那哥多母精山。爲大分水嶺。嶺以西之水，西北入洮河，西南流合出竈溝，入大渡河。《水經》之"沫水"也。嶺以東之水，爲汶江正源，岷、汶通，《禹貢》作岷，《史記》作汶。自列鵝村東南流，歷東寨，至尖橐，名兩河口。受滴漏水，南至黄勝關，在松潘西北八十里，關外即西夷草地，關爲天彭闕，一名天彭門，又名天彭谷。過虹橋關，松潘西北二十八里，有落虹橋，長二十丈，爲餉道所必經。爲闊水。江水自此而闊也。滴漏山一名岡出山，乃羊膊嶺之麓，山西之水，亦西南流，合出竈溝，入沫水。山東之水則東過溢洛村，至尖橐，合于汶江。東南支弓槓口爲小分水嶺，嶺東之水，東南流，歷上羊峒，至小河營，逕龍安府，爲涪水。嶺西之水，南過漳臘營，爲漳臘河，又南受玻璃泉，平地涌出一百八竇，冬温夏涼。亦至紅橋關，合于汶江。皆屬松潘廳之北境，又南爲潘州河，又西南過松潘廳，東穿城西出，又南受東勝河，又西南過交川縣，故城在紅花山下。又西南過歸化堡，又南過甘

---

[1] 岷江上源攷　底本目録作"岷江上游考"。

松嶺，一名院葉嶺。又南過鎮江關，一名蒲江關，又名北定關。又南過平番營，一名黄壩。又南過蠶陵山，古蠶叢氏之國。又南過疊溪營，又東南過翼水縣故城西，又東南過石鏡山，又東南過長甯堡。翼水一名黑水，又名疊溪，自西北入之，又南受北松溪，又西南過茂州城西。龍溪水一名白水，自東入之，又南過九頂山，《禹貢》岷山或謂在此。又南過七里關，一名望星關。又西南過的博嶺，又東過七盤山，又東。雜谷淖河一名湔水，又名沱水，自西入之，黑白湔沱，名自後人，非《禹貢》《水經》所稱者。又南過保縣城西，爲湔水，山岡直下，唐時箭上里也，李衛公籌邊樓在此。又南受大溪水，又西南受登溪水，又南過姜維城，又南過汶川縣城西，縣治爲明寒水驛，山腰平處即威州故城。又東草坡河自西入之，又東過桃關，一名陶關。受桃川水，兩岸多桃。又東南過娘子嶺，一名銀嶺，春冬積雪，望若銀臺。相傳楊貴妃歸京師曾過此嶺，一説王衍遊茂州，其妃張太華迎候於此。納凹河自西入之，又東受尤溪水，一名牛溪，又名龍溪。又西受三江口水，又東受白沙河，又東南過灌縣城西，爲汶江一小會。李冰築堰分内外江，遂開蜀郡水利之源。

岷江各支流考　陳炳魁

翼水二源，北源出松潘西北徼外，東北流，折而東南；南源出西南山中，東北流，二源合而入邊，又東南，至長甯堡西北，入汶江。龍溪水源出茂州南巨人山頂龍湫中，西過州城南，西入汶江。雜谷淖河源出紫花巖，東過雜谷廳城東南，東受孟董溝之水，南過保子關雙橐橋，南入汶江。草坡河源出天赦山，東受龍潭水，又東過加渴瓦寺司，受沙派水，至大邑坪口，出桃關，入汶江。納凹河源出雜谷淖西南龍池，東過商角山北，又東受臥龍關水，又東過納凹山，又東受小小納凹河水，又東至娘子嶺，入汶江。尤溪源出汶川縣滋茂龍池，一作慈母。下滙重溪，出楠木園，入汶江。臥龍關東下之水，一出牛頭山，一出圍塘，一出鹿耳坪，合三江口，出水磨溝，抵漩口，對隰坂，東入汶江。白沙河源出茂州雪山，西過灌縣北，又西入汶江。

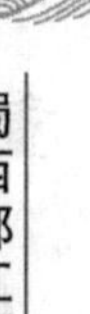

離堆考　羅駿聲

《史記·河渠書》："蜀守冰鑿離堆，辟沫水之害。穿二江成都之中，此渠皆可行舟，有餘則用溉浸，百姓饗其利。至於所過，往往引其水益用溉。田疇之渠，以萬億計。"鑿離堆是辟水害，穿二江是興水利，截然兩事。《史記》文簡，後人不察，混爲一談，謬謂"沫水"即洪水，害去而利乃可圖。不知江與沫皆源於岷，中隔岷山支阜之邛峽山脈，即峨眉山脈，亦即青城山脈。沿山南下至峨眉盡處，岷、沫乃合，固非一水也。《禹貢》"岷山導江，東別爲沱"，其別處係鑿山成峽，以爲關鍵。郭璞《江賦》"玉壘作東別之標"，指此連山中斷，水最湍激。今名寶瓶口，崖上鐫有水則，以尺爲度，自一至十，實爲調劑水量標準。成（部）〔都〕一十四屬之農田灌溉，皆綱紀於此。寶瓶口之上，則爲張扉崖、虎頭崖、三道崖，山石壁立如削，蟬聯而下，並在大江東岸。西則築堰江心，以介岷沱。堰因水勢爲侈斂，與崖勢互相掎角，所謂"檢其左，堰其右"，俾放軼之水性，曲就範圍，此李守治水之精意也。所穿二江皆引沱水，乃人造之渠，非天設之河，《史記》已明言之。迤南者，今名走馬河，東南經郫縣，至成都南門。迤北者，今名北條河，東經郫縣，至成都北門，木炭運輸特此。號稱錦江，一曰都江，以其經成都中也。二江既合，南流至彭山縣，江口復入於岷江，經眉山，達嘉定，沫水自西北來會之，又東南流至宜賓，合金沙江，始名長江。其正流之沱江，則東北流經彭縣、新繁、新都、廣漢、金堂，拆東南，流經簡陽、資陽、資中、內江、富順，至瀘縣始合長江。凡岷、沱所經，在川西平原，支渠萬計，創開天府，厥功不在禹下。沫水爲害，則《華陽國志》較《史記》爲詳，其述江沱水利亦悉，《志》稱：秦孝文王以李冰爲蜀守，《風俗通》謂在秦昭王時。冰乃壅江作堋，即今都江堰所昉。穿郫江、檢江，別支流，雙過郡下以行舟船。岷山多梓、柏、大竹，頹隨水流，坐致材木，功省用饒；又溉灌三郡，蜀郡廣漢犍爲。開稻田，於是蜀沃野千里，號爲陸海。旱則引水浸潤，雨則杜塞水門。故記曰："水旱從人，不知饑饉，時無荒年，

天下謂之天府也。”以今準古，其語盖確。又稱：青衣有沫水，出蒙山下，伏行地中，會江南安，觸山脇溷崖，水脈漂疾，破害舟船，歷代患之。冰發卒鑿平溷崖，通正水道。鑿崖通道，是即鑿離堆以辟水害也。蓋江水自灌縣以下，漸入平地，水性不復湍悍，沫水即大渡河，其上游爲金川，下游則容納青衣江，即《禹貢》之和水，一名平羌江，俗呼雅河。水量益巨，自横斷山脈中瀉出，來勢極猛，直逼江水；於嘉定大佛崖下，舟傍崖過，已成險灘。稍下則爲道士罐、叉魚子，亦皆險灘。夏水盛，觸崖與石相搏，破舟尤易，叉魚崖没，有港可以通舟，辟免危險，舟人呼爲罩雞港，土語也。港西距烏尤數十里，蓋均李守所鑿，烏尤拳石既與本山相離，故曰離堆。《方輿勝覽》云：烏尤山，舊名離堆山，突起水中，如犀牛，一名烏牛山，山谷始名烏尤。按：尤無意義，字當作龍，音轉所誤。山浮水面，若游龍耳。汶川縣屬之龍溪場，今名尤溪可證。《漢書·地理志》“青衣隸蜀郡”，顔師古注：禹貢蒙山，谿有大渡水，東南至南安入渽。“汶江亦隸蜀郡”，注云：渽水出徼外，南至南安入江。渽，固江之支流，大渡水入渽，實則與江會耳。按：渽即青衣江，沫先匯之，始與江合。陽嘉二年，青衣爲漢嘉，南安隸犍爲郡。注云：有鹽官、鐵官。今嘉定所屬盛産鹽，以地望準之。南安，今嘉定境；青衣，今雅州境也。四川西南，秦時皆隸蜀郡，岷、沱與沫固皆施工所及，興利祛害，郡守天職也。因地制宜，各有創造，審此則離堆在沫水，不在江水明矣。灌之離堆亦與本山相離，而其名始自宋馮伉，宋永康軍知軍，軍城即今縣城。有《移建離堆山伏龍觀碑》前此無聞也。伏龍觀舊祀玉皇，遺像猶存。清同治五年，成都將軍崇實兼攝川督，以灌治西關外之崇德廟俗稱二王廟。專祀二郎，李守附祀後殿，於義弗順，深惜。咸豐間，學使何紹基疏請更正格於部議不果，謂子雖齊聖，不先父食，况冰有功於蜀，其施力程能，固無待於子，今乃數典忘祖，子掩其父，宜亟匡救，以肅觀聽。因就伏龍觀改建李守專祠，而以二郎配饗，所祀諸神，則仍其朔。翼年落成，有《重建蜀郡守李公廟碑》識其事，廟在今所謂“離堆”上，夫冰於江水興利，於沫水辟害，道並行而不悖此，其所以爲良吏歟。而離堆之真蹟亦瞭然，不復紊矣。至若川北南部縣之離堆，顔真卿《磨崖

記》稱：此山斗入嘉陵江，直上數百丈，不與衆山相連屬，故名。又蒼溪縣亦有離堆，其地在秦時皆隸巴郡，與蜀郡之離堆無涉，殆文人緣飾風景，謚以令名，更無關於水之利害，不足辨也。

都江堰水利説　王昌麟

天下水之大者，曰江，曰河，然河爲中國患，江爲中國利，豈河不能爲利，而江不能爲患哉？良以古法有遵、不遵之異耳。請以黄河之受弊言之，而都江之情形可見，即辦理堰工之法可決矣。《論語》稱禹盡力乎溝洫。禹所謂溝洫，必不在邊土，而在今沿河諸省，可知禹蓋深明地勢，先濬溝洫，然後徐而束之，以達於海。自秦廢井田，溝洫不修，六國劉項，轉戰幾百年而後定，其時民不能畢力於壠畝，河偶溢則囊沙以障之，泥愈積隄愈高，延及漢武，遂有河決之患，至今千百年間，其患未已。嗚呼！古法其可偶移乎哉？冰以秦時來守蜀國，廣鑿内外兩江，以溉成屬之田，其意非專以富民，亦將以殺水勢也。舊所謂“深淘灘，低作堰”六字，真治都江之名言也。元明以來無解者，郢書而燕説之，宜其寡當矣。

所謂深淘灘者，江水自萬山來，所挾沙石必多，春夏之交，其流湍悍，捲刷而下，積者猶鮮，至水漸落，則勢漸微，及冬横亘江心矣。以爲淺而弗淘，則來年沙石累塞，必有江溢之患。目之曰灘，期之以深，則歲淘之必不可緩者也。其所護岸，純用竹籠者，所淘之石，即以貯之籠。每歲不能不壞，則灘每歲不能不淘。一以清江心，一以保隄岸，其爲慮至深且遠也。元明以來，治者未達斯旨，遂欲以鐵石代籠，爲一勞永逸計。嗚呼！其幸冲決潰壞，蕩然無復存也，不然堤岸既堅固，則必省工而怠於淘灘，即不怠於淘而沙石無所委，沙石積則江不能不溢，堤不能不高，石愈積，堤愈高，是以黄河之續矣。

所謂低作堰，非他堰也，即今之所謂人字堤是也。成都獨受内江之水，都城去灌僅百里，説者謂灌地高於成都，將及百丈，而成屬之四面皆有大山環拱，人字堰高則江漲横溢，外江不能洩水，而水偏注

於内江、都城一帶，其不陷爲洞庭彭蠡者，幾希矣。近者微聞有開白馬漕之議，但令人字堤微低焉足矣，何多求哉？嘗謂黄河之患，非深淘其數千百年之所積沙石，仍開復禹之溝洫，則河患不息。今都江僅遵水故訓而已，是其難易，豈可同年語哉？今之所慮，閲時既久則弊生，堰夫類能取巧，董事者又多侵費而減工，或外籠可觀而内籠仍虚，或上灘微淘而下灘不問。築之而不堅，淘之而不力，以致連年有潰擊田畝之患，凡諸小弊，在當事者一振刷之而已，非有甚高遠難行之事也。夫禹之舊法，廢於中土，其患如彼。冰之垂訓，存於成屬，其利如此，智者知所擇矣。三代以上，但聞有江壅之憂，不聞有河決之患。三代以下，但聞有河決之患，不聞有江壅之憂，職是故也。

歷代都江堰功小傳序清宣統三年六月　王人文

《都江堰功小傳》者，傳有功都江堰之人也。堰夥矣，今但就堰於都江流域者言之。

往者，都江之水嘗爲民害，堰以瀦洩之，始有利無害，故曰“堰功”也。堰不能自爲功，孰與功之？堰不能久有功，孰令久之？則人爲之也。諸人者，既爲功於堰，而都江所灌之田之農，世食其德，不知其姓名奚可焉？是不可以無傳也。曷爲乎小之？治堰之人或名德巍然，或勳業赫然，傳以“堰功”爲斷限，他皆從略焉，則小之亦宜。

宣統庚戌，人文在四川布政任内，署成都水利同知錢茂，以其先人嘗官斯官，有功於堰，因類舉先後治堰有功者三十餘人，請列主入嗣。然疏漏滋多，人文頗爲條指，令搜考事蹟，各系小傳，勒一書以信今傳，後詳總督趙公批行。明年趙公移督東三省，人文護院，同知書適上，纂輯逾百人，蕪雜譌遺，往往而有。於是以公暇與農（料）〔科〕幕職樓参事藜然、秦助理枏商同删訂，期於文簡事覈。會奉督邊之命，入覲有期，悤促付栞，他日學道君子，盡心民事，理董而庚續之，或以是爲先河之導乎？抑人文重有感焉。

中國言水利者，蜀最先。大禹，蜀人也；開明，蜀帝也；李冰，蜀守也。禹之迹且載夏書，澤在天下，而李冰治都江堰之法，功在全蜀，傳中人皆師冰意者也。水爲天下之大利，亦爲天下之大害，同一堰也，或修之而享水之利，或築之而被水之害，何哉？因古人自然之利而興利，故利也，不因古人自然之利而興利，故害也。大抵天地間，自然之外，無所謂利，天有寒暑晝夜，周流不息，自然之氣化也，地有山林泉澤，産殖無窮，自然之情勢也。人居其間，順其自然之氣化，酌其自然之情勢，善去其害而已，安能反乎自然之外，而巧創一利哉？故太史公述禹之功也，曰："河菑衍溢，害中國尤甚。"述李冰之功也曰："辟沫水之害。"初未嘗言興利也。厥後世運日汙，治術日替，惑邪説，覬近功，傾膏血而泥沙之，如梁之淮堰，隋之運河，民不堪命，猶復摧元氣於餘生，社且爲墟，方將舉大工於百廢，誰爲厲階？皆此計利忘害之一念也。善乎！李公之銘曰："深淘灘，低築堰，我斯言，萬世見。"仁人之言，其利溥哉！將與乾坤日月同流而無極矣。後之讀是書者，其善守李公遺規，慎勿覬幸非常之利，而貽斯民以無窮之害也。

大澤口成案

胡子明 吴强東 朱希雲
陶孟文 沈肇年 等 編

整理説明

《大澤口成案》兩卷，編於民國 2 年（1913 年），匯輯了民國初年漢水南岸潛江境内的大澤口（吴家改口）堵疏紛争的相關文獻，起止時間爲民國元年（1912 年）十二月至民國 2 年（1913 年）十一月。此書收録了天門等州縣的士紳以及自治會、議事會、勸學所等基層組織向都督、民政長及相關上級官府的呈文、呈電，天門等縣知事向都督、民政長和上級官府的呈文、呈電，官府的告示、禁令，政府對内務司的指令，政府對士紳、自治組織的批文、批電，都督對民政長的復函、諮復和電文，都督、民政長等上級官員對縣知事等下級官員、部門的訓令、電文等，黎元洪致下級軍官的電文，下級軍官給都督、民政長的電文，省委員查勘報告書，人民代表議案、駁議，省議會會議記録。

“大澤口在襄河南岸……本有沙洲……其地頗高，名曰梁灘。歷來襄河泛漲，有此灘爲之障蔽，來水得由大澤口紆回而入。迨咸豐年間，上游北岸淤洲日出，水勢南趨，梁灘適當其衝。同治八年，遂致決成大口，地屬吴姓，因名爲‘吴家改口’。”（光緒十四年《湖廣總督裕禄、湖北巡撫奎斌會查萬城堤土費暨吴家改口情形疏》）吴家改口以后，東、西荆河水系發生重大變化，漢南各縣洪災加重，尤以沔陽爲烈。於是，從各自利益出發，相關利益方展開了曠日持久的“疏與堵”之争，漢水北岸的天門、鍾祥、漢川等縣，以天門爲代表主疏；漢水南岸的沔陽、潛江、監利、江陵等縣，以沔陽爲代表主堵。從道光二十四年（1844 年）至光緒三十四年（1908 年），兩方勢力一共發生了十二起糾紛。

“民國元、二年間，此案又復發生”，天門縣勸學所勸學員長胡輔

之倡議將"光緒十九年以後案件尚未續刻"者摘抄上呈，其后在胡子明、吴强東、朱希雲、陶孟文、沈肇年等人的努力下匯編成《大澤口成案》，由天門駐省同鄉會公益長胡子明作"跋"。該書的編刊是由天門邑紳和"駐省天門同鄉會"共同完成的。編者選擇了對解決吴家改口紛争於己方最有利的文本，包含着極强的本地利益取向。雖然這些文本有一定的局限性，但仍較大程度地反映了明清時期長江中下游地區水利社會的風貌，具有水利史、近代史、社會史等多方面的研究價值。

《大澤口成案》目前所見版本爲民國刻印本，《中華山水志叢刊》將其收入，影印出版。本次整理工作即以此爲底本。底本中無目録，文中標題較混亂，此次整理對目録和標題進行了重新提煉和增補。

目　録

大澤口成案上

天門縣議會咨呈民政府省議會都督府文

爲諱塞朦修假修遂塞，咨請委勘勸諭令改方針，另求善法，疏通故道，加修内堤，已可弭灾，鄰不受害事。敝縣地本低窪，濱臨襄漢，賦命所托，全將北岸部堤爲保障。又賴南岸古河道爲消洩，使南岸無此古河，以殺水勢。若逢盛漲，雖拚命保護，亦不免漫潰之患。故敝縣人民稍有知識，語及吴家改口即大澤口。之築塞，無不變色悚聽者。頃由敝縣駐省同鄉會寄回都督府批沔陽、監利灾民代表唐焕章、譚萬鵬等呈云"據呈，該縣水患頻仍，殊堪憫恤，惟改口是否可修。仰即呈民政府批示飭遵"等語，敝邑之人一聆鈞批，奔走駭汗相告，語："南岸又呈請塞吴家改口矣。"

我都督之賢明，應終不爲所朦聳，使我北岸人民罹其魚之慘也，南岸監、沔代表尚能爲逾分之要求，敝邑縣議會亦吾人代表於分所應言者，其據理力争，以恢張我都督之觀聽乎？其默爾而息，以觀吾民之坐斃乎？敝會爲此不得不訴述理由。但此時僅睹鈞批，未睹詞情，亦未悉其内容，若何以情度之？其意不在修而在塞，知塞之必不見許，惟修則可以聳聽，故諱言塞而朦以修，陽則假修之名，陰以遂塞之願。其所謂修者，必非加修内堤，大概不越修磯、修坦坡之兩法耳。用是將潛漢地形歷次成案，繪圖列表，上塵鈞鑒，一覽之下，是非自辨。匪惟塞之不得，並修亦有所不可。《禹貢》："沱潛既道。"蔡注："自漢出者爲潛，潛江以此名縣。"潛水之在其地無疑。按：神禹道江漢兼道沱潛，固以江漢之水既大，若無支河以殺水勢，其患必不可弭。漢水自漢中而下，納二十餘溪河奔湧而來，

鍾祥以南北岸修建部堤，綿亘八百餘里，全仗大澤口、即吴家改口。小澤口二河以分水勢。同治後小澤口塞，潛人認毁未毁，至今僅一吴家改口。吞納既廣，分消無多，頻年潰决，不見於南，則見於北。然尚賴有此一口耳，若并此而無之，豈獨北岸之患，恐南岸之患不潰於改口上，必潰於改口下矣，惟其地理之關係如是。

故歷次之成案，亦一成不易也。查自道光二十四年，沔僧蔡福隆，藉塞梁灘改口之名，暗塞澤口内十里黄家塲河口作倆於前。迄光緒三十四年，潛人謝孝達等，朦禀將口門龍頭拐建泗水磯，何家剅錯綜建磯，工雖竣，夏間水漲即壞。經敝邑蔣芳增等呈部，由部咨督委員會勘，永禁阻遏，并限制磯坡議訂善後。其間，南主塞而北主疏，以此訴訟者蓋十二次，南則迭次恃蠻阻塞，北則迭次請旨刨毁。其時雖專制朝代，而實則皆彼赤子，豈有厚於北而薄於南乎？誠以地理之關係不變，即成案亦掀翻不得也。南岸人民當可憬然悟矣。不謂近日南岸逞其私忿，恃其武力，不審地形，不顧鄰害。其悍者，以爲朝代已更，即成案可翻，有强權無公理，遂憤然有不塞不休之勢。其黠者，則謂朝代雖更，地形未改，求實利須避惡名，仍狡焉踵藉修爲塞之智，故其朦呈督轅者不曰塞而曰修。夫使南岸人民誠平情内省，悟水患頻仍，其咎非關改口之不塞，實緣堤防之不固。率徒衆勤勘估何處爲首險，何處爲淤塞，何處宜加培，何處宜疏濬。以此條陳當道，則亦任所欲修，在都督必曰是可修，豈有否之之理？

我知决非爲是也，必其避塞之名，巧詞朦聳，或於口内修攔水磯，或於口門修泗水磯。若果如是，水既紆迴，沙即沉淤，是不塞之塞。南岸信利矣，其如北岸之漫潰何？不然則踵光緒三十四年故智，於堤脚修坦坡，不知是雖大害於北，實無益於南，上年修下年即衝，已有明驗。蓋襄水流至改口，分爲兩派，南派爲直射，北派爲斜流，南派反爲正河，北派反爲支河，故今沔人有南襄河、北襄河之稱。近來試驗，於上流浮草十捆，流入南者七，流入北者三，是改口一河直納襄水之六七，地之所限，天實爲之，人力豈能與争？若修磯而淤塞之，上下游必潰决立見，若修坡而妨礙之，不數年必衝刷净盡。故知坦坡之修，利南也，必爲北患，若無益於南，何事擲黄金於虚牝！總

此論之，修磯而利南以害北，固必不可，修坦坡雖不甚害北，實無益於南，仍可不必。今日者願南岸同胞翻然醒悟，斂其精神、聚其財力，以注重於改口內兩岸之堤塍河槽，當修者修，當疏者疏，所謂異其故使更授要道也，則善矣。若終不悟，必欲逞其狡力，只顧彼之便利，不顧鄰之壑害，殊不知南岸受害只潛、沔、江、監四縣，北岸受害則鍾、京、天、漢、應、雲、黄、孝、夏口十縣，十縣之賦命獨不敵四縣乎？況改口不塞，南岸受灾尚天實爲之，改口一塞，北岸受灾則人實爲之。天爲者原可聽命，人爲者誰肯甘心！南岸能聯四縣之武力，北岸不能聯十縣之武力乎？興念及此，南北兩岸不徒非福，其禍曷可勝言？故仍望我都督委勘剴切諭導令改方針，另求善法，疏通故道，加修内堤，是則兩利久安之法也。所有縷陳各情除咨呈民政府省議會外，理合咨請台前，請煩鑑核施行。此咨呈都督府。

民國元年十二月二十三日

〔天門縣自治會呈湖北民政長文〕

天門自治會總董、議長

黑市區帥焕椿、汪漢清
岳口區盧景彝、陽廷枚
城　區朱炳麟、汪東焕
漁薪區李葆香、吴福田
楊場區陶孟文、潘定疆
乾驛區周樹珊、魯錫三
彭市區簡鴻彬、鮮于銑
截河區蕭文漢、鍾懋甲
麻洋區彭桂林、李吉六
盧市區張雨霖、彭兆南
大板區戴海峰、胡良臣
横林區戴步雲、錢秉陽
風口區劉維賢、羅用賓
四合區何鍾英、黄作賓

公呈

爲小澤口認毀未毀，大澤口效尤難防，公懇飭勘，疏通河道，增修隄防，永禁阻遏，以弭災患而杜害端事。頃讀都督府批沔陽、監利災民代表唐焕章等呈，據呈該縣水患頻仍，殊堪憫恤，惟改口是否可修，仰即呈由民政府批示飭遵此批等因。竊思天災流行，何代蔑有？水性就下，因地制宜。咸豐九年九月，胡文忠駁沔陽州牧三策有云“澤口排沙，渡口即小澤口。如潰，自近年築之宜也。若屬向來支河，一旦塞之，則無所宣洩，横决堪虞。如謂北岸必潰，是築二口以預期億萬民之陷溺也。若旋築旋潰，則患不在北岸而在南岸。如謂北岸不應無支河，是二百年來所本無，非今日塞之。如謂南岸不應有支河，是二百年來所本有，非今日開之”等因。文忠爲中國通達治體之人，故所言適合於行所無事之智。

漢水納陜南、川北、河南、鄖陽二十餘溪河之水，出襄樊建瓴而下，南岸尚有内方一山，北岸則專恃隄塍以爲固，往時有大小二澤口爲之宣洩，尚不免間有水患。自咸豐十年，沔人王茂順以修疏爲名築壩於小澤口内之楊林州，而小澤口遂逐漸淤塞。今則漢水所恃爲分洩者，僅僅一大澤口而已。大澤口口門曰吴家改口，内爲東西荆河，西荆河又復節節淤墊，蓋漢水所恃大澤口爲分洩者，僅僅口内之東荆河而已。沔陽、監利水害已數年，本年六月間襄河汎漲，水仍平隄，北岸邱家拐一帶已經漫溢，幾至成災，經沿河居民不分晝夜拚命保護，擁土築子埂，僅乃得免。良由河身益高，水勢益悍，情形如此，尚安敢再與争地乎？

南、北兩岸皆屬部民，北岸則鍾祥、京山、天門、漢川、雲夢、應城、黄陂、孝感皆恃此隄以爲命，而京漢鐵路亦在下游，盛漲之時，分一分水勢，則全無數生靈。漢入爲潛，經訓可據，志乘可稽。東荆河下游，土人呼爲南襄河，有沔、監各大湖以爲瀦蓄，有新隄、福田二閘以爲啓閉，有沌口、新灘等口以爲消洩；所以不免水災者，以南岸不肯修隄，不肯疏河，處心積慮謀所以塞此澤口故耳。彼固以同治初年，各大憲催毀小澤口所築之壩，沔紳李修德等曾出具甘結，承認刨毁，文書切責，違抗不遵。小澤口塞，倡首人得無數膏腴地，故復以大澤口内地懸以餂人；而涎其利者，乃爲之出死力以翻成案。考前清嘉慶十二年、道光五年均經疏此二河。自道光二十四年沔僧蔡

福隆始出建磯圖淤之謀，嗣後嚴士連以鑾築梟示，關俊才、王子芳以詭塞褫革，刻石河干，歲歲曉諭。而最近者則光緒三十四年建坦坡一案，潛人謝孝達、湯作梅倡首於澤口口門龍頭拐建泗水磯，於口門内何家刓一帶錯綜建磯，於丁家埠建磯横擔河心，使挾沙之水回旋濡滯，沙不隨水而去，水即因沙而停，此不塞之塞，奸計顯然。經農工商部咨鄂督，委襄陽道會勘，督同安陸府天、潛知縣、紳士，公議善後八條，其第一條，即聲明改口萬不可塞，其第二至第五條係限制磯坡，其第六條係指明疏西荆河，其第七條係禁止私行動工。經南北官紳數十人籤押，永遠遵守。墨尚未乾，何用再議？彼且曰："襄水漲時正河消十之四，支河消十之六，不塞則支河將成正河。"不知胡文忠有言：孰爲正流？孰爲支流？其誰起神禹而問之？河之爲支、爲正，水爲之也。使正河有人逼水使入支河，則爲人之咎，不然則不能歸咎於人，尤不能歸咎於北岸。且十分之四河槽已實不能容，設再加以十分之六，其能容乎？不能容則北岸之隄固在所必漫，而南岸之隄恐亦猝不及防，況漢陽、夏口之間尾閭逼窄，一有水警則光緒三十四年洗河之災恐屢見而不一見，而鐵廠、兵工廠亦將爲之淹没矣。此文忠所謂築二口以預期億萬人之陷溺也。爲今之計，大澤口不但不能塞，且在所必疏，不但大澤當疏，小澤口亦當疏。河湖各隄亟宜加高培厚，以隄束水，以水刷沙，無所壅則流自暢，有所洩則怒不威，即爲南岸籌拯災救溺之法，亦無過於此者。如謂共和成立，成案必翻，不知國體雖更，賦命猶昔。昔之所無莫敢創，昔之所有莫敢廢，亦智者之行所無事也。爲此繪圖列表縷呈省長台前，公懇俯查成案，委勘形勢，通籌全局，將大小澤口一律疏通，並南北各部隄子隄飭令分别官修民修，一律於春汛前竣工，以弭災患而杜害端，無任屏息待命之至。再各區代表係在城自治區集議發稟，故專用城自治圖記合併聲明。謹呈湖北民政長。計粘呈圖、表各一份。

中華民國元年十二月二十五號

〔鍾祥縣知事傅良弼呈湖北民政長文〕

湖北鍾祥縣爲據情轉呈事案，准鍾祥縣議事會咨，准天門縣議事

會移稱，濱襄以北，各縣分之，國賦民命，咸資隄塍。爲保障隄塍之安危，全仗襄南大小二澤口爲消洩，小澤口久被堵塞，今南人又請都督府欲塞大澤口，口門内現已設局插竿，其勢洶洶，不可遏抑。此口如塞，鍾祥下命隄二百餘里，修不勝修，防不勝防，其魚之慘即在目前。凡我下游各同胞，急宜出死力以相争，免貽後悔。敝會暨本邑學界、商界、自治局均已分别咨呈民政長、都督、省總會矣。除舊有《襄隄成案》起義後遺失鮮存，俟重刊發給外，理合將十二次成案表與光緒二十九、三十四年先未刊入成案之兩案公件及本會現咨原案，權用油印刷發，俾知此口之塞，不獨前清部咨督撫各批以爲不可，即潛、沔、江、監四邑各長官亦深以爲不可等因。准此。當經商明参事會及商學各界徵求意見，僉謂澤口一河，係鍾、京、天、漢、應、雲、黄、孝、夏口拾縣之命脈，此河一塞則分洩無路，拾縣之財賦相率以俱去，故歷次《襄隄成案》俱有禁塞之令，誠以拾邑國課關係重大也。今南人呈請都督府築塞此口，是以區區私計逞其鄰國爲壑之毒手，不顧大局利害也。相應合詞咨請轉呈發兵彈壓解散，以杜亂萌等因，准此。知事竊查大澤口即《禹貢》潛水，所以分殺漢江下游水勢，數千〔年〕來雖有遷移，從無堵塞，潛、沔各屬迭受水災，豈惟澤口之咎，乃無知愚民但致恨於澤口，時思堵塞。若不嚴加防範，俾堵塞之策見諸實行，則江漢水勢無由分洩，不獨漢北各屬有潰決之憂，即漢南各屬亦將有横溢之患。且堵塞之工一興，勢必至南北交鬨，禍迫眉睫。自前清道光以來，爲堵塞澤口，曾起十二次之紛争，其成案可覆按也。理合呈請民政長俯賜查核，迅頒示諭，並派兵彈壓，實爲公便。謹呈湖北民政長。

民國二年元月十一號

知事傅良弼

潛江縣禁塞澤口告示

潛江縣知事歐陽爲出示嚴禁事。本月十九日奉内務司電開，據鍾祥縣知事呈，據該縣議事會咨，准天門縣議事會移稱，濱襄以北，堤

塍全仗襄南大小二澤口爲消洩，小澤口久經堵塞，今南人又呈請都督府欲塞大澤口，口門現已設局插竿，其勢不可遏抑。該口關係鍾、京、天、漢、應、雲、黄、孝、夏口等縣命脈，前清時因堵塞該口迭起紛争，非嚴予阻禁，勢必至南北交鬨，禍迫眉睫，請予迅頒示諭並派兵彈壓等情到司。查大澤口係該縣轄境，所以分漢江下游水勢，歷經禁塞有案，豈能任聽無知之徒倡言堵塞，致釀禍端？仰該知事迅即查明究係何人倡議，立行嚴禁，設法解散等因。奉此，查河流四達，消洩運輸，兩有裨益，故東西各國均以開疏河道爲要政。大澤口既能殺漢江下游之水勢，自應任其暢流以順水性，而符定案，合行出示嚴禁。爲此示，仰爾紳民等一體知悉。自示之後，倘敢藐抗不遵，侈口鼓吹，暗中集議，甚或設局插竿以圖强制執行，則是不顧全局，專謀己利，本知事惟有遵照電諭指名詳辦，决不姑寬，其各懔遵勿違。切切！特示。

民國二年元月二十一日示

〔署理湖北内務司長饒漢祥呈民政長文〕

内務司爲呈報事。案據天門縣知事楊壽昌蒸電稱，潛、沔地方徧貼傳單，訂期陰曆正月十三日開工築塞吴家改口，襄河北岸人心洶洶，恐激禍端，並聞爲首倡議者爲沔人陳炳堃、譚傳宣、譚選榮等，此舉關係十餘縣賦命，懇先期派兵彈壓并飭潛、沔各縣嚴拏爲首，防患未然，所有揭貼傳單另呈附閲等情。據此，查此案，前據鍾祥縣知事傅良弼呈，據該縣議事會咨，准天門縣（義）〔議〕事會移稱，濱襄以北隄塍，全仗襄南大小二澤口爲消洩，小澤口久被堵塞，今南人又呈請都督府欲塞大澤口，口門現已設局插竿，其勢不可遏抑，該口關係鍾、京、天、漢、應、雲、黄、孝、夏口等縣命脈，前清時因堤塞該口，迭起紛争，非嚴予阻禁，勢必至南北交鬨，禍迫眉睫，請予迅頒示諭並派兵彈壓等情。當查大澤口係潛江轄境所以分殺漢江下游水勢，歷經禁塞有案，豈能任聽無知之徒倡言堵塞，致釀禍端？電飭潛江知事，迅即查明究係何人倡議，立予嚴禁，設法解散具報，仍將查明情形，先行電復。旋據潛江知事皓電復稱，沔民堵塞澤口，有議論無行爲，知事正在嚴禁，兹奉電飭極力遵辦，詳情另文呈報等情在案。兹據電呈前情，併適據潛江縣知事歐陽啓勳呈復稱，查聞有沔民在澤口一帶張貼僞造告示，遍發傳單，擇於陰曆正月十三日在吴家改口集夫開工，並經報告人將傳單僞示繳縣。知事訪聞其人係沔陽姚家嘴唐傳勳，似此行爲實屬大干法紀，若不呈請飭拿嚴辦，巨禍難防。除咨沔陽縣飭拿諭禁並查有原案再行詳復外，理合抄録僞示傳單呈請俯賜查核，迅令沔陽縣從速拏辦，毋任枉縱，并乞電示防禦之方伏候遵行等情，並抄賫傳單僞示到司。查吴家改口即大澤口，爲襄水分洩支河，關係十一縣田廬賦命，前清時歷經禁築有案，如聽該沔民妄肆堵塞，勢必紛争迭起，貽害匪輕。且該沔民等膽敢徧發傳單，僞張告示，尤屬刁横不法，應即從嚴拏辦，以昭儆戒。除電飭潛、沔兩縣立行禁阻，一面查明爲首確係何人，飭拏到案咨送檢察廳轉審判廳，嚴訊明確，按律擬辦，並呈請副總統迅賜電飭就近軍隊馳往彈壓外，理合呈報民政長鑒核。謹呈民政長。

民國二年二月十五日

署理湖北内務司長饒漢祥

計抄呈傳單、僞示各壹紙。

傳單奉都督示：

啓者，吴家改口隄工，擇於陰曆癸丑年正月十三日齊集開工，在彭公祠掛號，各院業友自備箢鍬，攜帶行李及十日資糧，慎勿滋擾地方，特此佈告。

民國元年十二月二十八日謹白：

照得吴家改口，遺害數十餘年。

現經稟請修復，齊集赴工勿延。

自備箢鍬資糧，務各踴躍争先。

换班期限十日，每夫銅幣壹元。

壓挖出錢購買，經費量力墊捐。

槍樁竹障柴草，一應買辦周全。

寄宿借餐謹慎，不擾該處閭閻。

諸事責成代表，不可疏忽偷閑。

民政府指令内務司

查前據沔陽等縣代表譚萬鵬等稟，請修築吴家改口，當經批司，飭令潛江縣查明原案，據實呈覆未到。兹據轉呈所稱之大澤口即係吴家改口，爲襄河出水要道，如一經堵築，則無從宣洩，勢必冲激北岸隄防，下游一帶受害匪淺，且有十二次成案禁止堵塞，可資考證。依此而論，自不容輕易成規，該民譚萬鵬等稟未批准，何得遽然設局插竿，激動衆怒，實屬不合。仰内務司即飭潛江縣先行禁止，一面速查原案，具覆由司核議轉呈定奪勿延。此令。副呈粘發。

民國二年二月十六日

民政府指令内務司

據該司呈報天門等縣電呈沔陽人民議塞吴家改口分别辦理一案，查吴家改口即大澤口，爲消洩襄水支流，一經堵塞，下游十餘縣堤防均有潰决之患，自應查照舊案，不准堵築。該沔民竟敢僞張告示，遍發傳單，並訂期集夫開工，實屬刁横不法。現經該司電飭潛、沔兩縣知事禁止，嚴拏首犯，咨送訊辦，並請副總統電飭就近軍隊馳往彈壓，措置均屬妥協，仰即轉飭各該縣嚴行遵照辦理，毋任滋生事端，是爲至要。此令。抄摺存。

〔天門縣勸學員長胡輔之呈湖北民政府文〕

中華民國二年二月二十一日

副總統領都督事黎批，天門縣議會呈。稟及粘抄均悉，此案據内務司及天門、潛江知事先後電呈，業經電飭德安王師長、仙桃鎮季師長、天門知事先期派兵彈壓，並批飭潛江知事將僞張告示之人從嚴究辦矣。仰即知照。此批。

天門縣勸學所勸學員長爲支河關係大局，謹呈原刻《襄隄成案》並續抄成案以備考核事。竊維治水之法，疏濬以暢其流，分洩以殺其勢，復慎固隄防以爲保護之方，如是焉而已。襄水吴家改口即大澤口，本爲襄水支河，襄水支河近年僅僅存此一道，每遇盛漲，支河與正河同流方且消納不及，時有潰决之患。若並此而無之，襄河全局，在在堪虞，不獨下游爲然也，川壅必潰，下陒則上亦甚危，不獨北岸爲然也，河流所趨，北險而南尤吃重。此言如不見信，請即徵之近事：前清光緒三十四年，潛江在吴家改口藉坦坡爲名以爲淤塞之計，成功甫數月而湖北水患大作，南岸則沙洋、李家集、黑流渡、脈旺嘴、丁家埠等處，北岸則渡船口、邱家拐、鮮家剅等處，接連潰决。兩岸人民其身命財産之損失不知凡幾，即工賑兩項亦且費去數百萬金，而災不能弭，當時仍係改口以内所修之坦坡磯硎等處全行冲毁，始得水患稍紓，此近日事實之確有可證者也。兹爲潛江等處災民謀奠安之策，但當於東西荆河務疏濬以暢其流，且於洛江河、通順河使分洩以殺其勢，復於口門以内有隄防者慎固以爲保護之計，而必沾沾藉詞以謀塞改口，竊恐災民未蘇而完善之區又不堪矣。兹事關係甚大，謹懇大府統籌兼顧，爲民造福。謹呈原刻《襄隄成案》一部，其自光緒十九年以後案件尚未續刻，摘抄數案，一併呈上，以備考核。除徑呈内務司外，謹呈。計呈：《襄隄成案》壹部，計捌册；續抄近年成案一本。

右呈：湖北民政府。

民國二年一月二十四日

勸學員長胡輔之

民政府指令内務司

據天門縣勸學所呈送《襄隄成案》八本及近年成案一本，應即留備查考，仰内務司轉令天門縣傳知該所知照。此令。

民國二年二月二十二日

内務司令天門縣知事

據該縣勸學所勸學員長胡輔之具呈，大澤口爲襄水支河，關係大局，不宜堵塞，擬請疏濬東西荆河暢流分洩等情卷，查前據鍾祥縣呈，據該縣議事會咨，准天門縣議事會移稱。今襄南之人又欲塞大澤口口門，其勢不可遏抑，請予迅示禁阻等情到司，當以大澤口係潛江轄境所以分殺漢江下游水勢，歷經禁塞有案，豈能任聽無知之徒倡言堵塞，致釀禍端等因，電飭潛江縣知事查明究係何人倡議，立行嚴禁設法解散去後，旋據該縣以沔人堵築澤口有議論無行爲，遵照極力嚴禁等情，電復在案。兹據呈疏濬各節，洵屬確有見地，且水利重要，本應切實講求，升任前夏司長議設水利局派員研究，因事大費艱，尚待籌款開辦，所呈《襄隄成案》八本，近年成案一本，留候將來開辦水利局時以資採擇，合亟令仰該縣轉行該勸學員長知照。此令。

民政府指令内務司

據天門縣議事會暨漁泛黑市區議事會呈請禁築吴家改口一案，此案現據内務司呈明，吴家改口即大澤口，爲分洩襄水支河，關係十餘縣田廬賦命，沔民不顧大局，創議興工堵塞，已電飭沔、潛兩縣嚴拏爲首之人究辦，並請副總統派兵彈壓等情到府，已指令該司轉飭各該縣遵辦在案。據呈前情，仍仰該司令行天門縣，傳知各該會查照。此令。粘抄附存。

民國二年二月十二日

天門縣士紳藍步青等公呈

爲糾衆蠻塞違禁壑害，迫懇添派軍隊彈壓拿辦，以順水性而遏亂萌事。緣襄南謀塞大澤口一案，前蒙内務司電飭潛江縣知事查明究係何人倡議，立行嚴禁，設法解散，潛令遵即出示在案。詎陰曆正月十三日，該奸民等實行開工，已於該河口内何家刯之下，從逼窄處築横堤一道，十五日已築十餘丈長。所有駐紥該處軍隊數少力薄，不足以資彈壓奸民等，萬夫齊力，指日可成。

竊該河爲漢水入楚二千里僅存之支流，消漢水十分之七，河道係《禹貢》沱潛故道，有《潛江縣志》可稽。前清不准在該河建磯阻遏水勢，有九次成案，均呈核在案。玆該奸民等膽敢糾衆蠻築，軍隊莫何。就曲直論，南岸顧一隅之私，拂自然之性，遠悖歷朝之成案，近違内務司之批電，藐潛江縣之示禁，抗駐紥軍隊之彈壓，可謂目無法紀。北岸理直氣壯，事關性命身家，萬一激之，使不能不出於自衛，南北交鬩，伏尸流血，共和國有如此現象，尚復成何事體？前清同治十二年沔人嚴士連私築大澤口横壩，十三年六月督部堂李奏將嚴士連正法，派營刨毀横壩，殺徇私藐法一二人，而蘇無數生靈。全大局者，固應出此。紳等爲賦命起見，除呈軍政府外，理合具呈大府，咨商軍政府添派軍隊，馳往大澤口嚴拿糾首，盡法懲辦，以順水性而遏亂萌，實爲德便。上呈。

民國二年二月二十三號

民政府批：

查此案迭據沿堤各縣及内務司先後電呈，早經函請軍政府加兵彈壓並飭司委員查辦矣。仰即知照。此批。

民國二年□月十三日

民政府指令内務司

本月二十一日據潛江縣知事歐陽啓勳皓電稱，吴家改口已動工堵塞，軍隊亦難彈壓，乞速電示遵等情，前來查此案，前據該司暨歐陽知事先後呈電到府，業經指令該司轉飭禁止堵築，嚴拏首犯咨送訊辦，并函請副總統電飭就近軍隊加兵分駐，妥爲彈壓在案。玆據電呈前情，勢甚洶湧，恐非實力禁止，難期有濟。事關下游十餘縣田廬生命，未可稍事姑息，除函請副總統迅予電飭就近彈壓各軍隊竭力阻止、設法解散外，合行令仰該司即便遴委妥員前往該地方，會同各該

知事切實查辦，務期解散麕集，停止堵塞并嚴拏滋事首犯，稟辦一二，以昭炯戒。仍將委員日期及查辦情形隨時呈報察核。切切！此令。

中華民國二年二月二十五日

民政府指令内務司

據該司呈報辦理沔民强築吴家改口一案，查核所呈，委員馳往會同該縣知事親詣吴家改口地方查明情形，立行禁阻其已築者，並即趕緊設法刨毁，一面指明利害，剴切勸諭，以期解散而弭巨禍，各辦法均屬切要，仰即如呈辦理可也。此令。

民國二年二月二十七號

民政府指令内務司

據天門縣知事呈，沔人陳炳坤等，煽衆築塞大澤口，懇請迅賜拏辦解散以全大局等情一案，查此案，迭據沿堤各縣及内務司先後電呈，請飭禁築前來。業經飭司委員前往會同各該知事查辦，並函請副總統電飭就近軍隊加兵分駐，切實彈壓解散各在案。兹據轉呈堵塞吴家改口，實係沔人陳炳坤、譚傳宣、譚選榮等倡首，自應拏獲懲辦以儆其餘，爲此令，仰該司即便分飭沔陽、潛江兩縣知事，一併嚴拏，務獲究辦，並遵節次指令（向）〔相〕機妥辦。切切！此令。

民國二年二月二十七日

〔湖北内務司委員羅汝澤、胡炳鈞，湖北潛江縣知事歐陽啓勛呈夏民政長文〕

湖北内務司委員羅汝澤、胡炳鈞，湖北潛江縣知事歐陽啓勛，爲會查呈覆事案。奉内務司委任令，據潛江縣知事電稱，沔民麕集吴家改口一帶，張旂執械，其勢洶洶，乞電飭軍隊嚴爲彈壓，免與北岸人

民激成禍端。此案前據天門縣知事電禀，以沔民陳炳坤等倡築吴家改口，懇派兵彈壓並飭潛、沔兩縣嚴拏爲首，防患未然，即經呈懇副總統電飭就近軍隊馳往彈壓解散，飭令刻日馳往，會同該知事查明情形立行禁阻其已築者，併即趕緊督飭刨毁，一面指明利害，剴切勸諭以期解散而弭巨禍，仍將查辦情形詳晰會呈，並先電覆察奪等因。奉此，委員遵即馳抵潛邑會晤知事及軍隊同往吴家改口，勘明已築土堤長二十八丈，寬三丈七尺，高五尺。當經勸築堤人民立即停工，勒令回家安業，一面督飭刨毁，會銜出示曉諭，以息争端而弭巨禍，並先電聞在案。查吴家改口即大澤口，在潛江縣城西北十五里，爲分洩襄水自嶓冢下注二千餘里支流之故迹。由該河口南流二十里許，即田關，又分二流：西曰西荆河，入江陵，灌白鷺湖、潤陽湖、裏湖、長湖等湖；其東曰東荆河，入監、沔界之洪湖、鄧老湖、鷺鷥湖，出新堤、新灘口、沌口，以達大江。是該口分洩襄水約居十分之六，一經築塞，則水勢横溢，南北兩岸十餘縣國賦民命同受浸潦之患。前清同治、道光年間，蔡福隆、嚴士連等迭次謀塞，均經拿辦。督撫並將萬難築塞情形奏陳各在案，是該口不能堵塞，早懸厲禁。乃歷時未久，唐傳勳、陳炳坤等復敢起意糾衆謀塞，此種舉動不特以隣爲壑，損人利己，直是擾亂治安，實屬愍不畏法，本應詳請嚴懲以儆效尤，惟該民人等一經開導即貼耳散歸，尚非始終抵抗者比，應如何懲儆之處，伏候鈞裁。所有奉委會同查辦築塞吴家改口各緣由，理合會同呈覆，民政長俯賜察核批示立案，並由知事勒石永禁，以杜後患，實爲公德兩便。除呈覆副總統暨内務司外，爲此呈，乞照驗施行，再委員等詳覆後，即行回省銷差，合併聲明。謹呈民政長夏。

民國二年三月二日

黎都督致夏民政長函

逕啓者：案查吴家改口前因地方聚衆擅行築塞，經本都督派兵彈壓，並將唐傳勳拏解來省，交武昌看管在案。旋據報告該處人衆已經

解散，所築之堤亦已掘毁，地方安静無事，不至以鄰爲壑，尚屬曉明大義，顧全公益。現在此案已了所有，在押之唐傳勳一員，應即准予釋放，以息争端。除諭飭武昌府外，相應函達台端，希即查照施行。此致敬候勛祺。

黎元洪啓三月十二日

民政長致潛江天門知事電　三月三十日

潛江天門知事鑒：有沁、勘各電均悉，已據情咨請副總統派重兵彈壓矣。仍希相機互相維持，勿任釀禍，並將該處情形隨時電呈爲要。民政長夏。印。卅一。

〔京山縣議事會、參事會呈湖北民政長文〕

京山縣議事會、參事會，爲呈請援案勒碑，永禁築塞，以期善後。事緣吴家改口即大澤口，爲襄河消洩支河，實《禹貢》沱潛故道，又係運糧古河，《潛江縣志》確鑿可據。其萬不可築塞情形，與歷代不准築塞禀狀、詳文、奏稿、硃批，及蠻築被辦之嚴士連、王子芳、蔡福隆、趙比文、鄭超一、王春容、光裕前等，均載《襄堤成案》可核。兹南人諱塞朦築，經副總統燭奸解散，襄北人民感佩莫名，恩至渥也。惟查同治十三年督撫奏辦首犯嚴士連斬决，從犯徒流外，刻石文云："澤口官河，永禁阻遏，攔築首犯，斬絞同科。"光緒七年督撫奏革王子芳，拿辦爲首之人外，亦飭司頒發永禁築壩，勒石河干。光緒二十九年潛江、江陵、監利奉札會拿爲首之光裕前，外禀准逐年頒示嚴禁，善後各在案。此次朦塞之徒，蒙副總統及民政長并各司長恩免嚴拿究辦，猶不知悛，尚有再行强築之説。合無援勒碑示禁前案，剴切出示，飭潛江縣勒碑河干，永禁築塞，以息浮言而杜後患。敝會爲善後起見，爲此呈，請鑒核施行。謹呈湖北民政長。

民國二年三月□日具

民政府指令内務司

據京山縣議事會參事會呈吴家改口不可築塞情形請援案勒碑永禁等情，查此案已經本府會同副總統出示嚴禁矣。仰内務司轉飭知照。此令。

民國二年四月二日

〔鍾祥縣知事傅良弼呈湖北民政長文〕

鍾祥縣知事爲呈請事。本月壹號准鍾祥縣議事會咨稱，爲咨請轉詳事，元月肆日，敝會咨請知事轉呈民政長、内務司援照成案禁築澤口，以救河北十餘縣賦命一案，已蒙准詳電禁，并經副總統電飭就近軍隊彈壓，嚴拏首要在案。竊河南北人民均係國家份子，在軍、民兩府原非厚薄歧視。誠以澤口形勢，實司上游各屬生民之命，分水勢之來源，導水患之去路。此口一塞，不啻扼河北之吭，舉十餘縣之地丁錢糧，億兆人之財産性命，悉付之波臣以去，究與波臣何德？與十餘縣何仇？故當道權其重輕，明其可否。電禁之，不足，又飭軍隊彈壓，何等鄭重森嚴。頃聞有軍界大員恃兵藐抗，糾衆强築，派兵保護，是直使鄰邑爲壑也，是視上命如弁髦也，河北人民豈能束手待斃？現在風聲鶴唳，函電交馳，誓犧牲百萬生靈結合大塚以殉此口。有不達目的不止之勢。似此情形，勢必彼此魚肉，南北鷸蚌，尤恐伏莽餘孽乘機竊發，上之則國賦無着，下之則同胞流血，後患之烈，曷堪設想？敝會爲弭災防患、同胞請命起見，不敢緘默，相應咨請貴知事轉詳副總統再發嚴命，飭軍解散，并一面移行潛、沔各知事，預行設法挽救，以免釀成大禍。不特河北之福，亦河南人民公共之安寧也。臨文禱切，望即照轉此咨等因。准此。查此案前據該議會咨稱，當即呈請民政長嚴禁堵塞，並派隊彈壓以遏亂萌，寔爲公便，謹呈湖北民政長。

民國二年三月五號知事傅良弼

民政府指令内務司

據鍾祥縣知事傅良弼呈，准該縣議事會咨稱，澤口關係十餘縣田廬賦命，請嚴禁堵塞等情。查此案，已據委員羅汝澤、胡炳鈞、潛江縣知事歐陽啓勛呈稱，人衆已經散解，所修之堤亦已掘毁矣。仰内務司轉飭知照。此令。

民國二年四月二日

副總統領湖北都督事黎爲咨復事案准

貴府咨開三月二十七日案，據潛江縣知事萬良銓有電稱，吴家改口又有沔陽唐傳勛暨軍務司機關槍隊長莫廷權，率軍民人等百數十人，張旗執械，駐紮龍頭拐。知事聞信後，當即假勘該處隄工前往察看情形，唐傳勛聞知事到堤，持片請往坐談，當即面晤。據稱，日前在都督府會議，都督允撥二百萬款修築襄隄，伊等亦提議仍築改口，並稱已委盧某尅日前來監堵，是否屬實，知事未奉明文併乞電示祇遵等情，正核辦間，又接天門縣知事，暨議事會商會潛江縣知事，沁、勘各電均已分呈鈞府不贅。查吴家改口禁築未久，該沔民唐傳勛等故智復萌，輒敢張旗執械，謊稱鈞府委人監堵，並假黎、蔡兩師長名義鼓動大衆，似此怙惡不悛，聲勢洶湧，非派重兵拏辦恐不足以資彈壓而遏亂萌。除電覆外，相應咨呈鈞府，請煩迅速飭派重兵前往彈壓拏辦，以重賦命而衛閭閻，實爲公便等由，准此。查此案前據各法團電呈，到府當即電派劉團長鐵、章營長裕昆、王營長志祥帶隊前往彈壓矣。准咨前因相應備文咨覆貴民政長，請煩查照施行。此咨民政長夏。

民國二年四月二（月）〔日〕

〔中華民國臨時副總統領湖北都督事黎咨民政長文〕

中華民國臨時副總統領湖北都督事黎爲咨會事。照得吴家改口一

案，前因襄河南岸人民聚衆强築，迭據北岸各縣官紳文電紛馳，以害十餘縣生命財産等情，援引歷届成案，環請阻當；經派兵彈壓，委員查辦，併將已築之堤當衆掘毁，出示永禁築塞各在案。乃近據報告，江、潛、監、沔人等仍復聚衆强行築塞，擅立師長、旅長以下各名目，攜帶軍械，殺傷彈壓高排長逢吉，打失兵士一名及快鎗軍裝等件，燒毁彭公祠及沙洋分卡各等情，北岸天、潛、鍾、京等縣人民衆情憤激，聚衆抵拒，謡言四起，勢將釀成巨禍。除飭季師長迅調所部全軍彈壓解散，按照情形處以軍事適當辦法權救一時急變外，亟應委員查辦，妥籌根本解决方法，以維治安。查有參議蔣秉忠，才識明練，處事公平，堪以派委。除狀委該員併電知季師長外，爲此咨會貴民政長，請煩查照，一俟該委員等報告到達，希即會核辦理施行。此咨民政長夏。

民國二年四月初四日

〔内務司呈民政長文〕

内務司爲呈報事案。據天門縣知事楊壽昌沁電，强築大澤口一事，前蒙派兵解散，冀可相安，詎沔人故智復萌，現又聚集多人在大澤口内之龍頭拐地方重行强築，并假黎、蔡兩師長之名鼓動大行，聲言定于半月内告成。事處迫切，關係天、潛以下十餘縣賦命，懇請迅派重兵，速往彈壓解散，以救危局。又據潛江縣知事萬良銓勘電，堵塞吴家改口人衆器多，縣力單薄，難以彈壓。天門人民備械抵制，知事恐妨秩序，請速多派兵隊前來解散，防患未然各等情，並據天門縣議會暨天門商會電，同前情，各到司。伏查沔人强築吴家改口一案，前蒙副總統飭派軍隊，切實彈壓，並由職司委員前往會縣查辦，業經勸導解散，將已築之處督飭平毁，由該印委逕行呈報察核在案。乃事未匝月，該沔人又復聚集多人恃强堵塞，并敢假黎、蔡二師長之名肆行鼓動，致襄北衆情洶湧，咸竭力以圖抵制，非迅派重兵馳往彈壓，不足以資解散而遏亂萌。除電飭潛、沔兩縣查明爲首之人，按名嚴拏從重懲辦，并呈請副總統電派就近軍隊，多帶兵士，迅往彈壓解散

外，理合呈報民政長俯賜鑒核。謹呈民政長。

民國二年三月三十一日

民政府指令内務司

據該司轉呈沔人又復聚衆恃强堵塞吴家改口等情，查此案，已咨請副總統飭派重兵，前往彈壓并委員查辦矣。仰即知照。此令。

民國二年四月十三日

〔漢川縣自治議事會呈湖北民政長文〕

漢川縣自治議事會爲呈請彈壓以防修築事。竊維敝邑地處低窪，素稱澤國，每逢天雨過多，各垸田畝尚且淹漬不堪，一過春夏，大水泛漲，全縣盡行湮没。然有時襄北堤塍得保萬一者，全恃潛江之澤口爲消洩。查該口分洩襄水，經江陵、潛、沔各縣境，達於漢陽縣屬之沌口、新灘口入江，是北來之水，使由澤口古河道分殺南去。順水之性，不惟北岸無漫潰之虞，即南岸亦無冲擁之患。使無此河道以資消洩，雖拚命保護，終屬無益。且建瓴之勢似難遏抑，鍾、京、天、潛固首當其鋒，在敝縣接境下游爲各屬漫溢滙歸，其魚之慘，敝縣較甚。今南人堵塞澤口，襄北一帶下游惟有束手待斃，無法可施。同是生命，同是財産，川邑何辜竟遭此阨。除分呈内務司外，爲此呈請大府鑒核垂憐作主，派兵前往彈壓，勿許修築，以免水患而全賦命。謹呈湖北民政長。

民國二年三月三十日

民政府指令内務司

據漢川縣自治議事會呈請派兵前往吴家改口彈壓勿許修築等情，查此案，前據各法團電呈，到府當經咨請副總統飭派重兵馳往彈壓，并委員查辦在案，仰即轉飭漢川縣傳知該會知照可也。此令。

民國二年四月十四日

〔**内務司呈民政長文**〕

内務司爲呈報事案准，季師長雨霖蕭電吴家改口案，江、潛、監、沔人勢甚洶湧，擅敢自立師長、旅長及以下一切名目，並敢燬燒房屋，兇殺三十一團二營五連排長高逢吉，幾至斃命，並打失兵士一哨及槍械，實屬兇横已極。探其内容，恐不但爲吴家改口事起衅，實於民國大有妨礙。懇明示辦法，或勦辦，或遷就，均惟命是聽等因。正核辦間，接據潛江縣知事萬良銓先電，吴家改口職縣軍隊因北岸人來，恐有衝突，昨特前往平和勸導，駐紮彭公祠該堵塞人等今午蜂擁環圍，以柴塗油，將該祠付之一炬，並殃及沙洋分卡。高排長逢吉頭受刃傷頗重。搶去快槍二隻，並被服軍裝甚多，堤夫亦傷三人，人心頗形浮動。知事已會同軍隊、警察極力防範，堵塞人等雖已走散，恐唐傳勳等故態復萌。如何辦法，伏候鈞裁，等情，到司。查沔人復圖强築吴家改口一案，前據潛江、天門兩縣知事暨天門縣議會並商會先後電陳，當經呈請副總統電派就近軍隊，多帶兵士迅往彈壓解散，一面分電潛、沔兩縣嚴拿爲首，從重究懲，并呈報民政長察核。業奉副總統批：此案，前據各該縣知事呈報到府，已於三十日電飭仙桃鎮駐軍剋日開往彈壓等因在案。兹迭據電前情，伏查該沔人等屢次集衆恃强堵口，並敢將潛江知事駐紮之彭公祠房屋肆行圍燒，又復刃傷排長，搶失槍械，實属兇横已極。雖據該縣電稱堵塞人夫現已走散，勢必俟軍隊退後，仍復招集而來。應請副總統電飭原派軍隊即在該處常川駐紮，切實防範俾資鎮攝，並飭該軍隊會同潛、沔兩縣知事趕緊查明爲首確係何人，按名嚴拿務獲，立予盡法懲辦，一面將已築之處督飭一律平毁，以免再釀禍端。除由司電飭潛江縣遵照會同軍隊分别妥辦，隨時電陳查核，暨電沔陽縣迅即會同認真查拿嚴辦，仍將唐傳勳一名前已據報獲押，因何現復在外滋事緣由明白復奪，並呈請副總統鑒核，迅賜電飭遵辦外，理合具文呈報民政長俯賜察核。謹呈民政長。

民國二年四月五日

民政府指令内務司

據該司呈，沔人等屢次集衆恃强堵塞吴家改口，並敢圍燒知事駐紮之彭公祠，刃傷排長，搶失槍械。雖據該縣電稱，堵塞人夫已散，難免軍隊退後復來，應呈副總統電飭原派軍隊即在該處常川駐紮，切實防範等情。所議極合機宜，仰候據情咨請照辦可也。此令。

民國二年四月十四日

民政府指令内務司又批唐傳勳呈

查潛江吴家改口爲分洩襄水一大支流，歷來禁築有案。上年四邑代表稟請修築該口，本府僅止批司飭縣查案呈覆，該代表唐傳勳等竟糾集人衆希圖堵築，曾經派兵彈壓解散，不予深究，已屬從寬，乃該代表唐傳勳又復糾合多人仍圖堵塞該口，自立師長以下各名目，毆傷軍官，焚燒房屋，兇横妄爲，殊堪髮指。兹據來稟，種種揑造，幾至不勝指駁。其中最爲緊要者爲軍隊槍斃多人一節，若非該代表唐傳勳等糾衆抗拒，該軍隊何致遽然開鎗，致斃多命？誰爲厲階致釀巨禍，該代表等不能辭咎，豈容狡飾聳聽！惟究係如何情形，現尚未據文報。仰候令内務司飛飭查辦，委員李廷禄等會同潛江等縣先行擇要電覆，該處人衆現已解散，一切善後事宜并令會商辦法詳晰呈報，察奪毋延，切切！此令批。

民國二年四月十四日

民政府指令内務司

本年四月一日，據鍾祥縣知事傅良弼議參事會國民、共和黨電稱，强築大澤口一案，河北各縣文電紛馳呼號陳請，業蒙飭軍禁築。據偵伺報告，沔邑人民糾衆萬餘，强行開工，聲言係黎、蔡二師長主持，限十日竣工，現在鍾邑瀕堤人民紛紛開會群謀抵制。除由知事等

設法彈壓外，理合呈請迅派大軍前往解散，勿任迫切待命之至。同日又接天門縣議會電稱，沔人蠻塞澤口，敝會沁電未蒙回示，現探悉沔人私請水陸兵護，日夜趕築，襄北鄉民奔走呼號，憤激異常，禍延眉睫，請速派重兵彈壓禁止，以彌禍變，無任迫切待命之至，各等情。據此查此案，前接天門縣議會并潛江縣知事等來電，已咨請副總統派兵彈壓在案，兹據前情正核辦間，又接季師長、潛江縣知事各電，該聚集人衆竟有自立師長以下各名目等項重情，除已由副總統及本府分派妥員前往會縣查辦外，爲此令，仰該司即便分飭查照。此令。

民國二年四月十八日

〔潛江縣知事萬良銓呈湖北民政長文〕

潛江縣爲呈報事。竊沔人唐傳勳等倡築吴家改口一案業經職縣前任呈奉副總統派兵彈壓，並奉内務司令胡委員丙鈞、羅委員汝澤到縣會同前往勸諭停工，督飭刨毀，所有辦理情形分别呈報在案。嗣後奉副總統、民政長會同出示嚴禁，着將吴家改口永遠懸爲禁令，不准擅行築塞，仰見副總統、民政長保存成案，免生禍端之至意。南岸人民應如何凛遵示諭，免干咎戾。乃三月二十四日有沔人唐傳勳、莫廷權等帶領百數十人，雜穿軍服，張旗執械，同來吴家改口駐紮龍頭拐彭公祠。知事一聞信後，當即假勘龍頭拐堤工爲名前往察看情形，唐傳勳等見知事到，持片約往接談，據稱，日前在副總統府會議，副總統允撥款貳百萬修築襄堤，伊等提議，仍築改口，無須撥款，已奉命令委盧步青前來監築，約明日可到云云。二十六日盧步青果來改口，率領下游人民萬餘，麕集堵塞，職縣駐紮軍隊前往勸導，適唐傳勳等已離彭公祠，該軍隊即駐祠内，以資彈壓。四月一日軍隊聞北岸人民亦將督夫抵禦前來，該軍隊恐兩相衝突，一面勸導南夫解散，設法將南夫器械檢收，免滋事端，乃南夫誤會，以爲該軍隊收盡伊等器械，必以武力迫脅，遂逞兇横，環圍攻繞，刀傷高排長逢吉頭部，搶去快槍二支，被服軍裝無算，並以油塗柴，將彭公祠付之一炬，殃及隔壁沙洋分卡房屋左間，紛紛散走。事後，傳聞堤夫亦傷三名，翌日北岸亦

有萬數千人渡河南來以圖抵制，聞有多數匪類乘機竊發，風鶴頻驚，秩序幾紊。幸奉副總統飭派軍隊前來彈壓，不過距軍隊稍遠居民略受損害。又經知事一面電請天門知事從速招回，一面會同各團體前往開導，初三日午後，一律散歸，人心安静。知事隨即電呈，上釋廑念，兹擬具稟詳報。適副總統、民政長委員到縣，初十日覆同前往，履勘彭公祠被燬及沙洋分卡被毁情形，均與上呈無異。至堵塞堤塍，除經知事會同軍隊派人刨毁外，南岸尚餘長十六丈，寬四丈五尺，中間開有小溝數條，以資冲刷。北岸約南岸三分之一，高六尺，現在水勢漲與塍平，不久當可冲消净盡，無礙河流。回署後當即會同委員，分别專函馳約天門、沔陽知事及各代表來縣會商善後辦法。天門楊知事覆函云，即日率同代表前來，爲雨所阻，故尚未到。沔陽覆函，田知事因公晋省不克前來。委員因此不能久候，當即先約職縣各團體代表晋署，將改口堵塞利害，就襄南、襄北層層説明萬不可築之理由，並副總統、民政長統籌全局，決不能移動成案之宗旨及查勘情形，委員回省呈明副總統、民政長統籌善後辦法，使各代表向附近吴家改口居民切實開導，並由知事一面出示曉諭至天門、沔陽知事。未到委員，亦將以上情形專函商辦，所有會商辦法除由委員回省呈明外，理合將堵築解散及覆會勘情形，詳細呈報民政長，俯賜查核，指令祗遵。除呈副總統外，爲此謹呈湖北民政長夏。

中華民國二年四月十四日知事萬良銓

民政府指令内務司

據潛江縣知事萬良銓呈報沔人唐傳勳、莫廷權等復行糾衆强築吴家改口，并解散及覆會勘情形等情，查核所呈，該縣辦理此案尚屬得力，惟一時堵塞人夫雖散，誠恐迫於兵力，非甘心折服，現在本府已函請省議會推舉深明水利人員會同本府所派委員前往重行履勘，并妥籌善後辦法矣。仰内務司轉飭知照。此令。

中華民國二年四月三十日

〔潛江縣北蝦子鄉、張港市、楊湖鄉自治會呈湖北民政府文〕

潛江縣北蝦子鄉、張港市、楊湖鄉自治會爲呈請事。竊縣屬大澤口，爲襄水消洩古河，即《禹貢》沱潛故道，縣志確鑿可據，其萬不可塞之情形與歷代不准建磯築壩之事實以及嚴辦首惡等案，均載在《襄隄成案》可稽。現南人逞强權，滅公理，糾衆蠻塞，壑鄰肆害，雖鈞府頒示懸爲禁例，師部派兵力爲彈壓，彼竟殺傷軍官，反抗功令，顯係形同化外。兹蒙會委來潛查勘，想必援案具覆妥籌善後辦法，無待旁瀆。惟敝會等隸屬潛縣，接連沔境，謹將兩縣利害輕重比較呈之。

潛西自袁家月至黄家場一帶，潛東自沙場至莫老團一帶，潛北自張港至泗港以上一帶，三面計占潛屬全境三分之二，皆以襄堤爲保障。澤口蠻塞則襄堤多漫潰，而東西北三面賦命盡付東流，其獲僥倖苟免者，僅僅潛南一隅。沔陽則東西北皆以塞河爲死地，其能免於死者，亦僅僅沔南一方面。今姑置鍾、京、天、漢、應、雲、黄、孝、夏口等濱襄各縣之利害於不問，即就潛、沔二縣人民，論其因塞河而死者三之二，不死者三之一，以少而害多，以偏而害全，仁人君子萬不肯爲。而況有河則有堤，防河患在固堤塍，敝會等濱襄而居，無不以堤塍爲命脈，即如今春奉縣知事諭委加修境内襄堤，自官吉口至泗港六十餘里，一月之餘均加高培厚，刻將告竣，彼南岸澤口内堤亦各有段落，各有部分，各修各堤，自各弭各患。乃南人不知修堤以利己，衹欲塞河以壑鄰，致令濱襄南北十餘縣之賦命，斷送於潛沔偏南一小部分之手。即使受害之民束手待斃，按之共和同胞之誼亦萬萬不忍，而況未見果束手以待斃也。日前南人兩次蠻塞，北人拚命抵制，南北交鬨，幾釀巨案，其明徵矣。現在春汛甫至，夏漲未臨，及時加修内堤尚可挽救。敝會等爲南北兼顧起見，懇迅飭潛、沔屬南地方，加修澤口内堤，無圖壑鄰之害，並懇設法購買拖泥機器，疏濬澤口河道，即是南北久安之法也。除呈都督外，理合呈請民政長核准示遵。再，三區均在張港市集議，故耑用張港自治會圖記合併聲明。謹呈湖

北民政府。

中華民國二年四月十五號

〔京山縣永隆河董事會議事會呈湖北軍政府民政府文〕

京山縣永隆河董事會、議事會爲呈請事。竊敝會籍隸京邑，凡附邑之東、南、西三面人民濱襄而居者，皆以堤爲命，歲歲加修堤塍，增高培厚，不敢稍涉鬆懈，誠以身家性命、生死存亡胥視乎此。然每當襄水盛漲時，水與堤平，漫潰堪虞，蓋以襄河南之大澤口古河尾閭不暢，消洩遲緩，故上游堤塍處處可危，是欲保全上游南北人民，須疏濬澤口河尾閭方爲正辦。乃南人不事疏濬，反圖蠻塞，是直陷襄北人民於死地而不稍留餘地者也。屬縣人民聞此兇信，强者奔走而號呼，弱者閉户而啼泣殘喘，餘生未知死于何所。幸蒙重兵彈壓，謀塞事寢，結草啣環未能報此再造深恩。頃聞鈞委查勘情形，住潛有日，敝會恐南人一面之辭朦弊委聰，别生枝節，即奔往澤口一帶，冀面謁鈞委，下訴苦情；比至澤口，而鈞委已僱舟東下，悵何如之。竊思澤口一河關係襄堤數百里安危，即關係濱襄十餘縣之賦命，即潛、沔兩縣濱襄而居之各部分，亦皆以阻塞壑害爲深慮。以故南人兩次蠻塞，均經潛、沔知事出示嚴禁，並臚舉嚴士連以蠻塞梟首，王子芳、關俊才革職等事，揭示炯戒，蓋以大局所在，不容偏私一隅耳。除呈請軍政府暨内務司外，理合呈請大府台前，懇一面分飭潛、沔知事拿辦倡首蠻塞之人，以杜難端，一面飭修澤口内河堤塍，以謀善後，則南北人民均荷生成，無任悚切待命之至。謹呈湖北民政府。

民國二年四月□號呈

〔孝感縣議事會呈軍政府民政府文〕

孝感縣議會爲呈請事。竊敝縣南濱襄河，地處低窪，國賦民命全資河北隄塍爲保障，隄塍之安危全仗襄南大小澤口爲消洩。同治後小澤口塞，潛人認毁未毁，每逢盛漲，敝縣南鄉數十百里暨鍾、京、天、漢、雲、應、黄、夏等縣盡成澤國，三十年來水災迭見者以此，然尚賴有大澤口爲天然分洩之故道，鍾、京以下兩岸部堤均藉以稍舒漲力。蓋襄水發源二千餘里，沿途吞納二十餘溪河奔湧而來，動以十數丈計。至大澤口分洩十分之七，而鍾、漢一帶猶時有冲塌房屋、沉没船隻之慘劇，若此口再塞，將束十數丈之急流巨浸盡注於小江漢口一隅，不惟兩岸部堤處處危險，鍾、京以下無復農田之可言，即漢口商場、漢陽工廠，均將受莫大之破壞。是南岸之利未見，北岸之患勢必萬不可支。故自前清道光以來，潛、沔人民迭次朦請修築，均經天門等縣代表層控永禁有案，誠以地理之關係如是，以鄰爲壑，非南岸所應爲，抑以北岸人民所決不忍受也。敝會前准天門縣議會咨開，潛、沔代表唐焕章等以假修改口爲名朦呈大府，意在掀翻成案，恃蠻修築，鄉民聞之，不勝駭愕。當經公推代表前往調查後，據回稱，此案已由天門縣各團代表詳呈水道源流暨歷年成案，呈蒙兩次派兵解散，並刊刷告示多張，永禁築塞，仰見慎重水利、消弭巨禍之至意，方謂南岸人民自此廢然返矣。乃近據駐省同鄉迭函報告，南岸人仍復嘵嘵瀆控，已蒙派委會勘，地勢瞭然，成案俱在，自萬萬無掀翻之餘地。惟恐野心不死則後禍甚長，惟有呈請大府俯念潛、沔水患，不過澤口内迤南一隅，果令堅築内堤，疏通淤積，原屬兩利而無一害，若任其恃蠻修築，則鍾、京、天、漢、雲、應、黄、孝、夏口等縣轉瞬其魚，而漢口商場、漢陽工廠甚患且不可料。權衡輕重，迅賜劈斷而杜壑害，實爲德便。謹呈軍政府、民政府。

民國二年四月二十日

民政府訓令潛江縣、沔陽縣知事

查漢水由秦入楚，鍾祥而下河流湍急，一遇泛漲，所過之處常被淹没，而尤以沔、潛各屬爲甚。設非慎固隄防，田廬生命難免其魚之患。近聞該縣居民因觀望吴家改口堵塞成功，反將應行培修各堤垸潰口置爲緩圖。不知吴家改口果可堵築，歷來何至厲禁？下游十餘縣何

故拚命阻止？軍、民兩府又何樂而不允？行可知玆事體大，利害關係不止一隅，未可輕易解決也。本府現已函請省議會推舉深明水利人員，會同照委各員前往重行履勘，將來或（流）〔疏〕濬河道，或培修堤垸，究應如何挽救解決，尚須時日。值此夏汛臨眉，所有改口以内堤垸潰口，若不及時修復，妥爲防護，一旦襄水暴發，將何以保地方而重生靈？本民政長言念及此，寢饋難安。合行令仰該縣迅即會同沔陽縣、潛江縣知事親詣各該處地方，切實履勘，督同堤垸紳首趕緊修復，並隨時監察保護，仍將遵辦情形具覆備查。切切！此令。

民國二年五月二十號

大澤口成案下

天門縣楊知事致都督、民政長、内務司電　民國二年二月十一日

武昌都督、民政長、内務司鈞鑒：現潛、沔地方徧貼傳單，訂期陰曆正月十三日開工築塞吴家改口。襄河北岸人情洶洶，恐激禍端，並聞爲首倡議者爲沔人陳炳堃、譚傳家、譚選榮等，此舉關係十餘縣賦命，懇先期派兵彈壓，並飭潛、沔各縣嚴拏爲首，防患未然。所有揭帖原單另呈附閲。天門縣知事楊壽昌叩。蒸。

黎都督分致德安王師長，仙桃鎮季師長，沔陽、潛江、天門知事電　二月十三日

德安王師長、仙桃鎮季師長、沔陽田知事、潛江知事、天門知事：蒸電悉。吴家改口隄工既於襄河北岸各縣賦命有妨，且未經民政長核准，潛、沔地方即不得擅自築塞，致激禍變。據稱，徧發傳單，訂期於陰曆正月十三日開工等情，即仰該師長等先期派兵彈壓，禁止其爲首倡議之沔人陳炳堃、譚傳家、譚選榮等。如敢聚衆阻抗，並即拏辦以靖地方。都督黎。覃。

潛江縣歐陽知事致都督、民政長、内務司急電　二月十七日

武昌都督、民政長、内務司鈞鑒：急。今沔民麕集吴家改口下游一帶，張旂執械，其勢甚洶。知事嚴禁文告多爲該民等所毁，幸軍隊已至，沔民雖尚未横行，仍乞電飭軍隊，嚴爲彈壓，免與北岸人民激

成禍端。潛江縣知事歐陽啓勳。篠。印。

潛江縣歐陽知事致都督、民政長、内務司萬急電　二月十八日

武昌都督、民政長、内務司鈞鑒：萬急。吴家改口以《禹貢》潛水之故迹，爲漢水入楚二千里之支流，僅存一處，其分洩襄水，盛漲十居其六，鍾、京、潛、天、漢、應、黄、孝、雲夢等縣之國賦民命，均以此支河之通塞爲存亡。前清時監、沔歷次明謀填塞，均未得良善結果。道光五、六年，王、賈二太守拏辦萬福隆。同治十二年，李督奏將嚴士連正法。十四年，裕督奎撫奏陳萬難築塞情形。硃批着照所請。嗣後該兩縣人民雖故智時萌，迭經各上司批斥嚴禁在案。今復備械堵築，其勢洶洶，並有多數人散伏城内，未知何意。懇速加派軍隊，分駐吴家改口及潛城，防患未然，情迫待命。潛江縣知事歐陽啓勳。巧。印。

黎都督致季師長電　二月十九日

仙桃鎮季師長：據潛江知事巧電稱，沔民備械堵築吴家改口，並有多數人散伏城内，未知何意等情，仰即加兵分駐吴家改口及潛城，嚴密彈壓。都督。效。

季師長致都督萬急電　二月十九日

萬急。武昌黎副總統鈞鑒：前奉覃電吴家口築隄一節，未蒙民政長允准，飭派隊伍禁阻等因，當令職師三十一團二營營長章裕昆帶隊馳往彈壓。兹據電稱奉命派駐岳口及張港、潛江共兵百五十名，十七號抵吴家口，翊日，監、沔、潛江來工人數百開工，已阻止，尚踞丁家舖堅持不散爲沔人譚傳煊等，迭傳不到，而工人不可理喻。頃聞該紳首已電稟都督，俟核准開工云。如何辦法，祈速電示等情，理合轉達鈞府，迅賜電示，以便飭遵。季雨霖稟。皓。

黎都督致季師長電　二月十九日

仙桃鎮季師長：皓電悉，章營長馳往彈壓阻止開工，堪慰綺注。該紳首等並無電禀到府，即禀亦屬難准行，仰仍遵照節次電飭辦理。都督黎。效。

潛江縣歐陽知事致都督、民政長、内務司萬急電　二月十九日

武昌都督、民政長、内務司鈞鑒：萬急。吴家改口已動工堵塞，軍隊亦難彈壓，乞速電示遵。潛江縣知事歐陽啓勳。皓。印。

黎都督致季師長、蕭旅長　二月二十日

仙桃鎮季師長、荆州蕭旅長：風聞仍有人倡議蠻塞吴家改口，恐釀巨禍，仰即妥爲彈壓，并約束軍人不准附和塞口之説，如違，定行究辦。都督黎。號。

黎都督致潛江、沔陽、監利各知事電　二月二十日

浩子口送潛江知事、沔陽知事、監利知事：風聞仍有人倡議蠻塞吴家改口，恐釀巨禍，仰即出示嚴禁，拏獲首要懲辦。都督黎。號。

八師參謀處致黎副總統、季師長火急電　二月二十日

火急。武昌黎副總統、季師長鈞鑒：頃據營長章裕昆自吴家口來函云，監、沔、潛江男婦日來甚衆，昨日午後已聚數千，以實行築塞爲目的，現已開工，無法禁阻，懇請速賜辦法等情，理合轉報并祈電示飭遵。八師參謀處叩。號。

季師長致都督急電　二月二十日

急。武昌副總統鈞鑒：效電敬悉，潛江知事電稱，沔民備械堵築吴家改口，並有多數人散伏城内，飭即加兵分駐嚴密彈壓等因，自應遵辦。惟查該口係沔邑所轄，爲黎本唐、蔡漢卿兩師長桑梓之區，本鄉父老感情較厚，既由職師派兵禁阻，若更得兩師長開導解散，庶不致激成禍變。事關重大，伏乞裁奪施行。季雨霖禀。號。

浩子口來電　二月二十一日

武昌都督、民政長、内務司鈞鑒：萬急。吴家改口已動工堵塞，軍隊亦難彈壓，乞速電示遵。潛江知事歐陽啓勳。皓。叩。

黎都督致季師長急電　二月二十一日

浩子口送潛江知事：皓電悉，吴家改口仍然堵塞，殊堪詫異。已責成季師長加派得力軍隊勒令停工矣。都督黎。個。

黎都督致季師長急電　二月二十一日

急。仙桃鎮季師長、參謀處：兩號電均悉，吴家改口不能堵塞，有歷年成案可稽，既於十一縣賦命有妨，斷不能擅自變更以鄰爲壑。沔民雖衆，豈有軍隊不能彈壓之理？是否該軍隊有人附和沔民，以致奉行不力。此工一開，將來激成鉅禍，該軍隊豈能辭咎？除分飭黎、蔡兩師長分任勸導解散外，仍責成該師加派得力軍隊，切速禁止，勒令停工，毋得因循僨事。都督黎。個。

天門縣楊知事致都督、民政長、内務司電　二月二十二日

武昌都督、民政長、内務司鈞鑒：沔人遍貼傳單，倡築吴家改

口，蒙派兵彈壓在案，竊恐届期生事，當復專人往探。兹據回稱，吴家改口内里餘何家剅地方河面稍狹，沔人邀集二三千人在兩岸築壩，於陰曆正月十四日動工，近岸已築成十餘丈，連日附和來者猶多。八師章營官在彼彈壓，勢嫌單弱，開導不能，萬一築成，爲害非淺。並據北岸各垸紳董來禀相同，特再電呈，懇即添派重兵前往解散，並將已築壩基刨毁，飭拏爲首聚衆之陳炳堃、譚選榮、譚傳煊、譚傳勳等解省懲辦，不勝迫切待命之至。天門縣知事楊壽昌叩。養。

天門士紳致都督電　二月二十二日

武昌都督鈞鑒：襄南蠻塞大澤口已開工，不服彈壓，迫懇就近加派第八師軍隊馳往彈壓，并嚴拿糾首盡法懲辦，以遏亂萌。天門自治紳商學界叩。養。

天門士紳致民政長電

武昌民政長鈞鑒：襄南蠻塞大澤口已開工，不服彈壓，迫懇咨商軍政府加派軍隊，馳往拿辦，并飛飭潛、沔知事，設法解散，以遏亂萌。天門自治紳商學界叩。養。

黎都督派第八師長季雨霖會同本府副官徐世猷禁塞吴家改口命令　二月二十三日

據潛江知事電稱吴家改口已動工堵塞，軍隊彈壓無效，請急電示遵等情。查此案，迭次派軍隊禁阻，該處人民猶敢動工堵塞，寔屬愍不畏法，著該師長會同本府副官徐世猷前往剴切勸導，督令刨毁，如再恃强糾衆，抵抗破壞大局，即按軍法從事懲辦，毋稍狥隱。切切！

黎都督致季師長及沔陽田知事急電　二月二十四日

急。仙桃鎮季師長、沔陽縣田知事：吴家改口隄工前據北岸各縣

官民文電紛馳，疊經電飭派兵禁阻各在案，乃聞該處居民不受彈壓，擅自開工，殊堪詫異。該口不能築塞，有十餘縣賦命所繫，有數十年成案可稽，理由甚爲正大。現在北岸人民異常憤激，萬一釀成械鬬慘禍，該民固罪有應得，該師長、該知事等奉禁不力，亦豈能當此重咎？該口既不由地方會議，復不經官廳批准，遽爾糾衆塞河，以鄰爲壑，共和時代，此等暴民專制武斷鄉曲之人夫豈能容！即謂該口有害沔民，亦應另圖救濟方法，呈請民政長派員查辦，抑或陳請省議會公斷和解，斷不能以一方面之意見獨斷獨行，成此野蠻之舉動。共和國民全倚法律爲生活，苟違法典，國有常刑。此案無論如何，非刻速停工聽候解決不可。仰即傳論紳首，勒令解散。如果早遵約束，尚可寬其既往，倘如前梗頑，愍不畏法，則是反抗官軍，應即查明爲首，就近拿辦，軍法從事，以儆凶暴而維治安。本都督當官而行義無所避，言出法隨，毋謂言之不預也。將此通論知之。都督黎。敬。

潛江縣歐陽知事致都督、民政長、内務司電　二月二十五日

武昌都督、民政長、内務司鈞鑒：吴家改口堵塞約七十弓長，四弓寬，軍隊已勒令停工矣。謹電聞。潛江縣知事歐陽啓勳。徑。印。

黎本唐等致沔陽知事電　二月二十五日

仙桃鎮轉沔陽縣田知事鑒：堵築吴家改口，聞係沔民陳炳堃、譚選榮、譚傳勳、譚傳煊等爲代表。現本唐等奉副總統面論，轉請貴知事將該代表等傳案解省會商，静候軍、民兩府議定善後辦法，不勝盼禱。黎本唐、蔡漢卿、楊玉如仝叩。有。

沔陽縣田知事致副總統電　二月二十六日

武昌副總統鈞鑒：敬電祗悉吴家改口一案，前潛江來咨，即經出示嚴禁，并拏獲唐傳勳收押，電達内務司，嗣奉電論，復出示嚴禁，

並派小隊拏辦首要。去後聞各邑人夫甚衆，兵力較單，未易禁阻。兹再嚴申鈞諭，設法開導，擬請飭增軍隊以資鎮攝，免滋巨禍。田潛。宥。

季師長致副總統急電　二月二十七日

急。武昌副總統鈞鑒：頃據彈壓吴家改口劉團長、章營長徑電稱，今晨已勒令停工，惟工人聚集如前，未肯解散。職等正籌善後辦法，如何結局容再電禀等語。除仍飭該團長等妥爲彈壓解散外，知關廑念，合併奉聞。季雨霖禀。覆。

潛江縣知事歐陽啓勳、内務司委員胡丙鈞等致都督、民政長、内務司電　二月二十七日

武昌都督、民政長、内務司鈞鑒：委員等奉内務司委赴潛江會同知事軍隊查辦倡築吴家改口一案，二十六日抵縣，二十七日會勘，該口已築長二十二丈、寬三丈七尺、高五尺，當經傳諭停工併即督飭刨毁。現查工人盡數散歸，民情安靖，謹先電聞以釋廑念，餘另詳覆。内務司委員胡丙鈞、羅汝澤，潛江縣知事歐陽啓勳。沁。

黎都督致天門楊知事電　二月三十日

仙桃鎮天門楊知事：沁電悉，吴家改口前經出示永禁築塞在案，乃地方妄造謡言，復行聚衆强築，殊堪駭異。已飭蔡、黎兩師長電飭禁阻，并飭第八師迅派重兵，馳往彈壓矣。希轉議商兩會知照。都督黎。卅。

黎都督致第八師急電　二月三十日

急。仙桃鎮第八師：連日疊據潛、天等縣官紳電禀，龍頭拐地方

聚衆持械，妄造謡言，復行强塞，以致激動公憤，將釀巨禍，殊堪駭異。仰即迅派重兵馳往彈壓，嚴密防範，勒令解散，是爲至要。都督黎。卅。

黎都督致鍾祥議、參兩會電　三月一日

鍾祥議、參會電悉，澤口隄工業已解散，軍人斷不准其干預，毋得誤信謡傳。都督黎。東。

都督、民政長會銜禁塞吴家改口告示　三月十二日

爲出示嚴禁事，照得吴家改口久已成爲流域，疊據各地方官民報告，該口不能堵塞，有歷年成案可稽，且十餘縣賦命所關，斷不能擅自變更，以鄰爲壑。此次該處人民强行聚衆築塞，激動公憤，幾釀鉅禍。迭經本都督派兵彈壓，嚴加防範，併經軍、民各官長派員查辦，飭傳該代表等委曲勸導，勒令停工，始得散歸無事。前事已過，本無翻案再築之理，惟慮該人民等受人煽惑，故態復萌，兵去復來，致貽後患。據彈壓該口軍官等呈請前來合行出示曉諭，爲此示，仰該處人民一體知悉，著將吴家改口永遠懸爲禁令，不准擅行築塞，其各父戒其子，兄勉其弟，務須深明大（誼）〔義〕，毋得徒狥私利，輕起釁端，致干重咎。倘再有前項强築情事，即將爲首滋事之人從嚴拏辦，以維治安。其各遵照勿違。切切！特示。

潛江知事萬良銓致都督、民政長、内務司電　三月二十七日

武昌都督、民政長、内務司鈞鑒：急。吴家改口又有沔陽唐傳勳暨軍務司機關槍隊長莫廷權，率軍民人等百數十人，張旂執械駐紮龍頭拐。知事聞信後，當即假勘該處堤工前往察看情形。唐傳勳聞知事到堤，持片請往坐談，當即面晤。據稱，前在都督府會議允撥貳百萬款修築襄堤，伊等亦提議仍築改口，並稱已委盧某尅日前來監堵。是

否屬實，知事未奉明文，伏乞電示祗遵。潛江縣知事萬良銓。有。

黎都督致潛江知事電　三月二十七日

浩子口潛江萬知事：有電悉，吴家改口業經出示永遠禁止築塞在案，斷無准其開工之理。莫廷權查尚在司供職，亦未率衆前來。如有奸人招摇滋事，仰即查明，會同就近軍隊拿辦可也。都督黎。沁。

天門議會致都督、民政長、内務司電　三月二十七日

武昌都督、民政長、内務司鈞鑒：二十三號沔人又蠻塞澤口，謡稱蔡、黎二師長主持，較前更烈，襄北衆情洶湧，恐釀禍變，迫請速派重兵前往彈壓，並懇實行軍法、從重懲辦命令，以全十縣賦命大局，一面電飭沔知事極力拏散。天門縣議會叩。沁。

天門商會致都督、民政長、内務司電　三月二十七日

武昌都督、民政長、内務司鑒：沔人違命又築澤口，關十餘縣賦命。往抵制者不絶於途，商民異常驚恐。籲懇迅派重兵解散。天門商會。沁。

天門知事楊壽昌致都督、民政長、内務司電　三月二十七日

武昌都督、民政長、内務司鈞鑒：强築大澤口一事，前蒙派劉團長帶兵解散，冀可相安。詎沔人故智復萌，現又聚集多人在大澤口内五里之龍頭拐地方，重行强築，並假黎、蔡兩師長之名鼓動大衆，聲言定於半月内告成。事處迫切，關係潛、天以下十餘縣賦命。懇請迅派重兵，速往彈壓解散，以救危局。不勝迫切待命之至。天門知事楊壽昌叩。沁。

潛江知事萬良銓致都督、民政長、内務司電　三月二十八日

武昌都督、民政長、内務司鈞鑒：萬急。堵塞吴家改口人衆器多，職縣兵力單薄，難以彈壓，聞天門人民備械抵制，知事恐有妨秩序。祈速多派兵隊前來解散，防患未然，情迫待命。潛江知事萬良銓叩。勘。

季師長致都督電　三月三十日

武昌黎副總統鈞鑒：頃據職師三十一團二營報稱，吴家改口有沔陽士民二千餘人仍來塞築，各持武器，并掛徽章，日夜派出步哨以備抵抗。都督告示置若罔聞，天門等縣懸貼傳單，准於三十日聚衆拚死抵制，形勢兇横，恐釀意外等情前來，除已命該營加隊前往彈壓外，理合轉懇示辦以便遵照。季雨霖稟。卅。

黎都督致潛江知事電　三月三十日

浩子口潛江萬知事：勘電悉，已飭第八師迅派重兵前往彈壓解散，仍希勸導地方人民，毋任争鬥爲要。都督黎。卅。

天門議會致都督、民政長、内務司電　三月三十一日

武昌都督、民政長、内務司鈞鑒：沔人蠻塞澤口，敝會沁電未蒙回示。現探悉沔人私請水陸兵護，日夜趕築，襄北鄉民奔走號呼，憤激異常，禍延眉睫。請速派重兵彈壓禁止，以彌禍變，無任迫切待命之至。天門縣議會叩。

黎都督致天門議會電　三月三十日

仙桃鎮、天門縣議會：澤口已電派加兵彈壓，萬無任其請兵保護

之理，慎勿誤信謠言，激成事變。都督黎。卅。

黎都督致王營長電　三月三十一日

仙桃鎮王營長：沔民蠻築澤口，外間謠言甚衆，將釀鉅禍。仰即加重兵極力彈壓禁阻，毋稍疏懈。都督黎。卅一。

王志祥致都督電　四月一日

急。武昌副總統鈞鑒：澤口堵塞事已由師部派三十團劉團長暨三十一團二營長前往彈壓禁阻矣，如仍需軍隊再行遵辦。王志祥稟。先。

鍾祥知事及議參兩會、國民共和兩黨等致都督、民政長、省議會、内務司電　四月一日

武昌黎副總統、民政長、省議會、内務司鈞鑒：强築大澤口一案，河北各縣文電紛馳，呼號陳請，業蒙飭軍禁築，據偵伺報告，沔邑人民糾衆萬餘强行開工，聲言係黎、蔡二師長主持，限十日竣工。現在鍾邑瀕堤人民紛紛開會群謀抵制，除由知事等設法彈壓外，理合呈請迅派大軍前往解散，勿任迫切待命之至。鍾祥縣知事傅良弼、議事會、參事會、國民黨、共和黨同叩。

黎都督致鍾祥知事及議、參兩會電　四月一日

安陸、鍾祥縣知事，議、參會：電悉，澤口已派重兵彈壓，黎、蔡兩師長并無主持强築之説，慎勿誤信謠言。都督黎。東。

季師長致都督電　四月一日

萬急。武昌副總統鈞鑒：頃據劉團長鋕電稱，沔、監此次蠻築改

口人數逾萬，携帶槍礮器械甚多，北岸人民抵制亦力，斷難和平解决。徒往定然無功，請速示特別辦法等情前來，理合據情電禀，祇候辦法。季雨霖禀。先。

黎都督致季師長急電 四月一日

急。仙桃鎮季師長：先電悉，澤口人衆械多，將釀巨禍。仰加派王營長前往幫同劉團長、章營長彈壓解散，未築固須禁阻，已築亦須掘毁，并准攜帶器械示威，但勿輕發爲要。都督黎。東。

潛江知事萬良銓致都督、民政長、内務司電 四月一日

武昌都督、民政長、内務司鈞鑒：萬急。吴家改口職縣軍隊因北岸人來，恐有衝突，特前往和平勸導，駐紮彭公祠。堵塞人等今午蜂踴環圍，以柴塗油將該祠付之一炬，並波及沙洋分卡。高排長逢吉頭受刀傷頗重。搶去快槍二隻，並被服軍裝甚夥，堤夫亦傷三人，人心頗形浮動。知事已會同軍隊警察極力防範，堵塞人等雖已走散，恐唐傳勳等故態復萌。如何辦法，伏候鈞裁。潛江知事萬良銓。先。叩。

季師長致都督、民政長、内務司電 四月二日

火急。武昌黎副總統、民政長、内務司鈞鑒：吴家改口案，潛江、監、沔人勢甚洶湧，擅敢自立師長、旅長及以下一切名目，并敢燬燒房屋，兇殺三十一團二營五連排長高逢吉，幾至斃命，並打失兵士一名及槍械，實屬兇横已極。探其内容，恐不但爲吴家改口事起衅，實於民國前途大有妨礙。懇示辦法，或剿辦、或遷就，均惟命是聽。季雨霖叩。蕭。

黎都督致季師長火急電 四月二日

火急。仙桃鎮季師長：蕭電悉，該地方如此兇横，寔堪駭異。仍責

成該師長督率所部，全軍馳往彈壓。無論如何，准按實在情形處以軍事適當辦法，事勢變遷，省垣無從遥度，便宜從事可也。都督黎。冬。

季（司）〔師〕長致都督電　四月二日

火急。武昌黎副總統鈞鑒：澤口事職師王營長又已預備出發，但萬難和平了結，可否派委幹員來師會同辦理。雨霖禀。冬。

潛江縣知事等致都督電　四月二日

武昌都督、民政長、内務司鈞鑒：堵築吴家改口人等雖散，大半猶聚居距城二十里許之直路，仍希圖恢復。北岸人民約萬餘已來澤口。職廳所押搶犯甚多，聞有土匪欲乘機刦獄，奉派軍隊今午已到。懇乞久紮此地，庶可雙方防衛，祈電飭遵。潛江監督判事高弼諧、檢事正黄吉裳、知事萬良銓。蕭。印。

季師長致都督電　四月三日

武昌副總統鈞鑒：澤口南岸人民漸散，惟北岸人民尚聚阻塞，除電劉團長鐵勒令解散外，特此奉聞。季雨霖禀。江。

潛江知事致都督電　四月三日

武昌都督、民政長、内務司鈞鑒：吴家改口南人已散，北人渡河南來，知事一面嚴禁造謡滋事，一面會同軍隊嚴加防範，並邀各團體剴切勸導。今午後已一律散歸，人心漸次安静，諒無禍端，請釋廑念，惟奉派軍隊，仍請電飭久駐。潛江知事萬良銓。江。

京山知事等致都督、民政長、省議會電　四月五日

武昌副總統、民政長、省議會鈞鑒：頃接天門議會函稱，澤口現

又聚衆强築，河北數縣人民驚惶失措，請急設法嚴禁。京山縣知事，議、參兩會同電。

查勘吴家改口委員蔣秉忠、李廷禄、劉沛元等報告書

敬覆者：秉忠等於四月四日奉委查辦吴家口堵塞一案，奉札後當即束裝乘輪駛抵漢川縣，舍舟就陸，沿途察看，荆、襄兩河一帶隄圩潰决者，不一而足。九日行抵潛邑，與潛知事萬良銓面詢改口堵塞滋事情形。次日會同萬知事前往改口踏勘，見改口内兩岸堵塞，餘塍中間業已掘開，足資消洩，寬約兩岸餘塍之合長，南岸塍長十六丈，寬四丈五尺，開有小溝數條通水。北岸餘塍寬、長約南岸三分之一，南岸餘塍面與水平，水内高六尺，不久當冲消净盡。此改口堵塞餘塍之情形也。去堵塞地方，向前不及半里，河岸上向建有彭公祠，祠右有釐税分卡。勘得該祠被燬，僅存一片瓦礫，并有燒壞打樅鐵機一架，尚置燬垣上，連近卡屋左間亦被毁破，灘坡上購置建壩灰磚打破不少，此改口附近祠宇卡屋被壞之情形也。

復據潛知事萬良銓面稱，三月二十四日探有沔人唐傳勳、莫廷權帶領百餘人，雜穿軍服，張旗執械，同來吴家改口，駐紥龍頭拐彭公祠，當即親往察看情形，旗上書寫“奉都督命令修築改口”字樣，唐傳勳等持片約往接談，口稱日前在都督府會議，都督准撥款二百萬修築襄隄。伊等提議，修築改口無須撥款，已奉命令委盧步青前來堵築，約明日可到。二十六日盧步青果率下游人民萬餘屬聚該口堵塞，駐紥潛邑軍隊前往勸導。適唐傳勳已離彭公祠，該軍隊即駐祠内以資彈壓。四月一日聞北岸有多數人民將渡河前來抵制堵塞，該軍隊恐兩相衝突，設法檢收南夫器械，勸令解散，免滋事端。南夫誤會以爲該軍隊收伊器械，勢在以武力迫脅，遂逞野蠻，蜂擁環攻，刀傷高排長逢吉頭部，搶去鎗支、被服、軍裝等件，並以油塗柴燒燬彭公祠，殃及近連卡屋，紛紛鳥散。事後傳聞，隄夫亦傷三人。翌日，北岸亦有萬餘人渡河南來，聞有匪類乘間竊發，風鶴頻驚。蒙都督電飭軍隊前來彈壓，知事復會同地方各團體前往開導，當即一律散歸等情委等，

亦訪查無異。此堵塞人民滋擾時之情形也。

更向前半里許，爲龍頭拐灘地，襄水自北流而下，至該處分爲二流，龍頭拐對岸有沙洲鋭出，地名梁灘。襄水繞灘東折成勾股形，勢甚曲屈，受上游水約十分之四，東流穿潛江北境，又東經天門南境，入沔東境，過漢川，由陽夏小口入江，是爲襄河。正支跨龍頭拐西南流入改口者，是爲東荆河，接上游成直線，受水約十分之六，貫潛江中境。去改口下十二里爲田關，舊分二流；一爲東荆，正流經監利東北界，入沔西南境，達漢陽，由新灘口、沌口分流，入江迤西；一流曰西荆河，入江陵，灌白鷺湖、潤陽湖、裏湖、長湖，由便河入江。自荆州大隄起築，便河口閉，西荆去路遂絶，上游亦就淤塞。荆流僅東河一支，上游口寬受水多，雖有兩口以資消洩，而中間河身收束，水流不暢，春夏漲發勢必横决泛濫，四出爲災。計受荆害者，潛江約十分之二，沔陽十之三四，江陵十之一。此荆、襄兩河流暨潛、沔等縣受荆害之大概情形也。

秉忠等竊維歷來内河水患，壅之則愈烈，治水之法，惟有疏濬下游，又開支河以殺其勢。荆、襄兩河分洩，隣於荆者，有荆患，隣於襄者，有襄患。若堵塞改口，將兩河之水歸於一流，是重泉疊坎以塗附塗，轉懷襄爲山陵，助河伯以肆虐也。不獨襄北岸等縣均有不利，即潛、沔之隣於襄河者亦何恃爲護符？水爲害北岸，非不爲害南岸，南隄不保，潛北、沔東同罹於災，潛、沔地勢平衍，潛北歸於淹没，潛南奚免？沔東淪於浩瀚，沔西何救？最可危者，潛城治處最低窪之地位，環治以隄，全仗龍頭拐隄壩爲保障。改口塞則襄流遏抑，龍頭拐正當其衝，隄壩一潰，護隄不保，潛城治區域將有其魚之患。故爲潛計不在築改口，而在堅修龍頭拐以資抵禦。爲潛、沔等縣大局計，築改口有妨於人，亦不利於己。惟有疏寬荆河，以暢其流，則荆害消而潛南、沔西之患除，監利、江陵同歸俾乂矣。該人民等惕於荆河過近之害，而不明大勢之關係，以爲堵塞改口，斷荆流即斷水患，不知荆河之水可以歸之襄，襄河之害仍不出各該縣之境地也。狃於民國“與民更始”之説，日觀望築口以去害，致各處潰口未修，要工未動，今已補牢無及，且復滋擾事端，自貽伊戚，真可憫矣。

秉忠等抵潛後，函請沔陽、天門各知事傳集各處代表徵求意見，會議改口善後事宜。田知事因公晋省未得會商，餘悉接洽討論至再至三，僉云，舍治荆河别無良法。除業由委員等分請潛、沔各知事，將改口萬不可築之理由，及軍、民兩政府統籌全局，决不能移動成案之宗旨，明白出示，開導各縣人民，并飭各隄首趕將各處潰口修築，沿河隄岸加高培厚，爲目前緊要之補救，並切囑潛知事將龍頭拐壩工督催，刻日開辦，堅築成工外，擬請都督、民政長會同分飭荆、襄兩河流域各州縣，傳集各地方自治團公推代表到省，由軍、民兩府、内務司派員，會同籌議詳晰辦法，組織荆襄水利研究會，分籌備、調查、測量、土木各部分，購置濬河機器。相其緩急，先荆後襄，依序疏鑿，爲衆擎易舉之謀、一勞永逸之計。惟此舉重大，中國人民公益心不甚發達，未易得其同意。無已，則爲除荆患計，惟有就潛、沔、監、江四縣切受荆害者組織斯會，公家輔之以力，堅築龍頭拐，以固門户而障荆隄，鳩工刨寬荆河中腹，以暢消洩。如是則潛、沔等縣之水患可弭，而蠻塞改口之舉息，南北之惡感消矣。

至此次堵塞滋事、燒燬兇傷、搶奪軍械種種不法，行同亂黨，應請嚴辦，以正風化。惟念該人民等寔迫於水患之苦，知識短淺，爲奸人蠱惑，咎有可原。擬請軍、民兩府將改口萬不可築已成鐵案，荆河不能不治，正擬籌疏之意，會同剴切，出示頒發潛、沔等縣，開導愚氓，爲和平之解决。至唐傳勳假傳命令，倡首蠻塞，前經拏解到省，蒙都督恩予開釋，已屬格外，乃仍怙惡不悛，逞其恫喝迫脅伎倆，與莫廷權、盧步青等統衆來口，滋生事端，自應嚴拏懲辦，惟我都督、民政長政主寬大，首重安民，擬請暫緩拏辦，以示寬容；如再故態復萌，煽惑南人，藉端生事，擾害秩序，則是該人民甘心取戾，自外生成，即請都督重申前令，處以適當之軍法，亦無不可。以上所呈各節是否有當，伏乞採擇施行。謹呈副總統黎、民政長夏。

民國二年四月十八日

鍾祥知事等致都督、民政長、内務司電　四月二十三日

武昌黎副總統、民政長、内務司鈞鑒：沔人强築澤口迭經電稟在

案，今沔人糾衆强築，敢於殺傷兵官，實屬目無法紀，近聚沔人又欲捲土重來，誓死力抗，河北民衆紛紛會議同謀抵制。哀我同胞自相魚肉，殺機一動，未有底極。懇迅籌善後之策，以保治安，時急情迫，不勝悚惶待命之（室）〔至〕。鍾祥縣議參兩會、共和黨、國民黨、縣知事同叩。

都督致仙桃鎮王營長電　四月二十四日

仙桃鎮王營長志祥並送劉團長鐵：據鍾祥電稱，沔人又欲糾衆强築，懇籌善後等情，仍仰督飭所部極力維持，毋稍疏懈。都督黎。敬。

都督致鍾祥電

鍾祥縣知事：電悉，已飭王營長、劉團長等極力維持矣。都督黎。敬。

王團長致都督電　四月二十九日

武昌副總統鈞鑒：敬電謹悉，沔人又欲强築，已遵將原電送劉團長，并飭職團二營章營長就近先行派隊前往極力維持矣。兼理三十一團團長王志祥稟。

沔人朱雲龍等陳明吴家改口並非澤口，亟宜復修理由，請議决施行，并請議潛江縣知事于修復改口時擅統軍隊，傷斃多人，是否草芥人命議案介紹人：楊玉如

爲陳請事。竊近三十餘年，江、潛、監、沔横亘數百里膏腴肥沃之區，忽大半爲磽、爲确、爲圩、爲塌、爲蘆、爲石、爲荒落、爲沙漠、爲湖沼、爲池塘，或數十里無烟，或百餘里無村，而其人民爲魚

鼈、爲餓莩者，曾不知幾千萬兆。能持破碗携穿籃、叫嘯呼號于異鄉、賣妻鬻子以爲超化之計，而苟且偷一日之生者，猶爲人道所深許。政府不爲之籌畫，有司終聽其淪胥，亦若吾四邑生命天地將持此術以陸續孱削殆盡，使群化爲鬼魅而後已。乾坤高厚，何以於吾四邑愚氓獨刻薄寡恩，直令其踏踻顛倒不能安于其所，見者側目，聞之痛心。

溯厥由來，盖自吴家灣潰口始。自潰之後，民力不能修復，官府置若罔聞，加以滿清專制，朝野上下衹知有權勢，不知有公理，地方以翰林、舉人爲尊，朝廷惟尚書、侍郎是聽。河北九口相繼堵築，四邑人民爲之謡曰："周尚書一本築九口，四邑人民無處躱。"于是河流愈急，潰口愈大，民力愈窮，復修愈難，遲之又久。天邑紳首始則恃勢以堵築河北九口，繼則恃勢以禁築河南潰口，明知其理不能勝，矯詐牽强以潰口下相距十五里之澤口混同之。在當日，官廳皆明知故昧，不過藉四邑人民生命財産，爲敷衍面肥心瘦之尚書、侍郎之人情物。迨丙子年，王知事請款復修，保固二載，被天人盗挖潰淹，口愈冲開，害愈滋大。吾民蜷伏于專制政體之下，神爲勢懾，亦惟有藏恨骨髓，仰天太息而已。此滿清之所宜排，而專制政體之所宜革也。

兹者民國成立，上下平等，貴會爲立法機關，人民代表舉凡天下不平之事，皆宜掃除而廓清之，代表等因據吴家改口應修之理由條列陳之。

一、考之既往，吴家改口有必修之理由也。蓋改口之名自吴灣冲潰後始著，不曰河口而曰改口，其非古時河流口門可知，且前清時于改口設立澤口分局，則改口非澤口更可知。前内務司率云：吴家改口即大澤口。按之歷代地理家言有澤口。攷之，近今《湖北全省圖志》有："澤口上之吴家改口、大澤口之名，不知何所據而云然，或者《禹貢》未治水以前有此名目。"内務司從地層中掘而得之，據此以壓制輿論。代表等見聞狹隘，原不敢必惟是。大之一字既無根據，改之一字含有意義，吴家二字豈是古定，顧名思義，顯然可知，今日治水澤口爲古時而有，有宜築不宜築之問題。改口爲民堤而潰，無宜修不

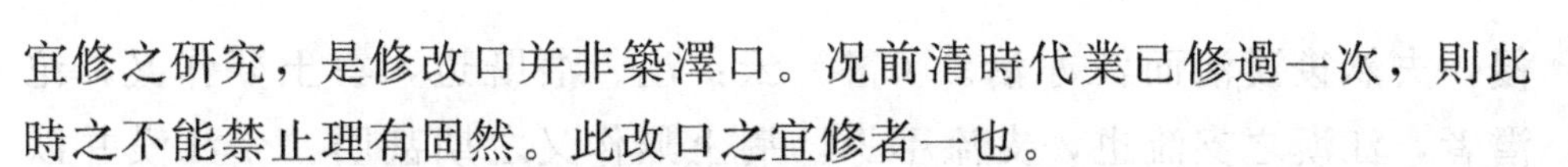

宜修之研究，是修改口并非築澤口。況前清時代業已修過一次，則此時之不能禁止理有固然。此改口之宜修者一也。

一、揆之現在，吴家改口亦有必修之理由也。武昌樊口爲江夏、蒲圻、嘉魚、咸甯四縣民命所關，滿清禁築鐵案不磨，迨南北統一，共和告成，貴會提議堵築，政府撥款提倡，彼四縣人民如出水火而登衽席。夫樊口原古昔水道，尚有修築之慶，改口爲民堤，潰裂絶無禁築之理。貴會原屬人民保障，應請政府一視同仁，不得曰本會爲全省造幸福，區區數縣即盡死于千濤萬浪中亦小部分事。此改口之宜修者二也。

一、按之大勢，吴家改口更有必築之理由也。漢水發源嶓冢，主流在鐵牛關，由天京出涢口達江，《書》所謂“過三澨至於大别”，是其支流由馬良以下達江，所稱“内方至於大别”，是前此天邑顯宦壩築主流鐵牛關，并將操家、獅子、黄祇、唐興、溉口、碧口、泗港、澤口、牛蹄共支河九口一併强築，水遂專注馬良一支以達江。夫九道河口天人尚可壩築，一隙改口四邑詎不可復修，講人道者，豈其若是？此改口之宜修者三也。

一、採諸天門先哲之公論，吴家改口尤有必築之理由也。岳口劉淳，字孝長，前清乾嘉時，以才子著。其《雲中集》一書，徧傳海内。内載《唐侯問》一篇，唐侯，當時天門縣令也。以治水之道詢劉子之言，有涉及澤口事者，其節録如下：唐侯曰：“方今楚事孔殷，其最要切者安在?”劉子曰：“在治水。《詩》曰：滔滔江漢，南國之紀。江漢治則楚畢治矣。”唐侯曰：“請言治水之方。”劉子曰：“折江、漢而求治之之方，莫若分其流而使之小；合江、漢而求治之之方，莫如離二水而使之遠。”夫江、漢各起西南，自秦、蜀來，入楚、荆、襄境而漸近，然其中間相去猶數百里，稍東至潛江、天門、監利、沔陽，中間不過百餘里。春夏盛漲，漢水入，自澤口直抵監利城北門，江與漢僅隔里許，監利前阻江而後迫漢，滇黔沅、辰之水又盡出洞庭，横截其下流，故監利之江獨爲難治；今請令監利、沔陽不受漢水涓滴之害，而後可言治江。盡疏漢水北岸支河，導使北流，滙三台諸湖徐行達江，而後可言治漢。順其自然之性，二水分途而不相

侵，夫然後漢治而江亦治。《書》云：沱、潛既道，雲土夢作乂。沱潛者，江漢之支流也，支流不導，荆土無作乂之期甚明。今江漢并以一水受衆流，其中復無曠閒地俾之宣洩，監、沔之民豈有平土而居之望乎？且夫治水者，固貴行其所無事，亦恃吾利、導有方、不假障、遏蹙迫而以勢馳之。其要惟在疏支河。支河廢塞以來，平時不通舟楫之利，盛水仍不免漫溢之害。支流疏則有利無害，殺經流之怒，徐引而注之尾閭，賈生所謂衆建而少其力者。《書》云："嶓冢導漾，東流爲漢，又東爲滄浪之水，過三澨，至於大别。"三澨之地，前人未詳。以僕度之，當在今天門、漢川、應城界，連之三台、龍骨諸大湖，下通孝感、黄陂。漢北流至此，地曠勢緩，游波不迫，上可免逆流衝決之憂，下不至助江爲暴，此神禹深慮長算、萬世不易之策。今使二千餘年之水直（使）〔駛〕達江，江不能受則（到）〔倒〕溢爲災，南北十餘口沃壤盡爲澤國，於是起灘隄、建石磯，以與水争，皆目前粗安之計，非長策也。往年王家營决，堵築連歲而工不集，朝廷發帑金數十萬，築隄十餘里，屹若金城。其應修之工沿漢兩岸尚不下二千餘里，隄决一孔則前功盡棄。帑金非可數發，安可付百萬生靈於一擲哉？僕故曰："禦險惟藉隄防，經久必資疏濬，隄防有歲修，疏濬亦當歲舉。使九穴十三口之故道可復，監利之境何至年年告潰，君處爲民請命之時，幸熟思之。"唐侯曰："謹受教。"承劉公上文而讀之，可知彼時僅有澤口，原無改口，更可知疏河北九口爲天理人情之至，亦治水之長策。今古九口不濬，而以古九口所受之水强逼灌於民間潰决之口，是人不食而强之食已。畏盜而禁人閉門，於情理既屬不通，於法律更屬不可。就今日言之，决九口爲天邑人民之害，代表等原不忍爲，修改口爲四邑人民之利，代表等原不敢辭。於人無損，於己有益，堤爲民有，民修民堤，政府固不能强奪吾儕之物權，以行其一生一殺之政策。此次請修不過我防我盗，况天邑以鄰爲壑之手段，天邑名士如劉孝長久已不許，斯固著之論説，載之集中，其大彰明較著者，迄今讀之，覺劉公仁民愛物之心藹然溢發，能生民於水深火熱之中。此改口之宜修者四也。

一、推諸將來，吴家改口更有不可緩築之理由也。河心日淤日

高，改口日洗日寬，以不及一里之河身而受數里口門灌入之水。在昔時猶可修築内地堤防，以施防患未然之計。近來連被水淹，民家十室九空，民田百無一畝，凋敝已達極點，絶祀滅門，徧地皆然。此皆政府不顧民命之所致。倘此時不修，後患不知何已，匪特四縣終沉波底，即上至松滋、枝江、公安、石首、宜都，下至嘉魚、咸甯亦必受波及。此改口之急宜修者五也。

一、論諸原理，吴家改口有不妨急築之理由也。改口之築不築，衹有正流緩急之問題，决無泛濫之問題，蓋水衹有就下之性質，决無横流之性質。誠以改口修則河流急，改口不修則河流緩。譬之置水於盂，盂滿則溢出，盂能入水而不能出水故也。至河水之流，不舍晝夜，决不致故意瀠洄以待後來之水以使横溢於各縣。此理之所必無者，尤有説者，河流緩則水中泥沙沉澱，河流急則沙石俱下，故西人疏河之法，每在水勢澎漲之際，原藉水勢漂急之性，而爲疏濬之助。此改口之急宜修者六也。

由前之説爲改口并非澤口之理由，由後之説爲改口急宜修築之理由，而或者曰滄桑變遷，時勢使然，此誠不通之論也。夫河流由天時而變，代表等夫復何言，河流由權勢而變，代表等豈甘緘默。且九口堵築原非天時，盜挖改口寔係人力，我之堤人挖之我不敢言，我之堤我築之人偏能禁，此種事情，試問問得良心過否？況一修之後，孰利孰害尚不可必，直關於兩岸之堤防固不固，而改口之築不築無關也。倘政府必以法外之威權攘奪吾民之所有權，欺壓四縣强以不修，則吾四縣人民與其逐漸死於水而無人爲之垂憐者，不如以四縣人民身家性命填塞此口。俾政府一刀兩斷，以爲民國之紀念物，或可令後之讀縣志者見而流涕，貴會以國利民福爲前提，想必不忍出此所有改口並非澤口亟宜復修之理由。理合備文陳請貴議會議決施行，刻下修復改口。潛江縣知事擅統軍隊鎗傷鎗斃暨燒斃、溺斃及移匿無着共計七十餘人，是否草芥人命，在貴會必有權衡，亦請議决。

粘圖一紙不便油印。

災民代表：沔陽朱雲龍、盧樹森、譚敬軒、唐國元；潛江：趙玉山、李逢源、蘇尚廷、彭丹光；江陵：張定國、黄廷經、王振新、慕

葵山；監利：高小亭、魯筱芳、張義作、李桂芬。

江、潛、監、沔災民代表盧樹森等潛江縣知事聽聳受賄、統兵鎗民，請議盡法擬辦議員楊玉如介紹

爲呈請議辦事。竊知事爲人民表率，以救民生、以惜民命、以伸民權，皆知事所固有事。乃潛江知事萬良銓狼貪成性，受天厚賄，擅統軍隊詳阻應修改口，鎗傷無數生命，政府受其朦聳，愚氓聽其戕賊。貴會爲立法機關，豈容此違法知事？知事者知時勢，知地形，尤知民情也。時際民國，首重堤防，四邑民修民堤，吻合善良風俗習慣之行爲，銓不知新律，胆恃專制手段，借以壓制災民，即合四邑人民陷於千濤萬浪中皆所不恤，共和時代豈容此蟊賊乎？不除積弊安知新政，其不可爲知事者一。改口地點距澤口十餘里，銓受賄朦詳，將目前應築之潰口混詳爲前清禁築之澤口，毫不履勘，擅請示禁，耗盡修築膏血，慘刦各縣生靈，不知地形，妄肆淫威，其不可爲知事者二。四縣災民苦遭水害，遐邇皆知，蒞任潛江，三縣毗連，改口橫溢之災遠漫各縣，近抵潛城。己酉庚戌，政府撥款數百萬賑恤四邑災窮，皆改口之水階之厲也。銓玩視民瘼且應參處，鎗害民命尤宜重辦，不除民害，不體民情，其不可爲知事者三。種種藐法違例，久蒞潛任，潛民何辜？移置他處，他縣奚罪？且殺人者抵，律有明條，以民殺民宜問抵，以兵鎗民尤宜問抵，以知事而統兵鎗民更宜加等問抵。以修堤之災民，鎗死於知事之衛隊，斯即剖銓心、碎銓骨、傾銓產，究不足洩災民恨於萬一。可憐四邑人民死於改口水害者無算，然死於水復死於兵，因修堤而慘死於兵，因阻修將不免盡死於水。

貴會爲人民保障，已死於兵者如何議伸死寃，未死於水者如何議救生命，理合備文呈請貴議會賞鑒。潛江知事萬良銓聽書記官胡香九與德夫等運聳，受天賄萬金，統兵鎗民，死傷燒溺及在押被匿共七十餘人，所焚祠物不下五六千串，仰乞議定罪案，盡法擬辦，不勝迫切待命之至。

天門、京山、鍾祥、潛江、漢川、孝感、夏口、漢陽、應城、黄陂、雲夢縣民陳請書議員蕭俠吾介紹

爲澤口支河不能築塞陳請提議公决永杜亂端事。緣潛江縣有分洩襄水之支河二，一名小澤口，一名大澤口。大澤口又有夜汊河、増河、荆河、吴家改口等名，即《禹貢》潛水故道，載在《潛江縣志》，又見《楚北水利隄防紀要》（此書係前清同治四年夏月湖北藩署開雕）。竊襄水從嶓冢蜿蜒而下數千里，如高屋建瓴，至安陸府，山盡土鬆，以怒馬奔騰之勢束之於一線之隄，加以經流入江處龍王廟與龜山麓相峙緊束，尾閭不暢，全仗大小二澤口爲分洩之支河，如值夏口阻兵，此水又爲運輸間道。前清同治十年，小澤口被沔人鄒瑞麟糾衆蠻塞，經前清李督、郭撫飭令刨毁，沔人李修德、張廷選、胡兆甲、鄭以如等具結認刨未刨，其後築街於上，土人即以小澤口名其街，於是二支河僅存其一。南北兩岸水患頻仍，均受其影響，然猶有大澤口尚能稍分水勢，故刨毁小澤口之案得以延宕至今。不意南岸居民憚築隄之苦，妄爲壑鄰自便之計，又謀築壩建磯於大澤口内，欲踵小澤口之故智。南北兩岸涉訟二十餘次，歷年成案經前清知事浙江邵世恩刻有專書。其後又有光緒三十四年之會議信條，兩方遵守無異。詎民國初元，沔人唐傳勳等藉民國與民更始之説，欲自由於法律之外，於該支河兩岸堤工全不修理，謂補隄不如塞河之事逸功倍，胆於二年二月八日樹旗糾衆，築塞該支河内之何家剅，已成數十丈，經都督委副官徐帶兵彈壓刨毁，并頒發禁止塞河告示，徧處張貼曉諭人民，尾開：再有前項横築情事，即將爲首滋事之人從嚴拿辦。乃三月二十四五等日，沔人唐傳勳、莫廷權、盧步青等又復帶領多人，雜穿軍服，私立師長、團長敢死隊名目，張旗執械，旗上大書“奉都督命令修築改口”字樣，復於該支河内之梅家嘴築塞斷流，刃傷排官，焚毁局卡，夥搶龍頭拐修築坦坡物料，又經都督、民政長委員查辦呈覆在案。竊該河爲襄水數千里分洩惟一之支河，此河一塞，鍾、京、天、漢、黄、孝、應、雲、潛北、沔北、夏口，凡在北岸十一縣勢將盡成澤

國，即南岸仍不免横决之憂。兹將其種種不可築塞之理由説明於左。

一、南岸不得以北岸無支河爲詞。中國地勢西北高而東南低，所以水多東南流，漢水經流由漢口入江，支流如大小二澤口，由沌口、青灘口、新隄閘口三處入江。漢口及沌口等處均在襄流之東南，此就下天然之性，萬不能强使北上。禹之治水"行所無事"正謂此也。或者謂北岸已湮之牛蹄河爲支河之一，不知該河係分漢之水仍合之漢，以力學理証之減本身之力仍加之本身，正負相消，似支河而實非支河。

一、南岸不得以北岸塞支河爲詞。襄南居民造"周尚書一本作九口"之謡以爲塞支河之口，寔此種語如係揑造，則毫無價值，如係訛傳，則誠如秦皇鞭山塞海之野語，不足當有識一噱。試問其奏牘見於何書？所塞之九口今爲何地？河口可塞，河身必不能填平，試問今日何處有此河形？聞有以鍾祥之獅子口、京山之唐心口等爲周尚書所塞之口者，查《楚北水利隄防紀要》，獅子口在安陸府城西，係北湖（在安陸府城北，俗名莫愁湖）入漢之口，非漢水所出之口，不合者一。唐心口係光緒乙未年潰决，天門周太史樹模築而未竟，此事距今不過十餘年，無論周非尚書，而該處非河，儘可查勘，不合者二。聞有以周尚書爲前清咸同時之鄂督周天爵者，咸同距今四五十年，吾鄂父老之四五十歲以上者所在多有，問此築塞九河之大工程誰見而誰聞之？不合者三。聞有以天門縣河爲襄水支河之故道者，查天門縣河發源於鍾祥東境之聊屈山，有源之水與襄河絶不相涉，今日可以溯流而求之，不合者四。襄河在天門境内不過數十里，以上隄工盡潛、京、鍾三縣轄境，無論何代、何年，設有築塞九河之大舉動，斷無有縣志不載者。鍾、京、潛、天各縣志儘可調查，何曾有塞河隻字？不合者五。

一、南岸不得以支河大於正流爲詞。澤口消襄水十分之六七，土人多有言之者，不知分則少合則多，凡物皆然。從前有大小兩澤口分洩襄水，今則小澤口既塞，以一河而受兩河之水，雖仍有排入經流之量數，而此大澤口之勢見爲增亦理所應爾。爲今之計，惟有將築塞未久、認刨有案、用力不多之小澤口亟行派兵壓開，使之回復原狀，以紓一口消洩之勢，而免兩岸潰决之災。

一、南岸不得以澤口係潰口爲詞。口之名不一例，如漢口、沌

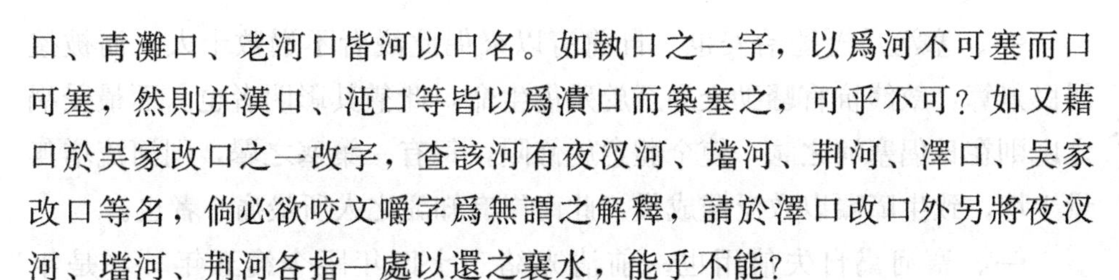

口、青灘口、老河口皆河以口名。如執口之一字，以爲河不可塞而口可塞，然則并漢口、沌口等皆以爲潰口而築塞之，可乎不可？如又藉口於吴家改口之一改字，查該河有夜汊河、墈河、荆河、澤口、吴家改口等名，倘必欲咬文嚼字爲無謂之解釋，請於澤口改口外另將夜汊河、墈河、荆河各指一處以還之襄水，能乎不能？

一、南岸不得以北岸閉門南岸開門爲詞。築隄以禦水，閉門以禦盜，其理一也。然隄猶門也，各垸潰决之處皆是也，河猶通衢也，非門之可閉者比也，不閉門而盗入，而欲塞衢路以斷絶行人，雖愚者亦知其不可。今沔人置支河以内之潰决不修，日謀塞河以去害，此次委員報告書亦有此語，并非北岸數人之私言，其與不閉門而欲塞路者何異？且澤口如可塞，曷若塞漢水於導漾東流之源，使之北入黄河、西會岷山？吾全楚不虞河伯爲災，不較沔人之僅塞一支河，其思想爲尤奇，規模爲尤大乎？

一、塞河爲侵犯國權也。河道爲國家所有權，有河道則水有所歸，民得安堵，賦税有著。若以個人之私便而與國家之水道争地，其可乎？萬一水復與人争地，舉國家賦税之所從出，而没收之咎將誰歸？查民法：土地之所有者，毋得妨鄰地自然之水流。私人所有，尚不能妨害水流，况國家所有而私人妨之？法治國有如此舉動，洵駭人聽聞。

一、塞河爲違犯公理也。人之一身有茹納、有排洩，若有納而無洩，則成中滿之病。塞河之説何以異是？且澤口以下就現在論，正、支兩河夏、秋間水均平隄，漢口河街上水，漢陽工廠須防護，試問：兩河槽之水注於一槽，能容乎？不能容乎？南岸創議之人其毋乃利令智昏也。

一、塞河爲自貽伊戚也。以兩河之水注之一河，其勢必不容，不容而横决堪虞，决諸南方則南流，决諸北方則北流，斷無有獨潰於北而不潰於南。潰在上則荆門之沙洋爲重，而荆郡處其下游。潰在中則潛江之騎馬隄、龍頭拐如當萬弩之衝，潛城將成湖澤。潰在下則沔陽之仙桃鎮爲重，而下游漢川漢陽完善之區亦同歸於盡。而况盛漲之時，所潰或不止一方一處哉？故此案之争無縣界，無南北界，無上游下游界，惟有主張塞河與不主張塞河之兩派，而此主張塞河者，其意存壑鄰也，可恨其自害而不自知，其愚也可矜。

一、塞河爲擾亂治安也。自前清以來倡此説者不過數十人，而被擾居民無算，斂錢抗官騷動全局至於殘傷生命，此猶其彰明者也。而最受禍之處則在日倡塞河之議，使全體怠於修隄，每有一築塞之舉，則河流增無量土塊，致生障礙以致泛濫成災。此南岸有知識之人所最痛心者也。

一、塞河爲自失信用也。前清光緒三十四年距今纔五年耳，是年十月會勘委員施道紀雲、魏道允恭、張府履春，天門、潛江各知事，及南北兩岸紳耆張紹燕、甘樹椿、沈肇年、朱希雲等三十人，會議於吴家改口處，公議議决一襄河分流僅存吴家改口一處，萬不可阻塞致礙河流，使南北兩岸均受水患等因。當時分繕八分，存農工商部，督藩署，隄工總局，襄陽道署，安陸府署，潛江、天門縣署。此時爲永斷葛藤，故討論至再至三，南北官紳父老將恃此爲信條。而謂成案不准塞河爲前清壓力，試問此項信條。乃人民契約，此亦前清壓力乎？此而不守，則天下後世無可信守者矣。

一、塞河爲反抗命令也。都督之命曰吴家改口不能堵塞有歷年成案可稽，十餘縣賦命所關，斷不能擅自變更以鄰爲壑等因。吾鄂人士共見共聞此而不遵，已成紊憲行爲，况敢糾衆數萬人大張旗幟，僞造命令，私編軍隊，携帶兵器，燬焚局卡，殺傷軍官，搶奪槍械，其暴動已完全達於内亂之程度，不得僅以騷擾目之。而又加以種種之俱發罪，似此目無法紀，影響何堪設想，是可忍也孰不可忍。

以上所陳各節澤口之不宜塞，本無復討論之餘地，惟沔人處心積慮欲塞此河，以圖個人之利益，實屬無理取鬧。幸逢貴議會開會之日，諸先生均以國利民福爲前提，决不爲莠言所惑，用是臚列理由，呈懇提議公决，并乞咨請軍、民兩府將紊憲行爲及俱發各罪按律處斷，以杜亂端。謹呈。

陳請人：天門縣民陶孟文、敖光祖、潘嵩、胡自安；鍾祥縣民劉國幹、張焕；潛江縣民謝必達、胡濬深；京山縣民朱以橋、方光漢；漢川縣民劉邦彦、梁澤生；應城縣民李勛丞、胡邦楨；孝感縣民黄文元、石國炳；黄陂縣民陳良丞、周璧華；夏口縣民周德松、劉永安；雲夢縣民王善珍、劉名著；漢陽縣民周天成、黄光復。

計粘圖一紙，附録道光以來禁塞大小澤口案由簡明一件，咸豐九

年湖北巡撫胡林翼駁斥沔州牧所上三策批一件，前清光緒三十四年南北兩岸紳耆公訂善後議單一件，民國二年鄂都督禁塞大澤口電文共十件，并與民政長會銜禁塞大澤口告示一件，都督派副官徐世猷赴改口勸導解散蠻築之人命令一件，四月軍、民兩府會委蔣秉忠、李廷禄、劉沛元查勘蠻築大澤口滋擾情形報告書一件。

關於道光以來禁塞大澤口（即吴家改口）及小澤口案由簡明表

年　月	事　實	具　控	結　案
前清道光二十四年	沔僧蔡福隆藉塞梁灘改口之名，將澤口内十里之黄家場河口（又名墖河）填塞寬四十餘弓，長二百餘弓，高八九尺	天門許本墉等	府憲王親勘刨毁，訪拏蔡福隆，逃竄未獲
道光二十七年	蔡福隆復出傳單，以疏西荆河爲名歛費收米，實欲於澤口兩面建設石磯使東荆河日久淤塞	李一竣等、余奉慈等	府憲賈另詳立案，永杜害端
咸豐十年閏三月	沔人鄒瑞麟慫恿州牧朦稟修築，未奉批准。王茂義率同數千人，擺列槍炮、兵器、旗號在小澤口内縣河之竹根灘。填塞河心長百餘弓，高五六尺，寬七八十弓，水遂斷流，復於口門兩端築壩長七百餘弓，對騎馬堤截河築埂，并聲言小澤口築竣再築大澤口	天門何鳳鳴等，京山劉祖琨等，潛江孫衍慶等，天門石元音、張楚儒等	四月，府憲黄移漢陽府飭沔州押毁。同治十年藩台張批：押毁土埂，久奉院批，何以延今仍未遵辦?寔属玩法。仰安陸府移會督飭辦理。七月，委員上官履勘會詳文稱，若不令平毁，必阻礙分洩，若即刻平毁，又誤該地收穫。由沔紳李修德等出具願毁甘結，秋收後即行平毁。 十月，藩台札行催毁。十一月，復札沔陽州刻日平毁。十一年，沔州牧據李林曙之謊禀，謂所築係旗鼓之舊堤，小澤口非古河等語，八月督院李批，仰布政司速催沔陽州趕緊押令刨毁，倘須水師彈壓，即據實禀請，毋再延擱。藩台張札沔陽州硃票，寓目即辦，再延詳參。十二年，撫台郭委員督催一次

續表

年月	事實	具控	結案
同治十二年	潛生劉玉文糾築改口并建石磯攔淤。十月沔人王子芳徧貼傳單，於十月初一鑾塞改口下七里之何家刌，修築橫隄	天門周良源等、鍾祥高折桂等、天門羅德懷等	撫院郭督院李批，仰布政使嚴催押毁，臬台黄札仰漢陽府飭沔州遵毁，安陸、漢陽二府會勘聲明二口宜疏不宜築，口内石磯萬不可建。十一月知府李札縣妥爲解散，詳省飭令究辦
同治十三年三月二十七日	潛人嚴士連糾衆二千餘人至沔陽逼官出告示六十張，執長鎗鑞鐮刀錨鑾築何家刌，私設隄局，勒派夫費		沔州牧請兵彈壓。六月督院李撫院郭奏明將嚴士連正法，田秉臣流罪，劉子才徒罪，餘從免追。土埂押毁，刻石文曰：“澤口官河永禁阻遏。攔築首犯，斬絞同科。”
光緒二年至七年	光緒二年，沔州牧信潛人關俊才言，朦稟修築潰口，不及支河一字，翁撫奏撥四萬九千串，民捐六萬串，爲修築并舉之計，關俊才術領疏河款，延不興工，藉護改口新隄爲名，河寬二百餘弓，謀建磯一百八十弓，以期不塞而塞。俊才同事張某忿俊才吞款太多，赴省呈控，提解關俊才到省收押，不知俊才若何營斡，得脱囹圄。七年武弁王子芳、王光炳不服彈壓，違禁在何家刌地方築壩，基已出水。襄水盛漲被遏阻激，貽害下游，壩亦尋冲，數萬金錢徒付一擲	張玉成等、馬鳴佩等、蕭壬林等、金達燕等、周良翰等	五年，督院李批，仰布政司會同按察司飭沔陽州潛江縣嚴禁。七年八月，督院李奏革王子芳職，拿辦爲首之人，飭司頒發永禁築壩告示，泐石河干
光緒十一年	沔人魏鳳池、陳焕藻設局收畝費外，有樂輸幫費，以築私隄子貝淵爲名，寔欲築改口河壩，收費三千餘串，未動工而局用已一千餘串	潛沔災民李之位、陳國平請藩司示禁	藩司委員履勘。十二年，荆州府恒會議通詳，改口寔難築塞，督院裕批改口有四百丈寬，寔爲消洩漢水要道，如將此口堵塞，則上下游兩岸隄塍處處可危，即飭禁止

續表

年月	事實	具控	結案
光緒十四年	嚴士連之子嚴仙山及楊榮廷，瞞聳京員以吴家改口被災請飭估修等情，朦奉諭查辦。仙山不候查辦定奪，即樹立黄旗，書“奉旨督工”字樣。查楊榮廷稟詞内稱，田關强築，水無分洩之途，府埸河塞，水無下洩之路等語。伊等亦自知水勢不可遏抑，而利令智昏，苟圖便宜，仙山又係士連遺孽，故耳	王振南等、龔廷鏞等	督撫奉諭委史守安陸府、漢陽府勘明核辦。九月裕督奎撫查明改口本係分洩襄水河道，禁止堵築。奏稿内載擬疏下游尾閭辦法甚詳，奉硃批：著照所請
光緒十九年	葉廷甲、鄭超一遣抱赴都察院，捏請於吴家改口之馬湖地方建磯	陳端瀛等	安陸府安襄鄖荆道批示，名爲建磯，寔希翻案，詳由督撫咨院銷案
光緒二十二年	嚴惟恒煽衆私築		潛江縣稟撥水陸營勇委員查拏，出示嚴禁
光緒二十九年	江、陵、監、沔千餘人麕築澤口附近之官湖鄭西地方，聲稱堵塞澤口	天門羅占鰲等、潛江謝炳樸等	經潛江、江陵、監利會同出示嚴拿，并蒙安陸知府趙稟撥水陸營勇驅散，將所作土埂刨毁
光緒三十四年	潛人謝孝達等朦稟將口門龍頭拐建泗水磯，何家埠一帶錯綜建磯。彭道督工，工竣。夏間，水漲冲壞	蔣芳增等	經農工商部咨督撫委襄陽道施、候補道魏、安陸府張、潛天官紳會勘議訂善後七條：一澤口永不准阻遏，二至五限制磯坡，六注重疏河，七禁止私自動工。南北約數十人簽押永遠遵守

右共十二案彙刊本邑《襄隄成案》内，節録列表備查。

附：咸豐九年九月湖北巡撫胡林翼批駁沔陽州牧周開錫所上三策議

據稟三策，該署牧念切民瘼已可概見，惟統籌大局，究有難行之

勢。《禹貢》“導漾”一節，玩其文義，並無至鍾祥分内河、外河之據，宋蔡九峰先生引據註釋“三澨”已難確指，迄今又越數代，何爲正流何爲支流，其誰起神禹而問之？即謂現行河道實係支流，滄桑之變，天不能違，何況於人。鍾、天、漢川各屬以數百年樂土，一旦下令頓成苦海，億萬生靈其甘心乎？此上策之斷難行也。至疏操家河、鐵牛關之説，謂向係襄河故道，無論年湮難考，但張、朱兩御史在昔既請疏通，如果可疏，自宜早疏，何待今日？今若毅然爲之，不但浩費難繼，而百年安堵，一日動摇，川則防焉，其民何如？此中策之斷難行也。若築澤口暨排沙渡口之議，二口如潰，自近年築之宜也。設屬向來支河，一旦塞之，則無所宣洩，横决堪虞。如謂北岸必潰，是築二口以預期億萬民之陷溺也。顧此失彼，大局奚裨？況下游究當滙衝之所，若旋築旋潰，則患不在北岸仍在南岸。愛民適以病民，又若之何？且以現在無支河之處欲爲之開，現在有支河之處欲爲之塞，似亦設想之太奇。若謂北岸不應無支河，是二百年來所本無，非今日塞之。若謂南岸不應有支河，是二百年來所本有，非今日開之。以本無者而開之，民必多言；以本有而仍之，民將誰怨？此下策亦不可行也。爲今之計，不必發大難之端，總宜因襲舊隄加高培厚，以隄束水，以水刷沙。昔之所無莫敢創，昔之所有莫敢廢，亦即智者之行所無事。近來各屬被淹，寔由疏忽隄工，牧民者當加意歲修，使如長城鞏固，自無慮斯民之不登衽席也。此批。

附：光緒三十四年十一月襄陽道施會同安陸府潛天知事暨南北兩岸紳耆公議善後議單

一、議襄水分流，祇存吴家改口一處，萬不可阻塞，致礙河流南北岸均受水患。

一、議吴家改口河岸關係潛、江、沔、監，連年水患，沿岸之隄不能不認真保護，險處須修坦坡，宜於隄外陡灘之脚削陡爲坡，以資抵禦，緣河流偪窄，坦坡不宜過寬，免致窒礙。

一、議吴家改口河岸不宜以磯束水，東岸有磯，西岸必受冲激。若藉口於西岸建磯抵制，則河流必塞。嗣後兩岸永不准建磯，致激射

生險，受害之處愈多。

一、議丁家埠一處因離潛江縣城甚近，形勢可危，不得已建一小磯防護急溜，並未伸出河中，若遽議折毁致有他變，誰任其咎？但此磯頂冲，恐難久恃，萬一損壞，一律改修坦坡，以固隄塍，而免激射。

一、議龍頭拐坦坡如有損壞，應照原基隨時補修，斷不能稍逾尺寸，以符原議；若有崩挫，亦照原尺寸修整。

一、議吴家改口以内及東西荆河壅塞甚多，受多洩少，每致横决，倘能疏通，上下游均受其利，惟工大款巨，驟難興辦。俟籌有的款，應准隨時疏通。

一、議日後水工應由地方官詳府轉稟上憲核准後，方能興工，經此次會商决議後，南北兩岸士民均宜遵守，不得再生異議。

一、議此項議單共繕八分：農工商部一分，督署一分，藩署一分，隄工總局一分，襄陽道署一分，安陸府一分，潛江縣一分，天門縣一分。

覆勘改口委員：湖北補用道魏，安襄鄖荆道施，安陸府知府張，潛江知事陳，天門知事羅，潛江紳士張紹燕、姜際美、甘樹椿、楊孫澤、劉玉清、夏秀臣、劉克定、謝瑞龍、張詩敏、李治文、吴元勛、袁祥麟。

天門紳士藍田、倪念祖、龔廷鏞、胡元煇、石際煊、沈肇年、向寅、朱子杰、朱希雲、闞漢臣、朱灼方、陳瑶階、劉炳炎、彭文德、劉紹唐、魏士英、胡文藻、沈灝生同簽押。

漢川縣士紳周繩庚等陳明澤口宜疏不宜築理由請議决施行案

議員梁鍾漢介紹，四月二十八號到

爲呈請事。竊治國莫如合以厚國力，治水莫如分以殺水勢，此雖天下治水者之公理，而於治漢爲尤要。蓋漢水自嶓冢發源，以至湖北，屬之鍾祥，河道皆寬數里，甚者數十里。其間山巒緜接，束縛兩岸，水勢萬難溢出，惟自潛江以下，直至漢口，河道寬者不過一二

里，窄者不足一里。故一遇雨水較多之年，南北兩岸均不免於潰決，嗷鴻遍野，慘狀莫名。然猶幸有大小澤口以分其流而殺其勢，後小澤口爲潛人鑾塞，所恃以爲漢水之支流者，僅大澤口一處耳。今其下游監利、沔陽二縣境内之蝦子口、白得腦、燕兒窩、關王廟、湯家河、太陽腦、鄢家灣等處，各爲刁民私築土壋。白鷺湖、柴林河、豐口、土金口、土地港等處，又多淤淺，刁民且從而利之，築壩攔淤，圈淤爲垸。民與水争地，水即與民角力，怒潰襄隄，陷没兩岸，此數十年來南北居民所以賣妻鬻子、斬祀滅宗之完全原因也。

然或者曰，兩岸之陷没，實由於襄隄之不固，與各小支河之疏否有何關係。不知世界治水之法，患上游者宜於堵，患下游者宜於疏。漢水之患全在下游，且上寬下窄，譬如以千斛之水注於方寸之溝，雖成金隄亦難保其無患，何况土隄。又或者曰，疏河固優於築隄，但疏南岸之河，難保其不害於南而利於北，不知水勢之猛激，由於分流之無路，今遍疏各小支河，使由澤口注入之水分驅於瓦湖、長湖、白鷺湖、洪湖、沙湖、排湖、白灩湖等各湖澤，及新灘口、沌口、子貝淵閘、新隄閘、福田閘等各出口消洩之路既多，即潰決之勢難成，此賈生所謂“衆建而少其力”者。尚何有南北彼此之利害乎？况自古惟聞築隄以防水者，有利、害二端，至於疏河以洩水者，則未聞大利之外尚有小害，證之中外各國歷史，莫不皆然，是何須乎杞人之憂也？總之漢水之漲溢全恃澤口爲支流，而各小支河不疏，澤口亦有收納太巨之慮。或且因收納太巨欲行鑾塞，是何異醫面痣者之斷人首，治腹疾者之截人腰乎？其謬妄固不俟論矣。所有澤口内各小支河均宜疏濬之理由，理合呈請貴議會議决，轉咨施行。謹呈。

王議長宣讀議事日表，一吴家改口應否堵築案，請民政股報告。

邱議員前模報告仍請民政長派員外，本會是否舉人同勘，上自鍾祥，以下進大澤口支河以内，應開應塞，切寔報告，同人討論，方有把握。

八十三席　報告書本席亦極贊成，不過應築不應築之問題極易解决。道、咸以來都有存案，况治水之害必要順水之性，以歷史上、地理上各方面考察而言，宜通不宜塞。既陳請本會，本會即可作主，何

必又推至民政府。

七席　此案有主張築，主張不築，都是爲利害關係所在。試問該築不該築之理由何在？北岸既築九口，何以南岸不能築？再對於報告亦有點意見，既是本會派人，即不必會同民政府。再報告上祇指踏勘一面，不二方踏勘，亦有不合。

八十三席　無論本會或民政府解决，總要有個理由。照地理上南來，襄水一漲，大澤口爲襄水一大支流，即令築口，恐與南岸亦有不便。

三十七席　查漢水自陝西嶓冢山發源，滙合鄖陽、竹谿以及豫省唐白河諸河之水，建瓴而下，勢如犇馬。東流至漢口入江，江口右有龜山麓，左有龍王廟，相峙緊束，尾閭不暢。鍾祥以上兩岸皆山，水難旁溢；鍾祥以下地勢平衍，土質浮鬆。南北十餘縣田廬全賴兩岸堤塍爲之（悍）〔捍〕衛，堤塍鞏固尤賴南岸有大小二澤口支河分殺水勢。漢之南有江，澤口内又有各支河、湖澤分流，出江之口又有沌口、青灘口、新堤閘口、龍王廟閘口、螺山閘口等處。從前湖澤淵深，水道溝通，故水患不見很多。迨前清道光以來，潛、沔人蠻築大澤口十餘次，迭經控蒙督、撫、司、道、府、縣官吏嚴行禁止，其已築成者，雖均飭刨毁，然往往尚殘留餘塍，且屢次蠻塞，蜂擁萬人，兇横暴厲，無異暴動。每動一次則河流增無量土塊，加之襄水渾濁，挾帶泥沙流入，澤口以内勢頗迂緩，故多沉澱。刁民無知且從而利之，於是築壩攔淤、圈淤爲垸，遂致水道梗塞，難於暢洩。咸豐十年，沔陽鄒舉人瑞麟將小澤口蠻塞，具結認毁未毁，而水益無所歸，兩岸子堤及各垸私堤時有潰决，潰决之後從不培修，只思堵塞此河。此次軍、民兩政府踏勘，委員報告書有“置支河以内之潰决不修，日謀塞河以去害”之語。不知大澤口一塞，由此口流入之水必不免泛溢爲災。然據土人言及此次委員報告書，均謂改口消襄水十分之六，東流由漢口出江者，僅占十分之四。此十分四之襄水，南北兩岸堤塍已不能容，以致時有潰决。若再加十分六之水於一河槽，非築長城不能防禦，非移南山不能抵抗。恐洪水之害又將見於今日，所有兩岸十餘縣之田園廬舍不免盡付淪胥，數百萬之蒼生赤子不免盡化魚鼈，數十

萬之國賦無着更無論矣。豈但叫嘯呼號於異鄉，賣妻鬻子而已耶。但是監、沔等縣年來水患頻仍，人民多有流離轉徙者，盡屬同胞，豈不可憫？又況本會諸公皆以利國福民爲前提，當爲另籌善後之法。譬之本會是個醫院，同事諸君皆是醫生，監、沔等縣年年受災，猶如病人，醫生對於病人斷未有不欲療治者，療治斷未有不望其痊可者。然療治之術必考其受病之源，然後不至誤用其藥。現在監、沔所患的病就是中滿病，譬如西荆河、田關、府場河等處之淤塞，就是脉絡壅過了，腹内諸湖之脹滿，就是胸膈停滯了，沌口、青灘口、新堤閘口等處出江口之淺窄，就是尾閭窒滯了。我們當醫生的要醫這個病，須爲之宣其脈絡、導其停滯、暢其尾閭，再將兩岸子隄及各院私堤加高培厚，猶之久病將愈，更服參、桂、燕、茸，則沉疴自起而元氣自復矣。今潛、沔人欲塞改口以去害，猶之患中滿病者，欲禁絶飲食以求瘳，并欲强醫生殺多數人以謀活。究之人被殺而於病者無補，反益加劇。天下有這樣的病人，有這樣的醫士麼？照這樣看來，監、沔人之不應塞澤口原無討論餘地。據本席的愚見，可將塞口打消，就軍、民兩政府的報告書，研究善後方法，或慮該委員等報告不甚翔實，再咨請民政府派員詳細踏勘，繪具圖説，咨復本會善後方法，均無不可。斷不可將築口問題雜於其中，反滋擾累，致貽無窮之害。至報告謂本會應否派人同往踏勘，本會係立法機關，决無踏勘之理。

七席　議會内亦有調查的時候，豈不知道麼？

三十七席　議員最重的是旅行，比如本會會期僅兩月，閉會之後當然至各處調查於平日議案有關係事件。至於此事，本會斷不能舉人會同民政府委員踏勘。至於楊君先時所講的話，本席還要一一答覆。日前民政府曾召集兩岸有關係的議員籌商此事，彼時有沔陽代表某君曾説過“周尚書一本塞九口”的話，因楊君玉如當場聲明，今日係同人與民政長會同研究代表之言，不表反對，不表贊成，故本席亦未理會。今楊君在議會亦發此言，本席究不能不答覆了。楊君所説北岸人堵塞九口，議案内亦道及之。議案謂獅子、操家、黄祆、唐心、溉口、碧口、泗港、澤口、牛蹄等處係北岸九口。查獅子口在安陸府城西，係北湖入漢之口，非漢水所出之口。澤口，監、沔人均承認在南

岸，而河北九口之中又有澤口，匃亦秦始皇鞭山塞海之神技移至北岸耶？此外諸口均隄工名稱，有志書可攷。若謂地之以口名者均爲支河，則江、潛、監、沔地之以口名者曷啻百千，豈不即百千之支河耶？周尚書果係何處人，實不知道，但前明（冡）〔冢〕宰江陵張居正曾恃勢堵塞兩口，一爲監利之水港口即今之福田寺，一爲沔陽之茅江口即今之新堤，都是爲彼祖墳風水的關係築塞的。前清乾隆總督汪志伊始開修閘口，有汪志伊奏疏可攷。又謂吴家改口係潰口，非大澤口。查小澤口有縣河口、蘆洑河等名，大澤口有夜汊河、塴河、荆河、黄家埸河、吴家改口等名。自小澤口築後，又有略稱大澤口爲澤口者。此係名稱上變革之關係，何足爲異？其變革之由來不必具述，單就大澤口之所以變爲吴家改口者言之，大澤口口門在岸，舊有梁灘，灘上有吴姓人家。從前水泓向東，吴姓人家安居岸上，嗣後水泓改道，漸趨於南，梁灘適當其衝。吴姓見灘漸衝刷，即遷居他處，以後日益冲刷，梁灘移至北岸，以致澤口之門益禿，吴家改口名焉。如謂口必以河名者方爲古河，則除老河口外皆潰口也，亦將悉數塞之乎？又謂前清時於改口設立澤口分局，改口實非澤口等語。吴家改口既非澤口，何以於該處設立分局偏名澤口？足徵兩名是爲一地。如沙市之税局，老河口之税局均係實指其地而言。又謂口潰之後，民力不能修復，何以口内兩岸築有長堤二百餘里？殆所謂力足以舉百鈞，不足以舉一羽歟。又謂漢水主流在鐵牛關。查鐵牛關係鍾祥地，至該地以至京山、天門，均山巒綿亘，從來無水經流，潰口即今之濠子口，距江尚百餘里，何能達江？匃抑從前江在此處，抑大别在此處，均以後遷移耶，此均是風馬牛不相及。又謂九口强築，水遂專注馬良一支以達江。查馬良即昔之内方，漢水由此達江，《禹貢》治水時已然，《書》“内方至於大别”是也。如謂九口築復水始專注馬良達江，然則築河北九口，又《禹貢》未治水以前之事，本席實不敢知。又謂岳口劉淳先生係才子，引其《唐侯問》文一篇以爲證據。查劉孝長係詩人，非政客，如以所言爲金科玉律，唐人有天河水入黄河流之句，彷彿黄河之水天上來的意思，若作爲事實，則不知水道矣。“三澨”二字，一部《皇清經解》説不清楚，劉氏謂“以僕度之，當在天門、漢

川、應城界，連之三台諸湖”，即成鐵案耶？劉氏有“九穴十三口之故道可復，監利之境何至年年告潰”之語。查九穴十三口均在荆州，有《湖北圖志》可考，并且江陵還有三海八櫃，竟可一二開疏使復原狀。

七席　報告成立不成立是一問題，築口不築口又一問題，善後之法乃是第三問題，不能超過第二問題遽表決第三問題。

三十七席　報告業已不能成立，築口不築口不成問題，惟打銷築口另籌善後之法是爲應決問題。

七席　本會諸人定要爲江、潛、監、沔人籌善後之法，是何意思？

三十七席　本會諸人皆以國利民福爲前提，監、沔年來水患頻仍，當然要籌善後辦法。

三十六席　出新溝口之水不是北岸天門河之水麽？天門河口既有出口，豈無源乎？

三十七席　天門縣河發源於京山縣屬之聊屈山，曷嘗無源？有圖志可考。

三十六席　此案利害關係非常重大，論理由各有主張，非將兩方意見化除，萬難解决。

三十七席　本席是謂要籌善後之法，築口一層是要打消，如不打消還是有害。

三十六席　不築大澤口，各處口子堤都要放開，方能解决。

四十八席　南岸有支河，不能説北岸無支河，非雙方禁築，不能使兩面心服。

九十八席　吴家改口不能修築理由蕭君報告甚詳，杜君謂要順水性，不在築與不築。以本席主張，不築爲是，并無須踏勘，此圖即可作爲憑證。照圖看來，改口開放是順水性，十分之六之説或者然也。揆其形勢萬不能築，不過要將善後之法想一想。

十一席　四月十五日在民政府研究此案之大概，一方主張修築，一方主張不修築，均有理由，要看與公家利害關係之輕重，多數人民利害關係之輕重，應從此處解决，然無論如何不可不研究一善後

之法。

四十一席　此是不易解决，解决以後能否實行？以本席意見，要從善後一方着想暫時解决之法，由本會舉幾位熟悉地理諸君調查一下，或仍由政府蹈勘，請飭將子堤修築，以救燃眉。

三十六席　從善後着想，要四縣利害關係開會討論。

屈議長　可依杜君所議，來日開茶會。

王議長　此案開茶話解决，報告暫擱。

以上係六月初四日，省議會第二十一次大會〔記録〕。八十三席程議員國璠、七席楊議員瀚芳、三十七席蕭議員俠吾、三十六席杜議員康鶴、四十八席闞議員棣、九十八席梁議員鍾漢、十一席蕭議員延章。

駁沔人朱雲龍等陳明吴家改口並非澤口亟宜修復理由（清）〔請〕議决施行案原文見前

原文（〇）　竊近三十餘年，江、潛、監、沔横亘數百里膏腴肥沃之區，忽大半爲磽、爲确（中略），溯厥由來，蓋自吴家灣潰口始。自潰之後，民力不能修復，官府置若罔聞，加以滿清專制，朝野上下衹知有權勢，不知有公理。地方以翰林舉人爲尊，朝廷惟尚書、侍郎是聽。河北九口相繼堵築，四邑人民爲之謡曰："周尚書一本築九口，四邑人民無處躲。"于是河流愈急，潰口愈大，民力愈窮，修復愈難，遲之又久。天邑紳首始則恃勢以堵築河北九口，繼則恃勢以禁築河南潰口。明知其理不能勝，矯詐牽强以潰口下相距十五里之澤口混同之。在當日，官廳皆明知故昧，不過藉四邑人民生命財産，爲敷衍面肥心瘦之尚書侍郎之人情物。迨丙子王知事請款復修，保固二載，被天人盜挖潰淹，口愈冲開，害愈滋大。吾民蜷伏於專制政體之下，惟有仰天太息而已。

駁曰：據稱"近三十餘年數百里膏腴肥沃之區，忽大半爲磽、确。溯厥由來，蓋自吴家灣潰口始。自潰之後，遲之又久，天邑紳首始則恃勢以堵築河北九口，繼則恃勢以禁築河南潰口。迨丙子年王知

事請款復修，被天人盜挖潰淹，害愈滋大”云云。是吴家灣潰口爲近三十餘年之事，天門“周尚書一本築九口”亦爲近三十餘年之事，丙子年王知事請款復修，即當爲近三十餘年之丙子，試問此三十年來天門有何人爲尚書、侍郎？湖北五六十歲之耆儒野老所在多有，試問三十年來何人見有此築塞九口之大工？謂民力修潰口而不能，而該口以内有百餘里之兩岸長堤，鬼爲之乎？神爲之乎？抑三十年以前該處無口之先預料其將潰而早爲之乎？丙子後二載，天門人盜挖該處堤防，是犯專制朝决水之律，天門人係用何術以抗此專制之淫威，使之不敢按律科罪？謂天門有尚書耶？此時天門無尚書，沔陽確有侍郎，何以沔人獨蜷伏而天門人不蜷伏乎？此種胡説，真不足一噱。

原文（一）　考之既往吴家改口有必修之理由也，改口之名自吴灣冲潰始著，不曰河口而曰改口，其非古時河流口門可知；前清於改口設立澤口分局，則改口非澤口更可知。内務司率云吴家改口即大澤口，按之歷代地理家言“有澤口”，考之近今《湖北全省圖志》，有澤口上之吴家改口，大澤口之名不知何所據而云然。或者《禹貢》未治水以前有此名目，内務司從地層中掘得之。

駁曰：大澤口所以又名吴家改口者，以口外向有梁灘，灘上爲吴姓地。梁灘北移，於是有吴家改口之名。灘之南北遷移，河之常也，凡濱河者皆知之。改之一字又奚怪乎？又謂以潰口下十五里之澤口混同之，大澤口之大字不知何所據而云然。查前清乾隆十三年，湖北巡撫彭樹葵奏查禁私院灘地疏内，有漢水由大澤口分派入江之語，見《楚北水利隄防紀要》卷二第十一頁；又《潛江縣志》：夜汊河分漢水西南流，謂之大澤口，亦謂策口，又大澤口在縣北十五里。《楚北水利隄防紀要》係藩庫開雕，爲湖北官書。《潛江縣志》作於潛人，於該縣北十五里之河名，豈有不知者？又沔人胡祖翮《荆楚修疏指要》，其水道參考二卷七、八兩頁，均有大澤口之名。該案於本邑人之撰述，亦未寓目，而謂他人從地層中得之，適見其陋與妄而已。大澤口之名，蓋對於小澤口而言，咸豐十年閏三月，沔人鄒瑞麟等强塞小澤口，屢飭刨毁，沔紳李修德等出具認毁甘結，至今未毁。既塞小澤口，乃以澤口之名專贈之大澤口，而没其“大”字，又因其有吴家改口之别號，併將澤口名字而没之。於是又將澤口移贈於北岸，謂爲周尚書所塞九口之一。狡詭謬誕，真不足一辨。

原文（二） 揆之現在吴家改口有必修之理由也。武昌樊口爲蒲圻、嘉魚、咸甯等縣民命所關，滿清禁築鐵案不磨，迨南北統一共和告成，貴府提議堵築，政府撥款提倡，四縣人民如出水火而登衽席。樊口爲古昔水道，尚有修築之慶，澤口爲民隄潰裂，絶無禁築之理，貴會爲人民保障，應一視同仁。

駁曰：歷朝禁築鐵案不磨，澤口、樊口遥遥相望，自武昌、大冶、壽昌等縣人民堅辭請塞樊口，鄂政府不得已派有督辦隄閘委員黄楚楠設工程局試辦數月。旋由四邑知事及正紳會呈請，將前准建築之案取銷。行政公署指令各知事轉知地方紳首遵照，一面會銜佈告刊立碑石，永遠嚴禁堵口，立將工程局撤銷。此二年九月十五日事也，見同月十七日《湖北公報》。鐵案之當翻不當翻，河之當塞不當塞，已明效大驗矣。况樊口之分受江水尚不能出海，而澤口之分洩漢水確有古河出江，但能整理隄塍，即可安流順軌，爲福爲禍不辨可知。潰裂之説，已見前駁，不贅。

原文（三） 按之大勢，吴家改口更有必築之理由也。漢水發源嶓冢，主流在鐵牛關，由天、京出涓口達江，《書》所謂“過三澨至於大别”，是其支流由馬良以下達江，所稱“内方至于大别”，是前此天邑顯宦壩澨主流鐵牛關，並將操家、獅子、黄袱、唐興、溉口、碧口、泗港、澤口、牛蹄共九口一併强築，水遂專注馬良一支以達江。夫九道河口天人尚可壩築，一隙改口，四邑不可復修，講人道者，豈其若是？

駁曰：“三澨”本非水名，《説文》云：澨，埤增水邊土，人所止也。故王注《楚辭》之“西澨”，杜注《左傳》之“漳澨”“蓮澨”，均主水際義，或云水涯，或云水邊。《蔡氏集傳》於“三澨”字義未詳，僅以“未可曉也”四字了之。豈至今日又越數代，反有確寔之証據乎？且即以“三澨”確係水名言之，當在襄陽縣城之左。近《禹貢錐指》云：三澨在淯水入漢處（《襄陽縣志》：白河，古淯水也）。一在樊城南，一在三洲口東，皆襄陽縣地。《水經注》：三澨在古邔縣之

北。《方輿紀要》：邔城在今宜城北十五里。是“三澨”皆在襄陽縣城左近之明証。該案何得扯至鐵牛關下，而云漢水由此出潰口達江，非特此也。《禹貢》之“過三澨至于大别”，與“内方至于大别”，二語原係互見之省文，言其上下相承，同一出口也。該書竟分爲二河，謂宜有二出口，何以《禹貢》又同言至於大别。豈當日著《禹貢》者誤耶？後又言天邑顯宦覇築主流鐵牛關，并將操家、獅子、黄袱、唐興、溉口、碧口、泗港、澤口、牛蹄等共支河九口一併强築。試問顯宦何人？築鐵牛關載何册籍？九口除牛蹄外，皆鍾祥、京山、潛江轄境，天門何以有越境强築之權。該案首段以天門築河北九口爲近三十餘年之事，既非代遠年淹，該九口是否皆有河形可供指證？是否如南岸小澤口之尚有河身？九口中所指之澤口在襄河之南，何以扯入河北。如苦於無以足九口之數，京山堤段盡以口名，臼口、聶口、渡船口，要扯便扯，有何不可，乃竟以目前所争南岸之澤口，謂天門人早已一併强築，自相矛盾，可笑孰甚。

原文（四）　採諸天門先哲之公論，吴家改口尤有必築之理由也。岳口劉惇，字孝長，前清乾嘉時以才子著，其《雲中集》一書，徧傳海内。内載《唐侯問》一篇。唐侯當時天門縣令也，以治水之道詢劉子。其中有涉及澤口事者，文見《雲中集》及原案。

駁曰：劉子謂“三澨之地前人未詳，以僕度之，當在今天門、漢川、應城”云云，查三澨之在襄陽，已於前條言之。究竟考據之學，言人人殊。《禹貢》云：東流爲漢，又東爲滄浪之水。《沔陽州志》：滄浪在縣東。《明一統志》：沔陽州有滄浪水，即《禹貢》滄浪。劉澄之《山水記》謂：滄浪在沔口。《禹貢水道考異》謂：三澨在潛江。“以僕考之，三澨在潛江、沔陽。”較劉子臆度之辭，確有把握。劉子又云：“沱、潛者，江、漢之支流也。”查潛水爲潛江之所由，得名沱水，在潛江縣南，即今之沱埠淵。見《安陸府志》。是潛邑自古爲江漢支流所經。劉子又云：“使九穴十三口之故道可復，監利之境何至年年告潰。”查乾隆十三年湖廣巡撫彭樹葵奏查禁私院灘地疏，内有“荆州舊有九穴十三口以疏江流”等語。見《楚北水利堤防紀要》二卷第十一頁。又考九穴均在荆州：一采穴，二獐捕穴，三郝穴，四楊

林穴，五小岳穴，六宋穴，七調弦穴，八赤剥穴，九里社穴，合虎渡、油河、柳子、羅堰四口爲十三口。見《楚北水利堤防紀要》一卷第六十五頁。又前清阮元《窖金洲考》謂：荆州舊有九穴，今惟南岸虎渡口、調弦口二穴尚通，北岸郝穴等口皆塞。見《荆州府志》十九卷第三頁。繹該案之意，似欲以九穴爲九口之証，而圓其“周尚書一本築九口”之説已。無學而以爲人皆似之，可憐已極。且詳誦劉子之文。劉子曰：“析江、漢而求治之之方，莫如分其流而使之小。”又曰：“沱、潛者，江、漢之支流也。支流不導，則荆土無作乂之期，今江、漢并以一水受衆流，其中無復曠閒地俾之宣洩，監、沔之民豈有平土而居之望乎？”又曰：“治水者貴行其所無事，不假障遏蹙迫以勢驅之。其要惟在疏支河，支河廢塞以來，平時不通舟楫之利，盛水仍不免漫溢之害。支流疏則有利無害，殺經流之怒，徐引而注之尾閭，賈生所謂衆建而少其力者。”又曰：“起堤壩、建石磯，以與水争，皆目前粗安之計，非長策也。”又曰：“經久必資疏濬，堤防有歲修，疏濬亦當歲舉。”總上諸言觀之，劉子固無一語不主張疏支河。支河疏則有利而無害，不疏而起堤壩、建石磯以與水争者，皆爲目前粗安之計。其言甚明。該案乃忽引之以爲朦築澤口支河之證據，何其愚之至于此極也！況澤口本受襄流之直衝，築亦未必能成。不成固縻費，成則水必横决。豈徒潰于北而不潰于南乎？害人即以自害，智者决不出此。至佔官河爲民有，顯與文明各國之民法悖謬，反謂政府不能强奪其物權。曾謂有法律知識者而出此哉？

原文（五）　推諸將來，吴家改口更有不可緩築之理由也。河心日淤日高，改口日洗日寬，以不及一里之河身，而收受數里口門灌入之水。在昔時猶可修築内地堤防以爲防患未然之計，近來連被水淹，民家十室九空，民田百無一有，凋敝已達極點，絶祀滅門，徧地皆然。此皆政府不雇民命之所致。倘此時不修，後患不知何已，匪特四縣終氾波底，即上至松滋、枝江、公安、石首、宜都，下至嘉魚、咸寗，亦必受波及。

駁曰：改口既日洗日寬，倘因其寬而疏之使深，則爲力甚易。既寬且深，消洩自暢，一勞永逸，又何至連被水淹，而有十室九空之嘆

哉？無奈沔人處心積慮，思塞此河于堤垸，全不增修于河灘，惟事侵佔。所謂以不及一里之河身，而受數里口門灌入之水者，皆爲自作之孽，于人乎何尤？尤可笑者，枝江距沌口、青灘口數百里，宜都萬山森羅，尤在枝江之上，今乃謂其必受澤口之波及。準此以推，上而陝甘，下而江浙，亦何妨以波及兩字，一并拴牽聳之，攘臂而前，助成澤口築塞之舉，豈不尤妙？

原文（六） 論諸原理，吴家改口有不妨急築之理由也。改口之築不築，衹有正流緩急之問題，决無泛濫之問題。蓋水衹有就下之性質，决無横流之性質。誠以改口修則河流急，改口不修則河流緩。譬之置水于盂，盂滿則溢出，盂能入水而不能出水故也。至河水之流，不舍晝夜，决不至故意瀠洄，以待後來之水，以便横溢于各縣。此理之所必無者，尤有説者，河流緩則水中泥沙沉澱，河流急則沙石俱下。故西人疏河之法，每在水勢澎漲之際，原藉水勢漂急之性，而爲疏濬之助。

駁曰：漢水之爲災，實緣河身上寬下窄，以致滿而溢出，溢多遂潰，與他河潰口之原因迥然不同。觀于歷次水漲皆與堤平可知。今乃欲塞其支流，使正河之水頓增倍餘，微論其必潰也，恐兩岸之河堤亦將即時沉没，而猶巧其辭曰："河水之流不舍晝夜，决不致故意瀠洄，以待後來之水，而便横溢于各縣。"試問萬斛之水以一隙之溝洩之，而曰不舍晝夜者即不横溢，有是理乎？置水于盂，盂滿必溢。汝既知之矣，何以又言决無泛濫之問題。"横流"二字見于四書，何謂水無此性？河水刷沙，本就堤能束水者言之，至若水能没堤，將流急者立見其緩，又安有刷沙之能力？且也水無横流之性質，又無泛濫之問題。大澤口内之水性定與他河一律，若輩何所病，而必欲塞之乎？

以上逐加解釋，恐猶有未明，特再爲簡括其辭曰：吴家改口即大澤口，譬如人有别號，不得遽斥爲假冒修復之説，須其向有堤形者方可。該案忽言宜修，忽言宜築，其意圖朦混，可知大澤口係數千年古河，歷代禁止堵塞，成案具在，當事者亦安能犧牲十五縣生靈，以遂數人借公罔利之慾念？查同治十三年曾立石該河，其文曰："澤口官河永禁阻遏，攔築首犯斬絞同科。"若輩豈能翻此鐵案而强佔之爲己有乎？我堤二字，請勿再言。

駐省天門同鄉會註

行政公署呈内務部本省大澤口等處請勒石永禁堵築文

爲彙案呈請事。内務司案呈，竊查鄂省水道，以江、漢爲二大經流，江水自宜昌以下，東盡鄂境。雖兩岸堤塍綿亘，而江面寬紓，又有支流分洩，足以殺水勢而減漲率。自太平、藕池口潰，荆、宜一帶之水直達洞庭，而向爲輸納江流緊要門户，如壽昌縣屬之樊口，嘉魚縣屬之韓家磯，及與藕池口並重之石首縣屬蕭子淵等處，均經前清歷任各督撫嚴切禁築後，數十年來無敢倡言堵口者。以故消暢路寬，而江水不致横溢爲患。漢水則自鄖、襄至鍾祥以下，經五六百里平地始出漢口，節節皆以長堤束縛。天門屬之獅子口，潛江屬之大澤口即吴家改口，舊爲漢水兩大支河。厥後獅子口築，僅止吴家改口一道分洩。襄流經江、監、沔各縣境，達于漢陽屬之沌口、新灘口入江，賴以殺漢水建瓴直瀉之勢。前清時江、潛、監、沔等縣人民屢圖堵築該口，糾衆釀禍，迭經各任督撫嚴拿懲辦，奏明示禁，並於光緒三十四年，經陳前督派委大員，督同府縣及各屬紳首，議訂善後辦法七條，咨部立案，永遠遵守。良以此口一堵，則漢水更無可以消洩之處。襄南北十數縣之人民均受其害，而關係大局，實非淺鮮也。

乃自反正以後，沿江、沿漢各屬人民僉以爲□[1]卷散失，無可稽考，或朦混陳請，或恃强堵築，訟争競起，枝節横生。兩年之中，幾于層見疊出。如黄岡、壽昌、大冶、武昌等縣紳民堅請建築樊口堤閘一案，發生之時，鄂省軍民尚未分治，由都督府批准委員督辦，集費興工。堤甫告竣，旋即潰決，耗費甚鉅。本年仍派原委接續辦理，又復旋修旋潰。且以各屬紳首担任，工費虚懸無着，徒滋糾葛，迄無成功。業經由署咨請軍政府核復，取消前准建築之案，仍飭永遠嚴禁堵

---

[1] □ 原文漫漶不清，疑爲"檔"。

口矣。又嘉魚縣民劉蘭亭等集衆强築韓家磯堤塍一案，迭據咸、蒲等縣知事及各該紳民電禀，力争當即嚴飭刨毁。一面派員會勘，以韓家磯歷經禁築，改議于武昌縣（第）〔屬〕之禹觀山建閘。復經迭次委員會同各縣勘復，由司核明禹觀山爲江流内（屬）輸〔第〕一重門户，一經堵塞，則外江漲流速率倍加，下游一帶堤防必呈特别險象。實未便圖一隅之利，而貽數縣之害。應不准其建築，呈署令飭取消。乃該縣民等竟敢先於禹觀山施工訂樁，復仍强築韓家磯堤，並有聚衆擾商情事。迭經咨請軍政府先後派添軍隊暨飭水警廳派撥礮船馳往會縣妥爲解散，一律平毁具報，仍飭嚴拿爲首，務獲究辦矣。又，湖南客民王輔廷等堵塞蕭子淵口私築堤垸一案，據荆郡治安會函，轉據石、江兩縣人士報告暨據潛、江、監、沔、川、陽六縣士民禀控，並據萬城堤工局總理徐國彬呈稱，堵塞該口實足（防）〔妨〕害江堤，先後電檄飭毁，並經委員勘辦。乃王輔廷等聚衆抗拒，幾致釀成巨禍。亦已由軍政府飭派礮船會同萬城堤局馳往刨毁具報，並仍飭縣從嚴拿究矣。至湖南客民夏海濤等在石首縣挽築護堤垸工，經江陵縣拖茅埠人民群起争阻，前清宣統元、二年間，已紛紛控訴，兩次派委勘查，迄未定案。上年複據夏海濤等以墊款築垸迭呈，請飭捍分荒畝，先後派員會縣查勘，復司核明以護堤垸。即朱陽湖雖距蕭子淵四十餘里，而接壤之處與萬城堤脚緊連。若經挽修非特爲拖茅埠之所必争，且江水不能下洩，堤防實形危險，亦與王輔廷等修築蕭子淵堤名異實同。應飭迅停垸工，並不准捍分荒畆，呈署批准，轉行遵照。嗣又據萬城堤局總理徐國彬，以該處居民率於南北兩岸淤洲挽築私垸，阻遏江流，於該堤大有妨礙呈，經由司派員會同縣局測勘，指定私垸應行平毁及淤洲應行禁築各處，復司核議。

以民間已築私垸，如窖金、江心、青安、二聖等洲以及新洲，並蕭子淵内外洲地等處，均係久經挽築，生命財産托賴於此，亦既有年，未便遽令概行平毁。應飭嗣後如有被淹坍潰，即不准再行修復，平時亦不得私自加修。其未築之淤洲，併即一律嚴禁私挽。呈由本署核准，分飭江、監、公、石四縣暨該堤局，會銜出示，勒石永禁。此又因蕭子淵事而連類發生，委勘定案者。而其風潮之最爲激烈者，則莫如本年三、四月間，沔人陳炳坤等倡謀堵築吴家改口一案。其始僞張告示，徧發傳單，定期開工，集衆且以千計。經各縣知事及議、參等會，並各屬商民人等合力争阻，情勢危急，文電紛來，當經請由軍政府先後派添軍隊，並委員會縣禁阻解散刨毁具報。乃事未及月，該沔人又復糾合人衆，仍圖堵塞該口，並敢假黎、蔡二師長之名，肆行鼓動，致襄北衆情洶湧，咸竭力以圖抵制。接據各電，又經請派重兵妥爲彈壓，迨該潛江縣知事會同軍警前往勸導，而堵築人等猶敢集衆圍燒知事駐紮之彭公祠屋，刃傷排長，搶失槍械，勢甚兇横。經軍警極力嚴防，人夫始各走散。復又咨請軍政府飭令原派軍隊，即在該處久駐防守，藉資鎮懾，以免軍退復來。一面催飭各縣查明爲首嚴拿，務獲重辦。數月以來，雖尚相安無事，然日前且又有沔、潛、江、監等縣人民赴署，呈懇委勘興築者，蓋其覬覦之心固仍未嘗一日忘也。

本署竊維治水之法主于因勢利導，與水争地本向例所必禁，以隣爲壑尤公理所不容。綜計以上各案，如關係江流之樊口、韓家磯、禹觀山、蕭子淵、護堤垸即朱陽湖，並濱江萬城大堤之南北兩岸淤洲，及關係漢水支流之大澤口即吴家改口各等處，或爲前清時歷經禁堵有案，或爲現時派委勘明，萬難准其堵築，聽其私挽。要皆維持水利，决不敢專顧一隅，貽害全局。現在雖已分别平毁取消，一律嚴禁，特恐各該屬人民之便私圖而忘公益者，仍復狡焉思逞，再起競争，則此後之隱憂方大。思維再四，惟有彙案呈請鈞部，俯賜核明，准予一併立案。所有以上不准堵築及私挽各處，均由各該縣知事分别嚴切佈告，刊勒碑石，永遠禁止，保全大局，杜遏患萌，實于國賦民生兩有裨補。爲此（操）〔抄〕録各案，縷呈鈞部鑒核指示，飭遵施行。謹呈。

二年十一月二十六日

行政公署批：原具呈人：天門縣駐省同鄉公益會長胡子明等。呈悉。所稱漢水舊以大小兩澤口爲二分支，均在潛江縣境，考覈甚爲詳晰。本署前呈援引偶誤，應准更正其文曰：潛江縣屬之大澤口，即吴家改口，暨小澤口，舊爲漢水兩大支河。厥後小澤口築，僅止吴家改口一道分洩襄流等語。並即登載公報，俾各周知，以昭核實而杜糾葛

可也。仰即知照此批。附原呈。

中華民國三年一月十一日

爲呈請事。竊讀二年十一月廿七日湖北公報載鈞署呈内務部，所有本省樊口等處不准堵築情形，請核示遵行文。仰見鈞署鄭重堤防，維持安寧之至意。惟文内開天門縣屬之獅子口，潛江縣屬之大澤口，即爲吴家改口，舊爲漢水兩大支河。厥後獅子口築，僅止吴家改口一道分洩襄流等語微有錯誤。議按漢水兩大之支河均在潛江，通漢水之獅子口確在鍾祥城北。爰詳考古籍（辦）〔辨〕正如下：查《楚北水利堤防紀要·潛江縣水利堤防記》篇有"澤口及排沙渡二口分洩漢水"等語。齊召南《水道提綱·入江巨川》篇潛江縣北境大澤口東南通沔陽州諸湖，漢水正派自大澤口折而北流數十里，又分支流，南經潛江縣城之東北等語。《省通志》有漢至潛江水道有三：自潛江夜澤口，達沌口而入江者爲一道；由潛江之張接港，至漢陽府之大别山而入江者爲一道；由潛之張接港，分入蘆洑河，總匯於太白諸湖者爲一道等語。夜澤口即《潛江縣志》之夜汊河，一名大澤口。潛江大澤口以外，更有一分洩漢水之支河。據以上三書，確鑿不移，惟土名隨時變更。最近以大澤口、小澤口名此二河。自前清同治十年，沔人鄒瑞麟鑾塞小澤口，於是漢水二分支僅存其一。此漢水兩支河均在潛江，近日僅存一道，由沔人築塞一口之明證也。又查《楚北水利堤防紀要·鍾祥水利堤防記》，枝水古名富水，自敖口入城北湖，繞東北西門，合金港之水，至獅子口而入漢。是獅子口在鍾祥不在天門，爲他水入漢之口，非漢水分洩之口之明證也。上年沔人朱雲龍等陳請省議會提議稱，天邑壩築九口，以獅子口爲九河之一，種種捏造，業經逐條駁詰，不贅。惟該沔人意存壑鄰，每易大吏，必多方朦聳。萬一有隙可乘，必將斷章取義，又生波折。會長等爲思患預防起見，用敢呈乞民政長俯賜察核，將饒前民政長呈文内"開天門之獅子口"數語，准予批示，更正附卷，並登載本省公報，永斷糾葛，不勝感激之至。

胡子明、吴强東、朱希雲、陶孟文

沈肇年、彭寶謙等謹呈

〔跋〕

謹案：前清光緒二十年，天門知事邵世恩，舊有《襄隄成案》之刻，分四卷八册，其第二卷，即第四、五、六等册，所載爲禁塞分洩漢水各支河。截至光緒十九年各成案。此書刊刻之後，尚有光緒二十二年嚴維恒煽衆私築之案，二十九年官湖鄭西地方堵塞之案，三十四年謝孝達等建泗水磯之案，而最後結果爲會議善後之八條，大致已見於本書。民國元、二年間，此案又復發生，幾釀巨釁。官廳議會文電紛馳，軍民政府始終以不能築塞爲斷。議會結果歸重化除意見，茶會無速記録，外人亦無從知而案遂寢矣。查二年十一月二十七日，《湖北公報》載“行政公署呈内務部所有本省樊口、韓家磯、蕭子淵、大澤口即吴家改口，不准堵塞，呈請立案，由各縣知事嚴切佈告，刊勒碑石，永遠禁止，杜遏害萌”文，内載“澤口案，經軍隊久駐防守，藉資鎮懾，一面催飭各縣查明爲首，嚴拿務獲。數月以來，雖尚相安無事，然日前且又有沔、潛、江、監等縣人民赴署，呈懇委勘，興築者其覬覦之心固仍未嘗一日忘也”云云。是月，公署有批唐傳勳等文開，公署計畫已定，如再瀆陳，定即拏究。此書之刻，蓋思以告我襄河兩岸同胞，審度利害是非，勿爲無益之争，是則編輯者區區之意也。

竟陵胡子明跋